云计算数据中心规划与设计

薛　飞　张镭镭　著

北京理工大学出版社

BEIJING INSTITUTE OF TECHNOLOGY PRESS

内 容 简 介

随着科学技术发展及学术界探讨推进，云计算正不断渗透各个领域，推动着社会的进步与发展。数据中心作为云计算的核心，其不单是一个简单的服务器统一托管、维护的场所，更是聚集大量数据运算及储存为一体的集中地。云计算数据中心会涉及大规模的服务器或 PC 设备，其资源数量庞大、异构性强，需要设计良好的网络结构和体系规划，才能为云计算数据中心的高扩展性和资源高利用率提供充分保障。

本书最基础的定位是云计算理论与工程实践参考书籍，涵盖了云计算相关理论知识和数据中心资源的规划与管理，适合以下几类读者：高校学生、数据中心从业人员以及对云计算和相关云计算技术感兴趣的读者。

图书在版编目（CIP）数据

云计算数据中心规划与设计 / 薛飞，张镭镭著. --
北京：北京理工大学出版社，2021.9（2023.8重印）
ISBN 978-7-5763-0453-4

Ⅰ. ①云…　Ⅱ. ①薛…　②张…　Ⅲ. ①云计算–数据
管理–计算机中心–研究　Ⅳ. ①TP393.027

中国版本图书馆 CIP 数据核字（2021）第 198206 号

出版发行 / 北京理工大学出版社有限责任公司
社　　址 / 北京市海淀区中关村南大街 5 号
邮　　编 / 100081
电　　话 / （010）68914775（总编室）
　　　　　（010）82562903（教材售后服务热线）
　　　　　（010）68944723（其他图书服务热线）
网　　址 / http://www.bitpress.com.cn
经　　销 / 全国各地新华书店
印　　刷 / 廊坊市印艺阁数字科技有限公司
开　　本 / 787 毫米×1092 毫米　1/16
印　　张 / 15　　　　　　　　　　　　　　　　责任编辑 / 封　雪
字　　数 / 285 千字　　　　　　　　　　　　　　文案编辑 / 杜　枝
版　　次 / 2021 年 9 月第 1 版　2023 年 8 月第 2 次印刷　责任校对 / 刘亚男
定　　价 / 45.00 元　　　　　　　　　　　　　　责任印制 / 施胜娟

前　言

随着科学技术的发展及学术界的探讨推进，云计算正不断渗透到生活中的各个领域，推动着社会的进步与发展。数据中心作为云计算的核心，其不单是一个简单的服务器统一托管、维护的场所，更是聚集大量数据运算及储存为一体的集中地。云计算数据中心会涉及大规模的服务器或 PC 设备，其资源数量庞大、异构性强，只有设计良好的网络结构和体系规划，才能为云计算数据中心的高扩展性和资源的高利用率提供充分保障。

本书共分为七章，各章简单介绍如下。第一章讲述云计算数据中心基础知识。第二章研究云计算数据中心管理系统的规划与设计，以管理系统基础知识、传统管理系统存在问题、系统总体框架设计、管理模块规划为主要内容。第三章是云计算数据中心资源调度的规划与设计，其包括资源调度研究方法、资源调度平台设计流程、资源调度部署规划方案、资源调度的规划与设计方案验证等内容。第四章为云计算数据中心网络安全的规划与设计。第五章是网络系统概述。第六章将云计算数据中心规划与设计应用到城市、院校、电力等领域中。第七章是信息安全。

云计算数据中心具有运算速度快、存储空间大和交互能力强等特征，其将在未来互联网和信息化发展中扮演重要角色。笔者也相信通过努力，云计算数据中心定会发展得愈加完善，为人们的工作和生活带来更加便捷的服务。

目　录

第一章

云计算数据中心基础知识

第一节 云计算数据概述

一、云计算的概念和特征

云计算最初主要用于互联网搜索引擎的数据计算和分析，它是一种高效的互联网计算技术，而且成本远低于传统的计算方式，这对于处于起步阶段的互联网企业来说具有重要意义。云计算不同于其他实体计算，它是一种基于计算机技术的虚拟计算方式。它可以实现网络资源的合理配置，降低用户成本，提高计算效率。云计算的原理是将计算过程合理分配到网络系统中的计算机上，这样就能把大量的复杂计算进行分解，化繁为简、化难为易，缓解用户本地计算机的压力。用户可以根据自身需要访问计算机和存储系统。

云计算同时还具有操作简单、准入门槛低的特点，这就使广大互联网用户可以轻松使用云计算，而不需要再进行专业培训。因此，云计算在较短的时间内就得到了普及。

二、云计算数据中心分类

数据中心被定义为一种多功能的建筑，它容纳了海量的服务器，通过交换设备将它们互连，它能为企业用户、私人用户提供数据计算和存储等业务。这些设备被放置到一起是因为它们对物理环境有相同的要求，并且需要服务器之间的大量合作。不过，数据中心并不是服务器的简单集合。数据中心中的服务器被用于数据的存储与计算，交换网络用于实现服务器之间的互连，并对外提供访问服务器的接口，使用户可以在不需要考虑数据中心内部结构的基础上对其中的服务器进行访问。随着互联网、云计算、大数据等高新技术的发展，数据中心作为数据的承载体和互联网发展的基础设施，其研究意义不言而喻。

数据中心网络结构一般分为三层：核心层、汇聚层、接入层。核心层是数据中心网络的高速交换主干，使用高带宽的交换设备，具有高效性、容错性等特点，但一般较少将网络控制功能部署在核心层；汇聚层用于汇聚从接入层流入网络的流量，相对于接入层有更少的端口数量，更高的交换速率；接入层负责边缘服务器的网络接入，一般采用较为廉价的商用交换设备，端口密度高、成本低。

对数据中心的分类一般从数据中心的规模、用户的类型以及数据中心的用途三个方面进行考虑，通常将其分为以下三类。

（一）校园数据中心

校园数据中心主要面向任职教师以及在校学生，为相关人员提供网络服务，比如：Web 服务、FTP 文件共享、E-mail 服务等。因此该类数据中心一般规模较小，其组成设备也比较多样化，会存在各种类型的服务器以及交换设备等。该类数据中心初期一般采用柜式服务器。随着用户数量的增多，相关机构会采购更多的基础设备进行升级，此类数据中心的规模一般不超过一千台服务器，网络结构相对简单，整个网络的带宽收敛比相对较高。

（二）企业级数据中心

企业级数据中心一般由企业建立并维护，面向企业内部员工，主要用于搭建企业的内部局域网，承载相应的上层应用，如 E-mail、数据存储、公司内部网站等。此外，该类数据中心可能还需要为企业提供开发测试的平台，因此这类数据中心会按照企业的具体要求，比如企业员工的远程连接、企业的内部文件共享等，进行特殊的设计。企业级数据中心结构一般比校园数据中心更严谨，服务器的数量一般在几千台，同时此类数据中心稳定性要求较高，一般采用二层或三层的网络结构，但是整个网络的带宽收敛比仍然较高，对网络的拓展性要求不是特别高，可以通过横向或纵向的方式进行扩展。

（三）商业级数据中心

商业级数据中心主要目的是向外部用户提供各种各样的服务，比如数据存储、高效计算、搜索业务、视频服务等。其服务类型决定了该类数据中心一般具有较大的服务器规模，更高的稳定性、容灾性，并能够提供多种方式的云接入。商业数据中心规模巨大，通常包含数万甚至更多台服务器，以及各种各样的互连设备。此类数据中心通常使用的是三层或更复杂的网络结构，能更合理地对任务进行分配。

三、云计算对数据中心网络提出的新需求

云计算的发展是数据中心快速发展的原动力。人们将越来越多的数据，如图片、视频等，存储到数据中心中，因此数据中心需要的存储设备数量不断上升，这就要求对数据中心的规模进行扩展；另外，数据中心承载的上层业务也在不断变化，如 Map Reduce、分布式存储、虚拟化等，而这些上层业务促使数据中心内

部服务器之间进行大量的通信,传统结构的数据中心已经不能满足这方面的需求。

（1）首先是数据中心规模的不断扩大，意味着服务器数量急剧上升，需要设计方案实现超大规模的服务器的互连。

（2）规模的不断扩大，要求采用更为廉价的商用交换设备对数据中心进行横向的扩展，而不是纵向的扩展。

（3）在数据中心中大量使用了廉价的交换以及服务器设备，因此存在着交换机、服务器、链路失效的问题，这就要求数据中心有较好的容错能力、抗灾能力以及数据备份能力。

（4）在流量方面，数据中心内部的"东西流量"急剧增长，所占比例甚至能够超过数据中心总流量的80%。这对服务器之间的互连带宽以及时延提出了更高的要求。

（5）一些新颖的数据中心网络结构各具特点，如无标度网络、随机图、立方体等。它们可以被用于设计更高效的路由算法，用于提高数据中心的性能，提高资源利用率。

（6）虚拟化技术可以在一台物理机上运行多个虚拟机，从而提高服务器的资源利用率，同时可以降低成本和能源消耗，因此虚拟化技术被广泛地部署于数据中心中。要求数据中心网络能够支持任意虚拟机的在线迁移，并且不会影响其他应用。

（7）在商用数据中心中存在着大量的交换设备，因此这些设备的配置开销不能忽视。要求数据中心中的交换设备能够即插即用，不需要过于复杂的配置。

第二节 云计算数据中心结构分析

一、数据中心网络结构研究现状

（一）数据中心互连网络结构

1. switch-centric 型网络结构

1）树形网络结构

在传统的数据中心中，网络拓扑普遍采用的是多根树的三层结构，传统树形网络拓扑结构如图1-1所示，最上层为核心层，中间层为汇聚层，第三层为接入层。绝大多数的数据中心网络会有一定的带宽收敛比（over-subscription）。带宽收敛比是指在数据中心中接入侧的带宽与网络汇聚区（核心区）带宽的比值。当带宽收敛比比值为1:1时，所有的服务器都能以其网卡速度在两两之间进行无阻塞通信。为了降低成本,数据中心网络中都会允许有一定收敛比,一般为10:1到40:1范围之间，大型网络甚至更高。

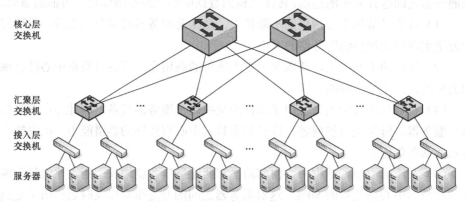

图1-1　传统树形网络拓扑结构

传统的树形网络结构为 B/S 模式的上层软件服务，该模式的流量多为南北流量，结构过于简单，存在以下缺点。

（1）扩展性差。树形网络结构一般通过在高层增加高性能的设备进行纵向扩展，这就提高了建设的成本，同时网络的扩展规模受限于上层设备的端口数目。一般二层的树形网络结构其接入服务器的数量不超过 8 000 台，三层结构服务器数量为几万台。

（2）容错性能不好。网络中链路资源匮乏，当某一节点出现故障会导致无法访问其下层的相关节点，造成单点故障。

（3）流量不均衡。由于具有较高的带宽收敛比，因此树形网络结构的核心层往往成为整个网络的瓶颈，而在接入层其链路的利用率却不高，造成带宽资源的浪费。

（4）电交换设备能耗较高。

2）Fat-Tree 网络结构

针对多根树带宽收敛比高、网络容错性差、横向扩展性差等缺点，MIT 的 AL-Fares 等人在 SIGCOMM 会议上提出了 Fat-Tree 网络。Fat-Tree 网络拓扑结构如图 1-2 所示。

Fat-Tree 网络结构由大量的廉价交换机组成，用大量廉价交换机与复杂的设备连线取代了多根树形拓扑的昂贵的高层交换机，实现了数据中心各节点的互连。Fat-Tree 网络结构同样分为三层：核心层、汇聚层和接入层。核心层交换机将多个 Pod 连接起来，组成一个带宽收敛比为 1∶1 的拓扑。所谓的 Pod，是由一组汇聚层交换机和接入层交换机组成的完全二分图。所有的 Pod 和核心层交换机组成一个 Clos 网络架构。

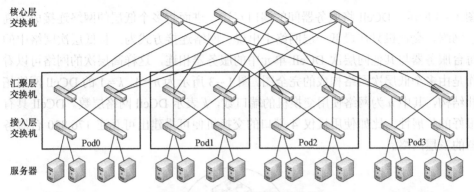

图 1−2　Fat-Tree 网络拓扑结构

Fat-Tree 的一大特点就是其网络拓扑的网络收敛比为 1:1，即可以支撑无阻塞网络。图 1−2 所示为一棵 $k=4$ 的 Fat-Tree 网络结构：图中有 4 个 Pod，每个 Pod 中包含 k 个交换机，其中 $k/2$ 个接入层交换机、$k/2$ 个汇聚层交换机。接入层交换机和汇聚层交换机分别都有 k 个端口，接入层交换机的 $k/2$ 个端口连接服务器，另外 $k/2$ 个端口连接到汇聚层交换机，汇聚层交换机的剩下 $k/2$ 个接口用于连接核心层交换机。核心层交换机的 k 个端口分别连到 k 个 Pod 内的聚合层交换机上。这样每个 Pod 可连接到 $(k/2)^2$ 个核心层交换机，并连接 $(k/2)^2$ 台服务器，整个网络能够容纳的服务器数量为 $k*(k/2)^2$ 台。Fat-Tree 网络结构能够通过采用更多端口的交换机进行横向扩展，如当使用具有 48 口的普通商用交换机时，Fat-Tree 网络结构可接入 27 648 台服务器。

但是 Fat-Tree 网络结构同样存在以下缺陷。

（1）扩展规模取决于交换设备端口的数量，不利于数据中心的长期发展要求，很难使用 Fat-Tree 网络结构搭建具有数百万个节点的数据中心。

（2）同时，当对网络进行升级时需要将所有的交换设备替换，因此该结构的升级成本较高。

（3）虽然 Fat-Tree 在 Pod 间有丰富的并行链路，但 Pod 内部容错性差，且下行链路唯一，对网络底层的故障较为敏感，一旦其出现故障，就会造成系统服务质量的下降。

（4）对于新型的分布式的上层应用如 MapReduce、Dryad 等支持不好，对一对多、多对多类型的通信模式支持不好。

（5）对于电交换网络的普遍缺点，如组网、布线复杂、能耗高等都没有进行有效的解决。

2. server-centric 型网络结构

1）DCell 网络结构

DCell 是由微软亚洲研究院提出的一种 server-centric 型的网络拓扑结构，如

5

图 1－3 所示。DCell 将服务器间的端口互连，进而将多个低层的网络连接成为高层网络，交换机只在最低一层网络中出现。网络连接方式为：将低层次网络中的每台服务器与其他同层次 DCell 单元中的服务器相连，这样高层次的网络可以看作是由多个低层次网络构成的完全图。图 1－3 所示为 $n=4$，$k=1$ 的 DCell 网络拓扑结构，其中 n 为网络使用交换机的端口数，k 表示 DCell 网络层数。DCell 具有很好的扩展性，比如使用仅仅 4 端口的交换机便可搭建出可互连 176 820 台服务器的三层网络。

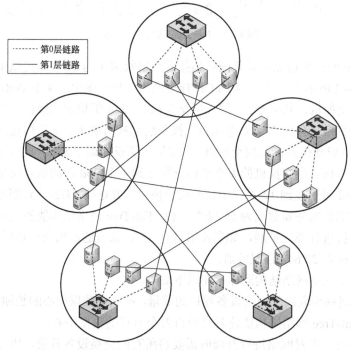

图 1－3　DCell 网络拓扑结构

　　DCell 网络结构实现了网络去中心化、完全互连、层次递归定义、允许路由容错，并且有较好的带宽收敛比。但是其结构相对复杂，当网络规模扩大时，布线复杂度较高，对系统维护难度较大。而且 DCell 中的流量不能很好地均衡分布，低层次网络中流量分布相对较多。

　　2）FiConn 网络结构

　　FiConn 网络拓扑结构类似于 DCell，如图 1－4 所示。但 FiConn 中的服务器只有两个端口：主端口及副端口。其中主端口用于第 0 层网络的互连，各子网络间通过副端口互连。在低层次网络中副端口空闲的一半服务器会与其他同层次 FiConn 网络中副端口空闲的服务器相连，从而组建出高层次 FiConn 网络。在 FiConn 网络中不需要对交换机和服务器做任何的修改。

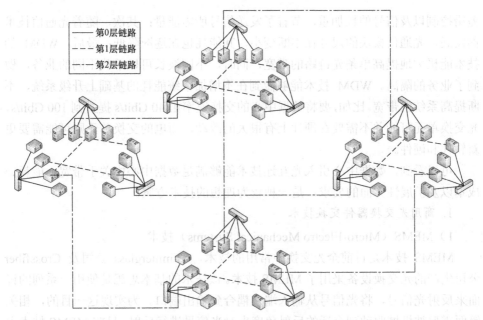

图1-4　FiConn网络拓扑结构

（二）数据中心光互连网络结构

随着云计算的发展，数据中心的规模不断扩大。尽管目前研究人员提出了各种新的网络结构（如DCell、FiConn、Fat-Tree、VL2、BCube、MDcube等）和多种调度策略，但所有方案仍然受限于互连技术的缺陷。

一是链路带宽问题。对电缆而言，所支持的信号传输速率与传输距离成反比，要在电缆上以10 Gbit/s的速率进行传输，电缆的传输距离就不能超过10 m。另外，传统的电互连技术通过增加总线的位宽来提高传输带宽，使用这种方式需要考虑误码和能耗的限制。而光纤具有电缆无法比拟的丰富带宽资源，其实验室传输带宽已经达到20 Tbit/s，且光纤的带宽不会受到传输距离的限制。

虽然目前能够在电缆上实现10 Gbit/s的传输速率，但要在超大规模的数据中心中广泛使用10 Gbit/s的传输链路，需要消耗大量的材料。比如，为实现40 Gbit/s传输速率所需要的光纤的横截面积为4 mm×2 mm，而需要的电缆横截面积超过6 mm×6 mm。因此光纤比电交换网络有更好的散热空间，而系统能耗、散热已经成为搭建数据中心必须考虑的重要因素。

二是能耗问题。目前，全球数据中心消耗的电力总量超过了10座1 000 MW发电厂的发电总量。在2007年美国境内的数据中心耗电量为450亿kW·h，为此所缴纳的费用高达26亿美元。数据中心的能耗如此巨大，而电交换网络这种通过增大横截面积提高传输速率的方案并不适合在未来的数据中心中采用。与电互连通信相比，光纤在能耗节省方面更有优势。首先，光信号的传输不需要复杂的差错控制以及信号的预加重，节省了发送信号所需能量；其次，随着光通信技术的发展，光通信模块的尺寸在不断变小，其能耗也在逐渐降低；最后，WDM 的技术能极大地提高单条光链路的带宽，同时，不同波长可以承载不同的业务，做到了业务的隔离。WDM 技术能够做到在不增加系统能耗的基础上升级系统，不断提高系统的带宽。比如，要将数据中心的交换速率由 40 Gbit/s 提升到 100 Gbit/s，光交换单元可能并不需要在硬件上有很大的改动，而电的交换单元则可能需要更新软件和硬件。

可以看到，数据中心引入光互连技术能够满足数据中心中关于带宽、能耗、成本以及扩展性方面的要求，是一种较为理想的技术方案。

1. 商用光交换器件交换技术

1）MEMS（Micro-Electro Mechanical Systems）技术

MEMS 技术是目前全光交换中常用的技术，Glimmerglass 公司及 Crossfiber 公司生产的光交换设备采用了 MEMS 技术。该技术的基本思想是使用一系列的镜面来反射光信号，将光信号从输入端口耦合到输出端口。为实现这一目的，相关镜面需要被机械驱动到合适的反射角度来对光信号进行反射。目前 MEMS 技术主要分为 2D MEMS 技术和 3D MEMS 技术：2D MEMS 使用两个平面对光信号进行重导向，这两个平面可以沿轴向进行翻转，但这种方式对机械控制要求高，同时对光信号的重导向的精确度不高，这就限制了基于 2D MEMS 技术的光交换机的端口规模，目前基于 2D MEMS 的光交换机端口规模为 32×32 的端口交换；3D MEMS 技术在光交换设备中使用了折叠平面镜和 MEMS 微平面镜阵列，在光交换设备的输入端口中，在每根光纤后接入一个校准透镜，用于对入射光信号进行校准，使之能照射到 MEMS 平面镜阵列中的平面镜上，该平面镜会将光信号反射到折叠平面镜，然后折叠平面镜将光信号再反射到另一微平面镜，直到入射光信号被反射到输出端口。3D MEMS 的扩展性要优于 2D MEMS，但其实现技术相对更为复杂，需要对内部各模块进行更复杂的校准及控制。

2）光束导向技术

基于光束导向技术的光交换设备利用了有源准直仪设备，实现光信号从输入端口到输出端口的重导向。引导光信号的方法有多种，目前使用最多的是采用压电材料。通过控制加载在压电材料上的电压控制其变形和移位，进而实现固态驱动效应，使用该方式可以精确地控制光信号的反射角度。同时，使用光束导向技术的光交换设备的插入损耗性能比 MEMS 设备要好，这是因为在光束导向技术中不需要使用镜面对光信号进行反射。

3）锁存式光耦合技术

以上所述两种技术都不具有"锁存"功能，为维持某种所需的配置状态，需要不断地消耗能量。因此，目前相关学者提出了锁存式光耦合技术，该技术摒弃了透镜、平面镜等模块，直接将两个光纤物理地耦合到一起。锁存式光耦合主要由三层组成，通过中间的无源连接层将上下两层连接，上下两层采用的是有源微连接器，控制层可以控制连接器进行移动，连接层负责连接器的耦合，并锁存连接状态。当配置完成后，即使设备中出现电源或其他故障也不会影响已经建立的连接，因此这种技术稳定性更好；同时由于光信号的传输在设备中传输距离短，因此，插入损耗更小，但该技术的缺点是其链路重建时间要远远高于以上两种技术。

虽然光交换因其丰富的带宽资源、低能耗、低组网、复杂性等优点对数据中心组网有很大吸引力，但目前的光交换技术相对于电交换技术仍不成熟，因此，在目前数据中心中引入光交换设备仍然会存在以下一些问题。

（1）链路重建时间长。目前，基于 MEMS 技术的光交换设备的链路重建时间在 10～20 ms，基于锁存光耦合技术的设备配置时间甚至达到了 30 s。而数据中心流量具有突发性的特点，它们的配置时间对于数据中心中对时延要求较高的应用来说过长，会影响网络性能以及上层应用的表现。

（2）设备扩展性不高。光束在进入光交换设备时，在设备内自由空间进行传输，当设备规模不断扩大时，光束在设备内自由空间的距离也会增大，这就导致光束在设备内部的损耗增大。因此要扩大设备端口数量，需要解决光束的损耗问题。

（3）设备插入损耗大。设备内部的镜面反射会导致光信号在交换设备内部有较大的插入损耗，基于 MEMS 的交换设备插入损耗为 2～4 dB，而基于光束导向的交换设备的插入损耗为 1 dB。另外，交换设备所处环境也会对插入损耗有影响。

2. 低时延光交换模块

目前研究人员研制出一些新型的光交换模块，这些模块采用了最新的硅光技术，在设备能耗、集成度方面都有较大改进。最值得注意的是，这些新型的光交换器件的链路重建时间有了较大的缩短。这就意味着光链路能够更好地处理数据中心内的突发性流量，增大了光链路及光交换设备在数据中心的部署可行性。

1）基于 AWG 的光交换模块

阵列波导光栅 AWG 中具有许多不同长度的波导，光束在这些波导中传输，就会产生一定的相移。当光束到达输出端口，发生相移的光信号之间相互作用，具有特定波长的光信号才能从相应端口输出，而其余波长的光信号因为干涉效应而消失，这就完成了不同波长光信号的解复用，AWG 同样可以用作复用器。阵列波导光栅路由器 AWGR 由多个 AWG 构成，能够将特定波长的光信号从输入端口重导向到输出端口，实现波长的路由。

2）基于 SOA 的光交换模块

基于 SOA 的光交换模块中将半导体光放大器作为光开关使用，改变加载在 SOA 上的偏置电压来实现其开关功能。当 SOA 门阵列处于导通状态时，能够对光信号进行放大并从输出端口输出；而当 SOA 门阵列处于闭合状态时，SOA 会将光信号吸收，使其不能通过。

基于 SOA 的交换结构其消光比、插入损耗较低，并对输入光信号有一定增益，同时该结构开关时延达到纳秒级别。但其集成度不高，而构建相应的交换模块需要较多的 SOA 门。

3. Helios 网络结构

Helios 网络是一种扁平的二层网络，底层的 Pod 通过多条链路连接到上层的交换机中。二层交换机由普通电交换机和基于 MEMS 的光交换机组成，这样，Pod 间的通信就同时存在两条链路，一条为电交换链路，另一条为光交换链路，同时在 Helios 网络结构中存在一个集中式的中央控制模块。该模块的任务是检测各个 Pod 的流量产生情况，据此对数据中心中的资源进行分配。对于流量较大的数据流为其分配光通信链路，而带宽需求量小的链路仍然使用电分组网络。

Helios 里的 Pod 是一个具有近千台服务器的集装箱模块，每个 Pod 是一个独立的生态系统，具有自己的内部网络系统、电源系统和制冷系统等，以及一定的独立处理业务的能力。Helios 在 Pod 间进行光链路的连接，是因为 Pod 间的流量有更高的可预测性与稳定性。

4. c-Through 网络结构

c-Through 同样是一种光电混合的交换结构，其在树形网络结构的基础上，使用基于 MEMS 的光交换机互连所有的接入层交换机，这样，在任何一对接入层交换机之间就同时存在两条链路。在 c-Through 中，同样使用中央控制模块进行数据流的路由决策。由于基于 MEMS 技术的光交换设备具有 $10\sim20$ ms 的链路重建时间，c-Through 在链路重建时间内，将服务器产生的数据缓存于接入层交换机的发送队列，当链路可用时，将缓存的数据快速发送出去，这样就可以更充分地利用光链路的带宽资源。在链路重建时间内，光链路是不可用的，因此 c-Through 保留了分组交换网络，用于链路重建时间内的网络通信。

因为 c-Through 结构保留了原有的电交换网络，因此能够用尽量小的成本对原有数据中心进行升级。但由于 MEMS 交换设备的链路重建时间较长，因此 c-Through 更适合那些流量较为密集，且通信模式更为稳定的上层应用。

光链路的引入，在服务器间提供了更大的带宽，降低了布线复杂度，同时也缓解了电交换网络的负担。但对于那些对时延敏感、突发性高的应用，c-Through 结构表现不好。

二、一种改进的光电混合网络结构

（一）EOEHN 结构介绍

c-Through 结构会调度服务器产生的象流在光链路上进行传输，虽然当象流占比较高时 c-Through 性能相对其他电交换网络有较大提升，但其吞吐量及时延仍不能达到该模型理论上的最大值。如果某一源节点同时产生了两个象流，但这两条象流的目的节点并不相同，而基于 MEMS 技术的光交换机在某一时刻只能在两端口之间建立一条通信链路，因此这两条象流只有其中的一条可以占用该通信链路，而另一条象流或者选择等待，或者从树形的电网络中发送，即在 c-Through 结构中存在象流对光链路的争用，这就导致了系统性能的下降。为了进一步提升 c-Through 网络的性能，人们提出了 EOEHN 结构。

1. EOEHN 结构连接规则

EOEHN 网络拓扑结构如图 1–5 所示。网络由具有相同端口数目的交换机组成，图中给出了端口数 k 为 6 的情况。自上向下同样分为三层：依次分别为核心层、汇聚层和接入层。其中每个接入层交换机下接入 $k/2$ 台服务器；每一接入层交换机通过 $k/2$ 个接口连接到汇聚层交换机，汇聚层交换机其余 $k/2$ 个接口连接到核心层交换机，每 $k/2$ 台接入层交换机与 $k/2$ 台汇聚层交换机组成一个 Pod。系统可容纳 $(k/2)^2$ 个核心交换机和 $k*(k/2)^2$ 个服务器。另外，每个 Pod 中的一个汇聚层交换机通过光纤连入一台基于 MEMS 的光交换设备，同时该交换机还需要连接到用于配置光交换设备的中央控制模块中。在任意的两节点间同时存在光交换和电交换两种链路。

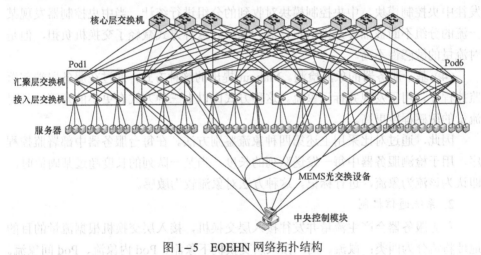

图 1–5 EOEHN 网络拓扑结构

2. 网络节点编址

规律的网络节点编址能够降低网络管理、配置的复杂度。因此，可按照如下规则对网络节点进行编址：在私有网段 10.0.0.0/8 内对各节点进行编址，Pod 内交换机的地址按照 10.pod..switch.1 形式进行编址。其中 Pod 为该交换机所属 Pod 的编号（[0~$k-1$]），switch 为该交换机在 Pod 内的位置编号（[0~$k-1$]，从左到右，从下到上）；核心层交换机的编址遵循 10.k.j.i 的形式，其中 i 和 j 按照 k/2 的原则进行排序，如 1.1、1.2、2.1、2.2；服务器的地址参照其连接到的 Pod，其地址形式为 10.pod.switch.ID。

（二）EOEHN 结构通信策略

1. 象流检测机制

系统对象流的处理能力决定了系统性能的好坏，鼠流对网络拥塞的影响几乎可以忽略。而要对象流进行调度，首先需要识别出象流。目前对象流、鼠流的区分主要有以下几种方法。

（1）上层应用对象流进行标识。这是一种理想的象流探测方法，希望上层的应用能够在产生流的同时明确地标识出象流。这种方法在对网络 QoS 的研究中较为常见，但在数据中心中可行性不高，因为数据中心的大部分应用无法标识自己的流量是象流还是鼠流。

（2）流量监控。这种方式要求交换机监控并统计其要转发的数据流，周期性地向中央控制器提交自己的统计结果，中央控制器根据收到的统计结果进行区分。这种方式对交换机要求较高，需要耗费交换机的计算资源；另外，交换机与中央控制器之间的统计信息会占用额外的带宽。

（3）抽样识别的方式。交换机对其需要转发的分组进行抽样，并将抽样结果发往中央控制模块，中央控制模块对收到的分组进行统计。当中央控制器发现某一流的分组不断被抽样，则认定该流为象流。这种方式减轻了交换机负担，但是对流量的敏感性不高。

（4）基于服务器的象流检测。Mahout 提出的这种方式，通过在服务器端部署监控程序，用于发现并标记象流。这种方式比以上三种方式有更小的开销，且对流量的敏感程度更高。

因此，通过对比采用上述第四种象流鉴别方法。在每台服务器中部署监控程序，用于检测服务器中每一发送队列的长度，当某一队列的长度超过某阈值时，即认为该流为象流，进行标记。这种方法对象流较为敏感。

2. 系统通信机制

首先服务器会产生流量并发往接入层交换机，接入层交换机根据流量的目的地址将流分为四类：鼠流、同一接入层交换机下象流、Pod 内象流、Pod 间象流。根据不同的流量模型，接入层交换机有不同的转发策略。值得注意的是，当象流为 Pod 间象流时，接入层交换机首先要通知相应的汇聚层交换机收到象流，若此时汇聚层交换机中已经有了象流传输任务，则该接入层交换机中收到的象流选择通过电交换网络进行发送；若汇聚层交换机中的光口空闲，则向中央控制模块申请光交换设备的端口。

在中央控制模块中存有光交换设备端口的状态表，当其收到来自汇聚层交换机的端口申请消息后，根据象流的源以及目的地址查表，若光交换机相应的两个端口都为空闲状态，则中央控制模块对光交换设备进行配置，为相应的两个端口之间建立光连接；若两个端口中任意一个状态为 busy，说明此时端口被别的连接占用，通知汇聚层交换机，象流从电交换网络中发送。

象流在电交换网络中的传输、使用基于哈希的路径选择算法。使用二元组（源 IP、目的 IP）的组合作为哈希函数的输入，哈希函数的输出作为流的编号，用流的编号对并行路径的数目取余数，该余数就作为分配给该流的路径。但是，仿真结果显示当象流占比较高时，基于哈希的静态路由算法表现得并不好，这是因为该算法进行调度时并没有考虑流量的大小，可能将两条甚至更多的象流调度到同一链路。因此设计了一种拥塞通知机制，用以将象流调度到不同的传输链路上。

3. 拥塞通知机制

采用一种端到端的拥塞控制方式，解决象流导致的链路拥塞。网络中的交换机从其缓存队列中采样，进行拥塞判定，若认定发生拥塞，则拥塞节点从其队列中解析出某条象流的分组，根据解析出分组的源 IP 地址周期性地向该分组的源节点发送拥塞通知消息（Congestion Notification）。边缘层交换机负责象流的重路由过程，当边缘交换机收到拥塞通知消息后，首先标记该路径发生拥塞，然后计算另一条路径用于象流的传输以避开拥塞节点。当拥塞解除后，交换机发送拥塞解除消息通知相关节点。相关节点更新其路由表信息，标记该路径可用。

三、基于 OOFDM-CAP 技术的全光互连网络结构

（一）全光互连 OSA 结构介绍

OSA（Optical Switching Architecture）网络是一种具有二层结构的扁平化的全光互连网络，上层的光交换矩阵（Optical Switching Matrix，OSM）为具有 N 端口的基于 MEMS 的核心光交换设备，各机架交换机同时连接到 OSM 上进行互连。考虑到 MEMS 光交换机端口间的配对特性（MEMS 交换机一个端口同时只能与另一端口进行通信，当需要与其他端口通信时，需要重新配置 MEMS 交换机，建立两个端口间的通信链路），OSA 结构将 N/k 个接入架顶交换机（Top of Rack，ToR）连接到 OSM 上，即每个 ToR 通过 k 个端口连接到 OSM 上，那么此时该 ToR 就可以同时与另外 k 台 ToR 通信。然后，通过对 OSM 进行配置，就可以实现整个系统动态的拓扑建立。

OSA 结构使用多跳传输的机制实现全部网络节点的互连。当某一接入层交换机收到分组后，若其与分组的目的地址之间存在已经建立的光链接，则通过该光链路直接发送；否则，按路由表将分组发往中间节点。中间节点对光信号进行光—电转换后，读取包头，若分组目的节点非本节点，将数据包进行电—光转换后发

往目的节点。

　　OSA 网络同时还具有灵活的链路容量。采用了波分复用（Wavelength Division Multiplexing，WDM）技术，通过在一条光纤链路上承载不同的波长来实现更大的系统传输容量。同时，在经过 WSS 进行波长的分插复用后，任意一个 ToR 与 OSM 的带宽可以达到 $N \times 10$ Gbit/s 的传输速率，其中 n 为 ToR 上所连接发射器的数量。同时，为了充分利用 OSM 交换设备的端口，在每个 ToR 和 OSM 端口之间加入光环流器（Optical circulator），使得每条链路能够进行双向通信。

　　目前商用的基于 MEMS 设备的光交换设备端口数最多可达几百个，在具有 320 个端口的 MEMS 交换机上，当 k 取值为 4 时，可以连接 80 台 ToR，若每台 ToR 下接入 32 台服务器，则网络规模能够达到 2 560 台服务器。

（二）MOSBAON 结构

　　将基于 OOFDM-CAP 的智能光收发器以及 MDE-OSM 设备引入数据中心网络，替换原有的光收发器及光交换矩阵 OSM，构建了一种新型的全光互连网络结构 MOSBAON。利用这两种交换设备对波长、正交子带的复用/解复用能力，实现了比波长调度更细粒度的数据中心资源调度。图 1-6 所示为 MOSBAON 网络拓扑结构。

　　MOSBAON 网络结构主要由服务器、具有 OOFDM-CAP 光收发器的接入层交换机、MUX/DEMUX 以及多维增强型光交换矩阵（Multi-Dimensional Enhanced-Optical Switch Matrix，MDE-OSM）组成。部署于接入层交换机上的 OOFDM-CAP 收发器能够将正交子带复用到一个波长上进行发送，每个光收发器的波长在复用器 MUX 进行复用后发往 MDE-OSM。当光信号到达上层的 MDE-OSM 后，MDE-OSM 对光信号进行解复用后经相应端口进行发送。

　　另外，MOSBAON 结构中部署了中央控制模块，该模块主要用于对智能光收发器和 MDE-OSM 进行配置以及为每个接入层交换机分配带宽资源。

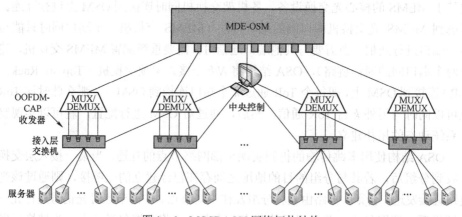

图 1-6　MOSBAON 网络拓扑结构

（三）MOSBAON 结构通信机制及资源调度

1. MOSBAON 结构通信机制

MOSBAON 结构的总体通信机制如图 1-7 所示。在 MOSBAON 结构中资源分配的最小单位为一个正交子带，中央控制模块为每条流分配不少于一个的正交子带。接入层交换机在中央控制模块每个轮询周期前将缓存在其 buffer 内的新流的信息通过 sub-band-apply 消息发往中央控制模块，为新流申请带宽资源，sub-band-apply 消息中主要携带的信息包括流的编号、目前该流在接入层交换机中缓存大小、流的源/目的地址等。

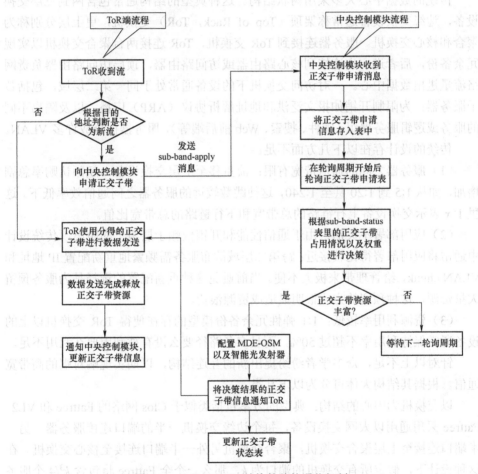

图 1-7　MOSBAON 结构的总体通信机制

2. MOSBAON 结构基于权重的带宽分配策略

MOSBAON 结构的带宽资源调度由中央控制模块控制。中央控制模块周期性轮询带宽申请表，根据各接入层交换机的带宽申请权重，以正交子带为基本单位进行带宽资源的分配。

第三节　云计算数据中心相关技术解析

一、数据中心网络相关研究

（一）体系结构

1. 结构

传统的数据中心大多采用树状结构。这种典型的结构通常包含两到三层交换设备，边缘交换设备通常称架顶（Top of Rack，ToR）交换机，更上层分别称为聚合和核心交换机。服务器连接到 ToR 交换机，ToR 连接两台聚合交换机以实现冗余备份，后者进一步连接到核心路由器或访问路由器，顶层访问路由器负责网络流量进出数据中心。一对访问交换机下的设备通常处于同一第二层域，包括数千服务器；为限制开销如报文泛洪和地址解析协议（ARP）广播，以及隔离不同的服务或逻辑服务器组（邮件、搜索、Web 前后端等），服务器被分成许多 VLAN。

传统的设计存在以下几方面不足。

（1）服务器之间的通信带宽有限：流量移至上层交换设备，超额认购率急剧增加，如从 1:5 到 1:20 甚至 1:240，这使跳数较远的服务器之间通信效率低下。这里 1:x 表示交换设备上行链路的总带宽和下行链路的总带宽比值。

（2）应用部署不灵活：由于通信性能和开销依赖于层级上的距离，传统设计中通常将应用部署得比较接近；跨第二层域散布服务需频繁地重新配置 IP 地址和 VLAN chunk，给管理带来极大不便。当前避免这种重新配置的选择是为服务预留大量资源，这种预留的方式很明显造成资源浪费。

（3）资源利用率较低：1:1 弹性冗余备份模型的存在使得 ToR 交换机以上的设备通常保持利用率不超过 50%，而且多条路径要么没有被利用要么利用不足。

针对以上不足，众多学者纷纷提出新的互连结构，以期实现端对端的高带宽通信。根据其结构大体可分为以下几类。

以交换机为中心的结构：典型的方案包括类似于 Clos 网络的 Fattree 和 VL2。Fattree 采用通用以太网交换设备，每个边缘交换机一半的端口连接服务器，另一半端口连接至上层聚合交换机，聚合交换机另外一半端口连接至核心交换机。在这种设计下，假定所有交换机的端口为 k，那么一个全 Fattree 将包含 $k^3/4$ 个服务器，例如在利用 48 端口交换机构建 Fattree 时，可以支持 27 648 个服务器。Fattree 的一个重要特性是其采用完全一致的交换设备，这就使得数据中心可以利用廉价的通用设备；另外，Fattree 提供可重组非阻塞通信，即对于任意通信模式，总有一些路径集可以填满到端节点的所有可用带宽。然而，在真实的网络中实现 1:1

的超额认购率仍然比较困难，因为通常需要防止 TCP 流的报文乱序。VL2 本质上和 Fattree 一样，也属于 Clos 网络，但是其利用 10 Gbit/s 端口替换 1 Gbit/s 端口，可以减少绕线复杂度，同时简化了在多个链路上分布负载的过程。

混合结构：这并非一类与前两者完全正交的互连结构，而是基于一定的流量测量，并利用无线或光互连手段来实现混合路由。流量测量表明，除了一部分 All-to-All 通信模式具有极高的聚合带宽需求外，通常并不需要所有节点对之间都具有高带宽。基于这种发现，不少学者纷纷提出在现有的结构上增加额外的路径来消除瓶颈、热点，支持大流量数据传输等机制，可以实现较好的性能并降低因为构建非阻塞对称结构带来的高额开销。

此外，现有的互连结构大多是对称性结构，从设计开始即具有扩展性，能支持大量服务器接入数据中心网络；但是向下扩展和进行少量设备增量扩展时，却并不容易。考虑到某些数据中心网络并不需要支持极大规模，且希望随时进行少量设备增量扩展，Scafida 结构被提出。Scafida 基于无标度网络生产算法构造，具有网络直径较小和容错性较好等特性。

2. 寻址与路由

一旦网络拓扑结构确定，下一个问题就是网络应该作为何种寻址域进行管理：第二层（L2）还是第三层（L3）。两者各具其优势和不足，具体属性如表 1−1 所示。L2 网络本质上是可插拔的，交换机通过快速生成树协议自动学习主机位置；而 L3 网络通常需要管理员为 DHCP 在交换机上配置子网掩码并对各个子网进行同步。然而，L3 网络可利用 OSPF 协议在所有网络交换机间进行广播从而发现网络拓扑和主机位置，而 L2 转发协议则需要为所有端主机分发信息。在数据中心网络中将带来严峻的扩展性挑战，因为需要在转发表中存储数十万乃至更多服务器的 MAC 地址，而当前交换设备的片上存储器是难以满足该需求的。最后，虚拟机迁移需求给网络带来巨大挑战，虚拟机在 L3 网络中迁移时无法保持其原有地址，这就使已经建立的连接需中断。

综上所述，L2 或 L3 都不能直接作为寻址域来管理数据中心网络，现有的提议都是在它们提供的属性之间进行折中。

表 1−1　L2 和 L3 方法比较

方法选择	需要配置	交换机状态	无缝虚拟机迁移
L2	可插拔	多	支持
L3	子网配置	少	不支持

Port Land 是基于 L2 转发的 MAC-in-MAC 寻址机制。Port Land 中为每台主机引入额外的伪 MAC 地址，称 PMAC。PMAC 中嵌入了该主机所在网络对应的位

置。由于因特网默认会在其 L2 域内进行广播，Port Land 利用逻辑上的集中管理器 Fabric Manager 与边缘交换机来截获和完成 IP 到 MAC 的映射。这种方式使只有在 Fabric Manager 不具有某映射时才进行广播，若发生故障，则极大地降低了 ARP 广播的程度。PMAC 和 AMAC 转换只发生在边缘交换机中，网络内部利用层级 PMAC 转发，极大地降低了交换机需要存储的转发状态。但是，网络内部交换机需要支持这种层级寻址和转发策略，只是要进行一定的修改。

VL2 采用基于 L3 的 IP-in-IP 寻址机制。同样引入两套寻址机制。网络设备基于和位置相关联的 IP 地址（LA）进行操作，所有交换机和接口都赋有 LA，交换机运行基于 LA 的 L3 链路状态路由协议，以此交换机可获得全网交换机级拓扑结构，并可以沿最短路径转发封装 LA 的报文。应用使用与应用相关联的 IP 地址（AA），这使应用在迁移后不需要变更地址。每个 AA 对应了其直连 ToR 交换机的 LA。VL2 具有一个功能类似于 Port Land 中 Fabric Manager 的目录系统，存储和映射两个地址族。同样的，VL2 需要在每个服务器部署额外的代理来完成地址解析和映射。

DCell 和 BCube 等结构中服务器可代表交换设备进行转发，其实现了自身独有的地址和对应的路由机制。以 DCell 为例，它实现了基于服务器在网络中的位置标号进行源路由的机制，由于服务器参与转发，这为源路由实现带来了便利。但同时，需要一些额外的 CPU 计算，引入一定的性能开销。对于如何支持虚拟机迁移，也并没有讨论。对于光电混合互连结构，ToRs 或 Pods 通过电线和光纤连接至对应交换设备，电线互连部分按照传统的策略进行路由，而光交换部分可根据实际的流量模型动态改变，通常进行单跳通信。

可以看出，当前大部分数据中心网络的路由策略都与其特定拓扑结构相关，且各有所长，各有所短。例如，以交换机为中心的结构不能直接利用现有的以太网交换设备，也难以较好地支持各类流量模式如 One-to-All 和 All-to-All。而以服务器为中心的结构只需普通设备并能较好地支持 All-to-All，但是必须依赖于服务器进行转发。从复杂度和能源消耗的角度看，混合结构又优于"纯电"互连结构，但光设备昂贵且目前并没有得到广泛认可和采用。

在确定基本路由策略以后，还要考虑如何进行路由优化。等代价多路径（ECMP）路由是一个优化策略。在为负载分配路由之前并不对其进行检查，可避免不必要的拥塞。Valiant 负载均衡（VLB）策略采用随机的方式为每个流进行选路，通常被用于应对变化无常的流量负载。如果有大流存在，ECMP 和 VLB 仍会导致拥塞。

（二）拥塞控制技术

数据中心网络上应用程序通信模式多样和系统动态变化，导致网络负载难以预测，有效地控制拥塞成为非常突出的问题；同时网络实体的独立、非协作路由决策等因素，使拥塞控制问题变得更加复杂。单一的拥塞控制机制难以实现全网的负载均衡和较好的链路利用率，目前在链路层、网络层和传输层都有相关工作直接或间接地避免和控制拥塞。

1. 链路层拥塞控制

因特网和以太网操作环境存在以下差别：

（1）以太网无 ACK 确认，RTT 不可知，拥塞信号需直接发送给源端，因而难于知晓路径拥塞，而只知道节点拥塞；

（2）报文可能不被丢弃，因而带来的拥塞传播可能导致不必要的二级瓶颈；

（3）无报文序列号可用，因而无法推测控制回路中未接收报文的数目；

（4）源端无慢启动而直接以线速传输，只能在源端安装限速器降低其发送速率；

（5）缓冲区小、同时活跃的发送源少，将为拥塞控制回路带来严峻挑战；

（6）收发节点间存在多路径，其拥塞程度可能极不一样。

此外，在数据中心网络实现链路层拥塞控制算法还需满足如下性能需求：

（1）稳定，即缓冲占有过程不应波动从而导致溢出或利用率低；

（2）快速响应源端速率；

（3）公平，多个流共享同一链路时，应获取相应比例的带宽；

（4）硬件上容易实现，逻辑不能太复杂。

操作环境上的差别和严格的性能需求，给拥塞控制算法带来了极大的限制。拥塞通告工程旨在为硬件实现开发此类以太网拥塞控制的算法，如量化拥塞通告（QCN）算法。QCN 算法在源端类似于 BIC-TCP，而在交换机上与 REM 和 PI 控制器相似。一旦拥塞链路的缓冲区被填满，将发送"暂停"命令给上游缓冲区，该命令包含拥塞程度信息；上游节点根据下游节点发送过来的反馈信息，确定如何限速，可自愿地恢复带宽和探测额外带宽。由于 QCN 需要硬件限速器，增加了硬件的复杂度和开销；同时拥塞传播可能引入二级瓶颈，对于并不流经主要瓶颈路径的流而言，性能可能受到损害；另外 QCN 不能跨越第三层边界，这就极大地限制了其在数据中心网络中的应用。另一个相关的工程是优先流控工程，在拥塞链路实现逐跳的、每个优先级的流量暂停。

2. 网络层拥塞控制

流量工程的各种策略工作在网络层，旨在平衡网络负载以尽可能减少拥塞、最小化网络的最大链路利用率。数据中心网络自身的许多负载特性，使流量工程需重新审视以下问题。

（1）网络拓扑通常规则和稳定，具有大量近似长度路径和延时特性。

（2）端主机通常行为规范且比因特网更加可控。

（3）数据中心网络具有不同的负载特性，如流的特性很大程度上决定于应用程序的位置和通信模式，通信延时通常在百微秒级，拥塞通常较短但通常也会造成较大的性能损害。低延时特性决定了在数据中心网络进行流量工程的关键挑战是如何快速响应短期拥塞事件。

根据选路决策的位置不同，当前典型的调度策略可以分为源端预计算型和网络设备随机分配型。

1）源端预计算型

以服务器为中心的体系结构如 BCube 和 DCell，采用廉价普通交换设备，而具有可编程能力的服务器也通常参与转发，便于在源端作路径预计算和调度。此外，也有学者在对体系结构不做假设的前提下，提出可建立多个 VLANs 来进行多路径路由，如 SPAIN：首先预先计算好多个路径，将这些路径集映射成多棵树，然后为每棵树建立对应的 VLAN，每个 VLAN 对应了不同的路由。该类多路径调度机制能最大限度地避免拥塞，实现较好地负载均衡；但同时需要事先掌握网络中链路的状态，因而在拥塞或故障发生时欠缺一定的灵活性。

2）网络设备分配型

利用支持 ECMP 的网络设备随机选路进行转发是当前比较流行的多路径利用方法。交换机根据报文特定域值或散列值（如五元组散列值）选择下一跳，将流分布到多个路径上。但是 ECMP 自身也存在一定的局限性，如目前网络设备最大支持 16 条路径，而通常较大规模的数据中心网络存在更多的可用并发路径。另外，由于 TCP 对于报文乱序比较敏感，因而当前多以流为单位进行调度，即属于同一流的报文都经由同一路径转发。对于小流，ECMP 能实现较好的负载均衡，而对于大流则可能由于散列值相同而被分配到同一路径上，导致不必要的拥塞。针对该问题，Hedera 和 Mahout 提出区分大流和小流，小流仍用 ECMP 进行随机选路，而对大流进行特殊处理。Hedera 依据交换机的统计信息来识别大流，而 Mahout 则利用带内信号通知网络控制器达到识别大流的目标，具有更快的响应能力。按流调度的 VLB 算法本质上类似于 ECMP，多个核心交换机配置同一地址，随机地为到达流选择其中一个。

其他一些提议较少考虑到 TCP 协议在细粒度调度算法下的行为，如选择负载最轻的下一跳，同时使其路径长度不致太大。TCP 对乱序的敏感性使随机分发单个报文到下一跳的算法不被考虑，对于报文重定向鲁棒的 TCP 变种能否适应高带宽、低延时的环境目前尚不清楚；介于流和报文粒度之间的基于 flowlet 的调度算法，在因特网环境下曾有学者研究，但是此类算法能否适应数据中心的网络环境目前并不清楚。

流量工程在基于 IP 和 MPLS 的因特网环境已有大量研究，流量工程问题最重要的输入是流量模式。然而，在数据中心网络环境对于如何模拟和描述其流量矩阵目前仍缺乏认识。流量矩阵在不同应用之间的差别迥异，而数据中心的管理者出于安全和隐私考虑通常并不愿意分享这些信息。此外，数据中心的规模不断扩大，对于计算复杂度和扩展性的控制也极具挑战。

3. 传输层拥塞控制

研究表明，将数据中心网络中交换设备的缓冲区队列维持在较低水平，将有利于 TCP 满足应用的低延时、高带宽和突发性需求。该环境下，排队延时与系统中的噪声源相当，因此延时上的变化不足以作为可靠的拥塞信号。DCTCP 结合 RED 和改进后的带延迟 ACK 的拥塞通告来实现 TCP 的拥塞控制。数据中心典型应用如 MapReduce、搜索和分布式并行存储等具有特殊的同步多对一通信模式，在具有较小缓冲的低延时网络中带来严峻的拥塞控制挑战。这种同步多对一通信拥塞问题被称为 TCP Incast 问题。Incast 问题的根源是相对较多的数据报文同时进入狭小的缓冲空间，较多报文丢失引发的超时致使原本较短的通信被拉得很长。

Incast 问题受到广泛关注，从链路层到应用层都有提议，但目前解决该问题较好的策略是在传输层，通过修改 TCP 使其更适合数据中心网络。修改方法有以下几种：

（1）降低最小 RTO：超时带来巨大性能影响的根源在于当前的 RTO 最小值与网络低延时不匹配，如当前 Linux 系统中 RTO 最小值为 200 ms，MS Windows 为 300 ms，而数据中心网络中节点对之间通信延时通常在百微秒级；提议采用高精度 RTO（如 1 ms）直接减轻超时带来的影响；

（2）DCTCP：将缓冲队列控制在较低水平，极大地提高了网络容忍突发的能力，减少了超时的可能，相比（1）中只需修改发送端 RTO 参数，该方法需要修改发送端、接收端和网络设备的 AQM 支持，同时在同步发送者的数目增加时仍然会出现不少超时；

（3）ICTCP：该方法在接收端估测网络可用带宽，并通过调整接收窗口来限制发送者向网络注入报文的速率，从而达到拥塞避免的目标；相比前两者，该方法改动较小，只需改动接收端，且性能较优。

解决数据中心网络拥塞控制问题的另一研究工作是多路径 TCP（MPTCP）。多路径是数据中心网络的关键特性，MPTCP 结合选路和拥塞控制两方面考虑，提供更好的性能和公平性；同时具有良好的扩展性，不需要集中调度。IETF 组织有小组专门讨论 MPTCP，但在数据中心网络环境下的研究较少，目前只有较少的对长流进行模拟的初始结果。由于该环境下负载主要是小流，那么何时建立子流是一个关键的性能问题。

（三）带宽隔离技术

在多租户数据中心，带宽隔离包括服务器端虚拟机之间的带宽隔离和底层网络流量与带宽隔离。两者都很重要，国内外已有不少针对端节点的带宽隔离研究。

从亚马逊的 AWS 云服务受到攻击开始，企业界和科研社区开始逐渐关注如何为云数据中心网络提供流量和带宽隔离。传统的以流为单位的带宽分配原则无法实现流量隔离和性能保障，因为大量流的虚拟机相对于流数目较少的虚拟机而言，将侵占较多的带宽资源。考虑到此，取而代之的提议包括以虚拟机为单位和以租赁用户为单位的分配方案。以虚拟机为单位分配带宽的典型方法包括 Seawall 和 Gatekeeper，采用的都是动态分配带宽的方式；SecondNet 和 Oktopus 采用资源预留的方式以租赁用户为单位分配带宽资源，其关注的重点是确保网络性能，但是预留方式往往使网络利用率不高。

1. 以虚拟机为单位分配带宽

像 CPU、内存和存储资源一样，以虚拟机为单位对网络带宽资源进行分配，便于为租赁者提供统一的接口，如带宽需求表示该虚拟机对应的网络权值。该类研究比较典型的包括 Seawall 和 Gatekeeper。Seawall 设计旨在实现发送实体间的公平带宽分配，发送实体可以是一个虚拟机、某一类端口或进程等，但不是一个租赁者或一组虚拟机。

2. 以租赁者为单位分配带宽

尽管以虚拟机为单位的带宽分配方法为租赁者提供了统一的接口，但是在系统负载较重时仍会有拥塞，且无法确定性回答系统是否饱和、是否还能够容纳更多的租赁用户。而且，对于那些希望能够预测性能的用户，以虚拟机为单位的分配策略往往难以实现。基于这些原因，以租赁者为单位的分配策略受到关注，旨在实现租赁者之间完全的带宽隔离和带宽保障。SecondNet 和 Oktopus 都属于这一类研究，采用网络资源预留的方式来提供租赁者之间的流量和带宽隔离。资源预留实际上是一种类似于静态资源分割的方式，将共享的网络资源依据一定的权值分配给不同的租赁用户。

资源预留将产生大量的状态信息，当前数据中心普遍采用的通用交换设备（如因特网交换机），无法提供这么大规模的状态空间和优先级分类机制，因而通常将状态信息存储分布到端节点。由于网络只提供基本的转发功能，需要在源端或目的端实现带宽预留和带宽隔离。SecondNet 代表了一种极端的性能保障机制，即提供虚拟机对之间的性能保障，在端节点控制虚拟机向网络注入报文的速率，利用源路由和基于端口的交换机制实现固定路由，因此一旦源端速率被限制在分配额度之内，网络中不会出现拥塞。

但是提供端对端的流量隔离和性能保证，云平台的代价较高，实现的复杂度也高。考虑到这些问题，Oktopus 实现另外一种带宽隔离：租赁者之间实现完全的带宽隔离，但是租赁者内部虚拟机之间尽可能控制拥塞，并不保证总是能实现端对端性能保障。这种机制使云服务平台在实现上更加灵活，同时实现了租赁者之间的带宽隔离。由于租赁者内部虚拟网络之间仍可能出现拥塞，Oktopus 通过对这些虚拟机进行流量测量、统一瓶颈计算和分布式率控等机制来实现拥塞控制。相比 SecondNet，租赁者内部虚拟网络资源的利用率提高，扩展性能也更好。

采用资源预留的方式实现带宽隔离通常要完成以下几个过程。

1）服务模型定义

服务模型一定程度上反映出优先级、权值等信息，通常是网络资源分割的依据。例如，SecondNet 提出为虚拟机对之间提供三类服务模型：带宽保障型、尽力服务型和出入口带宽保障型。以虚拟机对为单位提供带宽隔离，其设计的复杂度通常较高，尽管对于租赁用户而言这种模型比较容易接受；但是对于提供云服务的平台拥有者而言其灵活性又较低，难以实现，因而成本较高。考虑到这些因素，Oktopus 提供两类主要的虚拟网络抽象：虚拟集群和虚拟超额认购集群。前者可以满足任何类型的应用需求，后者能满足很多应用的需求。Oktopus 的抽象模型是在租赁用户代价、平台灵活性和设计复杂度上进行的折中，这种折中使这些抽象模型和性能保证机制易于映射。相比 SecondNet，Oktopus 并不完全提供所有虚拟机对之间端对端的流量隔离和性能保证，而是实现租赁者之间的带宽隔离，租赁者内部虚拟机之间通过流量测量和率控机制实现拥塞控制。

2）虚拟数据中心分配或虚拟资源到物理资源的映射

利用一定的模型将资源抽象出来，在此基础上实现资源分配算法。通常采用集中式带宽分配方法，这便于管理者完全掌控和管理资源；然而，即便是集中式分配，这类问题也通常较难，为 NP 难题。对于该 NP 难题，启发式算法通常考虑在一些实际比较关心的性能问题上进行折中，例如容纳更多的租赁用户、更少的资源碎片、更快找到合适的虚拟资源。对于 SecondNet，由于其提供端对端的性能保证，在实现映射时比 Oktopus 更加受限，后者只提供较粗粒度的带宽隔离，因而在分配时更容易满足。

3）故障处理

资源预留需要大量的状态信息，为实现扩展性，通常希望将这些状态从网络内部剥离出来，分布到端节点；更为极致的做法是采用集中式控制，由数据中心网络的管理节点统一维护。然而，一旦网络设备或链路出现问题，管理者首先需要获知这些信息，才能对资源进行重新分配和映射。因此，网络需要提供一些额外的控制平面功能来应对故障通告。

从以上过程可以看出，以租赁者为单位进行资源预留的方式，其最根本的问题在于资源利用率低下，即预留的资源即便在闲置时也无法为其他应用所利用；尽管 Oktopus 在租赁者内部实现了一定程度的多路复用，但只是部分缓解该问题。此外，基于预留的方式实现起来也比较复杂，采用集中式管理对系统的扩展性也有一定程度的影响。

二、数据中心网络的路由拓扑探测机制

当前数据中心网络缺乏有效的流量或带宽隔离机制，这将容易诱发自私和攻

击行为，例如通过发起大量并发连接来占用更多带宽，或对瓶颈链路发起拒绝服务攻击。尽管这些行为背后有着潜在利益上的驱动和技术上的支持，但是如果缺乏对底层网络属性特别是路由拓扑的进一步认识，这些行为可能变得盲目而低效。例如，租赁用户虚拟机之间的流量可能只经过若干链路，如果租赁用户盲目发起过多连接或攻击的话，可能很大程度上损害了自己的性能，且容易暴露目标。

出于管理和安全上的考虑，云服务平台通常对租赁用户隐藏了底层网络的路由拓扑结构，因为自私或者恶意用户可能基于这些信息产生一些不可控行为。从防范探测的角度出发，需要研究以下几方面问题：

现有路由拓扑探测技术在数据中心网络环境的适用性，包括可行性和复杂度；在高带宽、低延时数据中心网络环境下探测路由拓扑结构的可能性和必要条件；带宽隔离机制需如何应对才能防范用户对数据中心网络路由拓扑进行探测。

（一）问题提出

对虚拟机租赁用户而言，底层数据中心网络的路由拓扑结构可以反映出以下信息：

第一，虚拟机在网络上的分布，或虚拟机之间的相对逻辑位置，例如哪些虚拟机接口连至同一交换设备，哪些虚拟机之间跨越多跳；

第二，虚拟机之间的流在网络内部的路由共享关系，例如哪些流在何处聚合又在何处分离，哪些流之间是相互不干涉的。

注意这里所指的路由拓扑结构是逻辑上的，而并非物理上，和先前因特网上探测的路由拓扑概念完全一致，因为总有一些"隐形"交换或路由设备是难以被探测定位的，后续也会对此进行讨论。选择逻辑路由构成的部分网络视图而非整个网络的物理拓扑结构作为探测目标，是受现实条件约束的结果。首先，数据中心网络规模庞大，节点数以十万、百万计，而用户所租虚拟机只是其中很小的一部分，难以形成全局视图。其次，数据中心网络结构复杂，对于完美结构化的拓扑存在潜在的特殊手段进行区分，但是实际的数据中心联网由于升级、维护和安全考虑等原因使其结构形式并不规则，难以判断底层网络的真实结构。

对于恶意攻击者，虚拟机之间的相对逻辑位置将暗示其攻击能力，攻击者在发动攻击时能明确如何选择攻击实例将更有利于打击目标或隐藏自身；而攻击流的路由共享关系将揭示出潜在的攻击目标，例如攻击流汇合之处易形成瓶颈链路，使其拥塞能导致流经该处的其他流超时。此外，攻击者还可能根据需要在调整虚拟机的位置后进行攻击。

对于无恶意租户，一方面其可以利用这些信息验证平台提供的服务是否符合SLA 议定的功能和性能。例如注重冗余性的租赁用户可以检验其所租虚拟机是否大部分集中于同一交换机之下，其应用对延时敏感的用户可以检验其虚拟机是否跨越多跳受网络负载影响较大；另一方面，租赁用户可以根据探测出的逻辑路由视图，决定是否重新组织其应用和调整虚拟机分布。例如，对于使用类 MapReduce 应用的租户，将期望工作者（worker）节点尽可能分布于离主控（master）节点跳数一致的位置，这样其中一个节点在通信传输时落后的可能性将降低；而其应用对延时敏感的租赁用户，很可能会将其虚拟机调整至位置相近的分布。

　　尽管虚拟机的位置通常对用户不可见，但是租赁用户可以采用某些固定的模式来启动、终止或重启其虚拟机以变更其位置。一旦可以利用某些探测手段得出其分布并不断调整，将会带来至少两个后果：一是整个云平台形成大量的资源碎片，大量扰动将使云服务提供商难以管理和维护；二是可能一些运气好的租户占据了"有利"位置，而另外一些则总是处于不理想的境地。亚马逊 AWS 报告称每天约有十万新虚拟机实例被创建或重新启动，或者说每天每台虚拟机新增一个虚拟机。总而言之，所有租户将对探测路由拓扑这类敏感信息感兴趣，不同的应用方法将带来不同的安全隐患和管理挑战。

（二）现有探测技术及其不足

　　路由拓扑和链路属性探测是因特网上一个经典而非常有意义的问题。根据探测方法是否依赖于网络内部交换节点，通常将探测方法分为两个大类。

1. 基于对网络内部交换节点（如路由器）的测量或反馈信息进行推测

　　例如，一种比较常见的方法是利用 traceroute 请求网络内部路由器返回网际控制信息协议（ICMP）消息，来获取源目节点间的路由拓扑信息。但是随着越来越多的因特网路由器出于私密性和安全性考虑阻塞 traceroute 请求，以及随着越来越多的难以被 traceroute 这类工具发现的第二层交换机和多路径标签交换路径被部署，该方法难以获得比较准确的推测。

2. 利用端对端报文探测测量技术进行推测

　　这类方法由端节点实施，网络内部节点除了提供正常的转发功能外，不要求提供任何额外的协作。相对于第一类方法，端对端的方法更加灵活且更可靠，得到了广泛的关注。

　　数据中心网络作为一个封闭控制环境，对于外部租赁用户而言，其底层网络结构及其相关特性都属于隐私和敏感信息。一方面，云平台提供者出于安全考虑，可以禁止其内部路由节点对特定的探测请求的响应；另一方面，云数据中心网络广泛采用具有二层转发功能的以太网交换设备，这将会使基于内部节点响应的探测技术变得低效和不准确。因此，从防范探测的角度出发，后续讨论在数据中心网络进行路由拓扑探测时不考虑第一类方法，只讨论端对端的探测方法。

　　利用端对端测量技术实现对路由拓扑和链路属性的探测技术，通常称为网络层析（network tomography）技术。网络层析技术通常针对"一对多"组播拓扑探测问题，即以一定的策略探测和推断一个源点到一组组播接受者之间的内部网络拓扑和链路属性。由于探测效率和有效性等优势，基于组播报文的探测方法首先被研究。较早提出基于组播报文的探测技术是利用"共享丢包"作为路由关联的度量值。其基本理论依据是，从源点发出的报文到达接收端后，共享更长路径部分的多个接收端所观测到的丢包序列（或称共享丢包），其相似性更高。那么反过来，根据接收端的共享丢包特性进行聚类分组，便可迭代地形成源点与接收端组之间的逻辑树状拓扑。有文献对该方法进行了扩展，将该方法扩展至任意拓扑并证明只要所采用的度量方法满足一定的条件，基于其他测量技术的度量也可被用于拓扑探测。这些特定的度量包括丢包率、平均网络延时、延迟方差和链路利用率等。链路利用率或者基于丢包的度量被采用时，拓扑探测在很大程度上是比较可靠的。但是，如果网络负载降低，如低链路丢包或低链路利用率，基于丢包的方法准确性便会降低；如果网络负载较高，基于链路利用率的方法效果较差。为解决该问题，有文献提出了自适应的策略，即结合使用基于丢包和基于利用率的方法。

但是，由于 IP 组播技术在因特网上并没有完全普及，利用组播报文进行路由拓扑探测的技术受到限制，且当前数据中心网络也未必能提供组播服务。相比之下，基于连续（back-to-back）单播报文对或报文串（string）的单播网络层析方法更具有现实意义，也得到了广泛关注。Coates 等人提出一种称为三明治探测（sandwich probing）的技术实现延迟测量，并利用马尔科夫链蒙特卡罗（Markov chain Monte Carlo）过程来搜索最可能的树拓扑。Coates 等人和 Shih 等人进一步将拓扑探测问题形式化为层级聚类问题，并提出多种层级聚类算法来恢复逻辑树拓扑。这主要是考虑到对于某些 P2P 应用，与源节点通信的目标节点可能并不总是稳定，而是随时间变化加入或者退出。

以基于丢包模式的方法为例，简要说明如何利用端对端的探测结果推断逻辑树，网络拓扑推测过程示例如图 1-8 所示。对探测报文编号，然后从源节点向所有接受节点发送连续探测报文。那么，从每个接收节点便可获得一个排序的被丢弃报文序列号的列表。对于共享同一路径的两个接收端，它们将潜在地共享某些报文序列，称这些公共丢包序列为共享丢包。共享丢包可能有两个来源：一是由

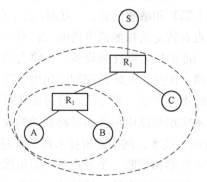

图 1-8 网络拓扑推测过程示例

于报文经历了共同的路径，这些共享丢包称为真共享丢包，能够便于判断潜在的树结构；二是因为一些其他的偶然的原因，使得分离路径上的丢包恰好也出现共享丢包，这些丢包可能是随机的，不能用来推测底层网络结构，称为伪共享丢包。由于接收端无法区分这些真伪共享丢包，因此需要额外的丢包模型。

然而，现有端对端的探测方法无法直接应用于数据中心网络的路由拓扑探测问题。

传统的网络层析技术研究对象为单个源点与一组目的节点之间的路由拓扑逻辑树，其最根本的假设或前提，是从源点发出的报文在途经的流路径上能获取一定的延迟或丢包特性，这些延迟或丢包特性可被用于对接收端分组聚类。数据中心网络延迟非常低，这些延迟之间差别非常小，易受系统干扰和背景流量影响，无法作为路由拓扑探测的度量。此外，从单个源点发出的报文，其丢包特性更难以反映实际的路由拓扑。在数据中心网络中，服务器网络接口卡的速率往往不高于网络内部设备的接口速率，特别是最新提出的新型网络拓扑结构（如 BCube、DCell 和 Fattree），旨在提供高聚合带宽和端对端之间的无阻塞通信，因此网络中并不具有显式的瓶颈链路，单个流无法获得足以进行链路推测的丢包特性。

传统的网络层析技术在数据中心网络应用时，计算复杂度较高，探测的可扩展性较差。传统的网络层析技术基于报文级的统计进行逻辑树推测，即接收端收集从源端发出的报文并从中计算出细粒度的延时和丢包属性，根据这些属性的关联程度决定如何分组聚类。大量的统计用于区分度量结果的二义性，探测准确性是随着探测报文数目的增长收敛的。根据以上给出的例子，可以看出这种细粒度的属性统计需要转储所有到达报文，并对报文序列号（丢包）或者到达间隔（延时）进行计算。数据中心网络的带宽通常较高，1 Gbit/s 的链路已经广为普及，10 Gbit/s 的链路也随着其价格的降低不断被推广。在这样高带宽的网络中转储到达报文并对其进行报文级的统计将为系统带来巨大的压力。

为解决端对端报文级层析技术的扩展性问题，基于流级的探测方法被提出，但是该方法依赖于网络内部节点来推测流路径的共享情况，根据之前的讨论，该方法也不适用于数据中心网络环境。

（三）探测方法创新及理论依据

目前在高带宽、低延时网络（如数据中心网络）进行探测的研究非常之少，究其原因，对这类新型网络进行路由拓扑探测，是随着云平台的开放式多租赁用户共享模型的推出而出现的。映射云平台内部基础设施和判定特定虚拟机潜在驻留的位置是可能的。但是，主要关注的应该是端节点，其应用性受到局限，也不可能被用于探测底层流路径。在超额认购（oversubscribed）树形拓扑结构网络中可利用接收速率来区分节点相对距离，其理论依据是源端越远的流经历的聚合次数越多，因而很可能在接收端测定的速率降低。在一个无干扰的纯净网络，这种方法尚可接受，但在实际运行的网络中其实用性便不得而知。

1. ICTree：探测问题抽象与分解

用户 A 所租虚拟机及其流路径对应的逻辑拓扑视图如图 1−9 所示。和其他租户的虚拟机一起，租户 A 的虚拟机被平台管理者以某种未知的策略分布于网络中，底层的物理网络对其而言是一个"黑匣子"。图的左半部分对应了当前真实的数据中心网络，图的右半部分给出了租户 A 对应的逻辑拓扑视图。值得注意的是，在实际的网络环境中，一对虚拟机之间不同方向的流其路径很可能并不一致，使用两个单向箭头将更准确，在此简化只为使图更清晰、可理解。

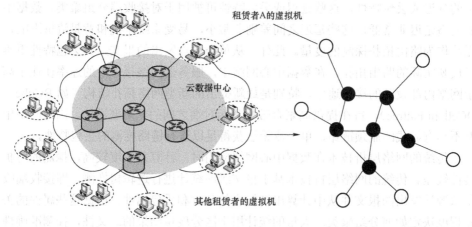

图 1−9　租赁者 A 所租虚拟机及其流路径对应的逻辑拓扑视图

确定租户的逻辑路由拓扑（如图 1−9 右侧）是研究的目标。随着数据中心的扩大，新的支持更大规模扩展的体系结构不断涌现，它们的一个共同特点就是支持多路径，即一对虚拟机之间也可能存在多条流路径。因此端对端流路径及其共享关系变得比较复杂，且可能随着时间的推移而改变；只要不是特别频繁，这些变化也并非不可接受。注意到当前数据中心网络中路径选择大多采用基于流粒度的调度方式，如采用 VLB 或 ECMP 技术以避免报文乱序引入的性能开销，可做出如下假设：活跃的探测流在其整个探测过程中流路径不改变。这是比较合理的假设，后文也将通过实验结果说明探测流可在非常短的时间范围内完成探测任务。

接下来，对逻辑路由拓扑探测问题做进一步的分解。完整的逻辑视图可按不同的规则分解成多个简单、易控制的子问题。例如，任选一个虚拟机作为发送者（或接受者），探测其到其他所有虚拟机之间的流路径，这些流路径形成一个以发送者为根节点的"树"状视图；遍历所有的虚拟机，重复以上步骤，并将所有获得的"树"状视图合并，即可获得完整的逻辑视图。某接受虚拟机所见的逻辑子图如图 1−10 所示。值得注意的是，图中在左侧部分中某些连接在右侧部分中时消失，是因为这些虚拟机之间的流并未流经这些链路；在某个子视图中不可见的连接要么会在其他子图中出现，要么就不属于该租户对应的逻辑全图。

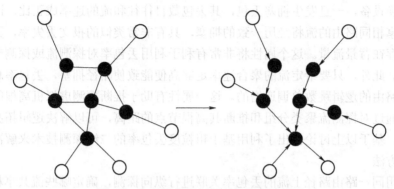

图 1−10　某接受虚拟机所见的逻辑子图

逻辑视图分割问题既可以采用以发送者为树根的形式，也可以采用以接受者为树根的形式。前者是传统网络层析技术对应的组播树路由拓扑，这种一对多的探测方式不适用于像数据中心网络这样的高带宽、低延时网络。而采用后者，主要是基于以下几个方面的考虑。

（1）TCP 被广泛应用于数据中心网络，而 TCP Incast 拥塞问题是真实存在的多对一通信问题。因此，充分理解到达（incoming）流如何共享路由链路将在一定程度上有助于缓解或避免 Incast 拥塞。相反的，由于网络接口速率通常并不高于数据中心网络中其他网络接口速率，一对多外出（outgoing）流通常不会出现拥塞问题。

（2）恶意攻击者垂青高速率聚合流，因为聚合流将更容易打击目标，到达流比外出流更容易形成聚合流。

（3）以接受者为树根，在监控和策略探测流时只需要单个控制点即可，例如流的最终到达速率和丢包程度更容易在接收端获取和合并，这使实现更为方便。

2. 流级粗粒度丢包属性

基于报文级统计和推导路由拓扑的传统方式的计算复杂度较高，探测的可扩展性较差。因此提出基于流级的粗粒度丢包率来探测虚拟机之间的路由逻辑树。原因主要有以下几个方面。

（1）相对于报文级的探测方法，基于流级的探测方法不需要转储所有探测报文，很大程度上缓解了端节点的计算和存储压力，具有更好的探测效率和扩展性能。

（2）相对于报文级的探测和统计方法，基于流级的方法只能获得粗粒度的丢包或延时特性，如流级丢包率或传输时延，那么将这些粗粒度的流级丢包或延时特性映射到逻辑流路径上的链路特性将更具挑战。但是注意到基于粗粒度丢包率进行探测的方法有一个主要特性：能容忍背景流量。当前数据中心网络广泛采用通用交换设备，一旦发生拥塞丢包，其丢包数目往往和流的速率成正比。因此，那些共享相同路由的流将经历一致的拥塞，具有非常类似的报文丢失率，无论它们是否存在背景流量。这个属性将非常有利于利用丢包率对探测流或探测节点进行聚类。此外，只要给定流的聚合速率足够高便能致使路径拥塞，丢包率总是随着底层路由的逻辑跳数单调递增的。这一属性有助于推断探测虚拟机离根的逻辑距离。通过对探测流聚类分组和推断其离根节点的距离，可以解决逻辑拓扑树探测问题。基于以上讨论提出了利用基于粗粒度丢包率的二维探测技术来解决上述问题的方法。

利用同一路由路径上流的丢包率关联进行纵向探测，确定哪些流共享相同的或部分相同的路径；利用同一逻辑树分支上流的丢包率关联进行横向探测，确定哪些流位于不同的逻辑子树或分支。

传统的层析技术探测采用一次测量、多次统计求解来推测底层的网络路由拓扑，逻辑树的准确性依赖于探测报文的数量和聚类算法提供的最大似然估计结果的近似度。提出利用同一度量值的多种属性关联进行递进式探测的方法，使在高带宽、低延时网络进行逻辑拓扑探测时变得可能；同时递进式探测技术弥补了粗粒度流特性难以映射到逻辑链路上的不足，获得基于流级探测相对于报文级探测技术扩展性上的优势。

（四）基于 ICTree 的端对端流级递进式探测算法

1. 对现实平台的假设

为进一步约束和明确讨论的范围，对现实网络平台做以下假设。

（1）每个服务器在某一时刻只有一个活跃接口连至网络。当前数据中心网络的体系结构提案大体可以分为两类：以服务器为中心（server-centric）和以交换设备为中心（switch-centric）。DCell 和 BCube 属于前者，即每个服务器具有多个接口连至网络且可执行类似于交换设备的转发工作。树和胖树（Fattree）属于后者，尽管服务器可能有冗余接口连接网络，但通常只有一个是活跃的，所有进出负载都流经该活跃接口。就目前的部署而言，以交换设备为中心的结构应用较广，配套技术比较成熟，服务器端开销较小，且进出流更容易追踪和控制，不需要区分其到达接口。

（2）同一租户在单个服务器上拥有不超过一个虚拟机。由于云平台的虚拟机调度与放置策略外部不可见，很可能在同一物理服务器上安置同一租户的多个虚拟机。由于这些虚拟机将共享同一网络接口，探测流很可能在外出时被聚合成单个流，而不会展现出两个独立流所具有的行为。出于完全独立控制任意单个探测流的目标，作此假设；实际上，可利用其他较为复杂的手段确定两个虚拟机是否位于同一物理服务器上，在此不作赘述。

（3）探测过程无法得到网络中交换设备的支持。假设出于安全的考虑，数据中心网络设备完全不受外部租赁用户控制。例如，路由器关闭 TTL（Time-to-Live）过期通告选项，这样端用户无法获取对应响应，尽管这些选项可能更便于管理者诊断网络。进行如此严格的假定，是因为只利用端对端的探测方法而不利用中间设备将具有长远的现实意义。

2. 节点聚类算法

首先对探测流进行聚类分组。将连接至同一逻辑分支点的叶节点定义为路径组，因为它们共享相同的流路径。路径组是 ICTree 最基本的构成单元，因为路径组内成员不容易再被区分；当然，也可认为没有必要再做进一步区分。对于恶意攻击者而言，这些流具有同等的位置和一致的攻击能力；而对于非恶意租户而言，这些流几乎总是具有一致的网络性能。

根据路径组的定义，可以得知，源于同一路径组的流将具有一致的丢包率。如果该命题反过来成立的话，即具有一致丢包率的流属于同一个路径组，那么根据测定丢包率对流进行分组的过程将变得非常简单。然而，有几个实际问题使分组变得具有挑战性。

（1）源于不同路径组的流可能具有一样的丢包率。这将使测定的丢包率具有误导性。由于各个路径组内成员数未知，人工为流指定速率很可能使该情况发生。第一种情况发生在不同分支，假定两个路径组分置于不同分支的对称位置，如果恰巧为这两个组指定了相同的聚合速率（显然，同一路径组的丢包率只与其聚合速率有关，之前已经讨论），那么这种位置上的对称性将最终导致它们具有一致或近似到难以区分的丢包率。而且，这种对称性在数据中心网络中随处可见。此外，已有研究指出当前的资源调度策略通常只将租赁者的数个（通常不超过 5 个）虚拟机分配至单个子网，这更增加了为不同路径组指定相同聚合速率的可能性。第二种情况发生在同一分支。

（2）离根距离越远的路径组，其丢包率之间的差别越不容易区分。理论上，具有相同丢包率的流将被推断为属于同一路径组。那么问题是，何种程度的"相似"可被认为"相同"。由于实际测定的丢包率可能包含错误，那么较小的差别和测量错误都将导致误判。但要关心的是，随着路径组在 ICTree 上离根的距离越来越远，测定丢包率之间的差别将缩减。

（3）探测到的逻辑视图并不总是能完全反映出底层物理网络结构。对于交换设备，如果只有单个流穿越其输出端口，该交换设备的存在是无法被这种基于丢包率的方法探测到的，因为单个流无法造成丢包（假定链路正常没有其他故障）。对于这一类交换设备，我们称为隐形交换机。

3. 分支确定算法

节点聚类是以一种垂直的方式确定探测虚拟机离根节点的距离，可以继续利用基于丢包率的方法来确定 ICTree 水平方向上有多少分支，以及路径组在其上的分布。通常说来，距离根节点更远、经历更多拥塞的流具有更高的丢包率；但是，反过来并不总是成立，即具有更高丢包率的流并不一定离根节点越远。

因此设计了完整的分支确定算法，如图 1-11 所示。算法采用递归的形式，将 ICTree 逐步分解成分支交叉部分（算法中 C 表示）和若干个更小规模的 ICTree。在分解之前首先根据测得的丢包率对路径组进行排序（算法第 5 行）。值得注意的是，这里我们要关心的主要是路径组丢包率在同一分支上的相对顺序，由算法第 3 行中为探测流指派的速率来保证。而并不关心哪些路径组具有相似的甚至完全相同的丢包率，因为此时已经由算法 1 获得所有的组及其成员关系。在完成排序之后，自底向上逐步改变离根节点最近的路径组发出的流速率，根据条件变更后测得的丢包率来判断哪些流的丢包率受到影响（算法第 7~11 行）。在每轮探测之前都进行一次参考对比探测，即算法的第 7~8 行，然后才紧接着改变探测速率而获取哪些路径组的丢包率受到了影响。这是出于对背景流量的考虑，由于探测需要比较前后两次各路径组对应的丢包率，如果间隔的时间太长，背景流量可能已经发生了重要变化；我们选择在紧随其后进行对比实验，假定背景流量在非常

Algorithm 2: 分支确定算法伪码:B = **Branch_Determining**(G)

Input: G: set of all the *Path-Groups*

Output: B: set of all the branches, initially $B = \phi$

1   **if** $|G| \le 2$ **then**
2 | **return** G;
3   randomly specify $r \in \left(\frac{c}{|g_i|}, c\right)$ for probe flows from *Path-Groups* g_i;
4   probe and record $P = \{p_i\}$;
5   sort G by P in an ascending order;
6   **for** *each* $i \in [1, |G|]$ **do**
7 | randomly specify $r \in \left(\frac{c}{|g_i|}, c\right)$ for probe flows from *Path-Groups* g_i;
8 | probe and record $P = \{p_i\}$, $R = \sum r_{g_i}$;
9 | increase R_i, and R_j unchanged, where $j > i$;
10 | probe and record P';
11 | $b = \{g_k\}$, where $\{p_k\}$ changed comparing P' and P;
12 | **if** $b == G\backslash C$ **then**   // C:common parts of branches,initially $C = \phi$
13 | | $C = C \cup g_i$;
14 | | **continue**;
15 | **else**
16 | | $B_1 = $ **Branch_Determining**(b);
17 | | $B_2 = $ **Branch_Determining**($G \backslash \{C \cup b\}$);
18 | | **break**;
19   **for** $b' \in \{B_1 \cup B_2\}$ **do**
20 | $B = B \cup \{C \cup b'\}$;
21 **return** B;

图 1-11   分支确定算法示意

短的时间内几乎保持不变，这样才能为确定性分支判断提供依据。每次变更都可以确定地判断某个路径组到底是连接到多个分支的公共交叉点还是只连接至某单个分支。对于前者，继续往上对下一个上游路径组进行同样的探测（算法第 13 行）；而对于后者，公共交叉点将 ICTree 分成两个部分，一个部分包含当前路径组，另一个部分包含剩余路径组，此时对该两个部分分别进行探测（算法第 16~17 行）。最后，既得分支，又添加公共分支部分（算法第 19~20 行）。尽管采用递归的方式，算法的复杂性是随着路径组的数目扩展的，但每次成功的探测均可以将一个路径组归到某个分支或断言为公共部分。

（五）性能评估

1. 实验平台性能评估

利用 64 台服务器和若干个 Quanta LB4G 48 端口 G 比特因特网交换机搭建了实验环境。每个服务器具有 Intel Xeon 2.2 GHz 双核 CPU、32 GB 内存和 Broadcom BCM5709C NetXtremeⅡG 比特以太网卡。服务器操作系统均为微软 Windows Server 2008R2 企业版 64 位。所有交换机采用先进先出、弃尾的缓冲管理策略，所有链路为 1 Gbit/s。

无论采用什么样的体系结构，接受者的逻辑视图 ICTree 总是为树状结构（依据之前的假设和定义），将实验环境构建为三层树结构，如图 1-12 所示。每台服务器上运行两个虚拟机。随机地在某台服务器上选择一个虚拟机作为接收端（如图中的 R），其他服务器上任选一个虚拟机作为发送端。图中每个组（A-D）连接至同一交换机。

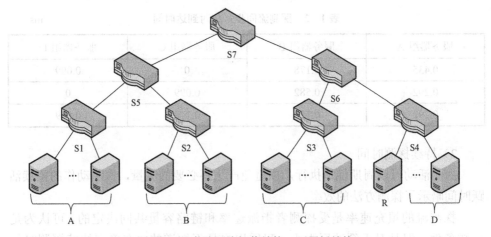

图 1-12　实验环境拓扑结构：三层树结构

修改开源软件 iperf1.7 作为流量产生工具。接收端作为全局总控点，产生请求报文并按个发送到发送端；所有的发送端一开始处于监听状态，在接收到请求后根据请求中指定的速率、探测间隔和报文大小生成流量。值得注意的是，我们没有采用广播请求的形式，是因为考虑到实际的数据中心网络可能并不提供广播服务。此外，为了充分利用网络带宽，在实际的数据中心网络中，虚拟机网络接口所配置的带宽通常不低于服务器的物理接口带宽，这使每个虚拟机看起来都能独享网络接口。因此，单个虚拟机的发送速率通常并不受限制。

1）探测流同步

探测流的同步性对于执行有效探测非常重要。如果流到达间隙较大，相应的，探测流的持续时间也将拉长，这将降低探测流的隐蔽性；此外，同步性较差的探测流其聚合速率将大打折扣，需要利用复杂的同步机制使其较好地重叠。

为了更好地理解在数据中心网络中探测流是否可以较好地同步，现随机地从各个服务器组中选取三个虚拟机作为探测者，从接受者发出请求报文，记录探测流到达的时间间隔。

表1-2给出了探测流的相对到达时间，其中最长到达时间间隔也不到1 ms。这些结果和现有的文献发布的数据一致，说明实验环境接近真实数据中心的网络环境，探测流能够很好地被同步。值得一提的是，若干流的相对到达时间一样，这是由于网络接口卡上的中断接合策略所致。为避免频繁的系统中断，网络接口卡通常会将到达报文缓存，然后利用一次中断批量提交给系统内核。此外，也可以看出，经历较短路径的探测流其到达延时较短，但是不足以对其进行严格区分。

表1-2　探测流同步：相对到达时间　　　　　　　　　　ms

服务器组 A	服务器组 B	服务器组 C	服务器组 D
0.435	0.178	0	0.099
0.292	0.582	0.099	0
0.292	0.178	0.178	0.099

2）持续探测时间

探测活动可以周期性地执行，以避免产生不必要的流量，探测动作的持续活跃时间暗示了探测方法的效率。

探测流的填充速率是受探测者指派速率和链路容量共同决定的，可认为是已知条件；但是对于缓冲区大小，租赁用户是不知道的。在确定持续探测时间之前，首先需要估算缓冲区大小。在数据中心网络环境中，探测流容易被同步，那么可以利用这种同步性来大体估算交换设备的输出端口对应的缓冲区大小。随机地从服务器组 A 和 B 中选取两台虚拟机来探测图 1-12 中交换机 S5 的缓冲区大小。在探测端，将探测报文编上序列号，那么在接收端就能确切知道哪些报文在拥塞后被丢弃，进而推断发生拥塞的时机。在实验中，制定探测流为800 Mbit/s，那么容易知道，每当接收端成功接收 10 个连续报文，便有约 6 个报文都缓存于交换机缓冲区，而接收端所见的序列号跳跃即表示有部分报文被丢弃。利用以上基本规则，推断缓冲区的队列长度，推测的缓冲区动态队列长度随时间变化曲线如图 1−13 所示。可以看出，队列快速增长至最大值然后丢弃所有到达报文，直到有若干空间可以接收新的报文。为此，进一步检查核对交换机的实际配置，发现其配置的缓冲区大小约为 500 KB，这和笔者推断的结果非常相符。

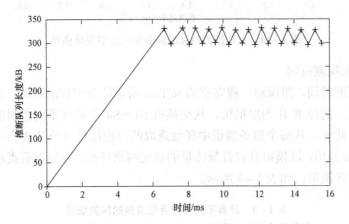

图 1−13　推测的缓冲区动态队列长度随时间变化曲线

在估算缓冲区大小以后，确定探测持续时间便变得容易。重新运行以上探测试验并在不同场景下变更聚合流速率。首先模拟存在背景流量的情形。从每个服务器组中任意选取一台虚拟机（一共四台）进行 All-to-All 通信，其速率指定在 50 Mbit/s 到 250 Mbit/s 之间，因此可以获得范围为 150 Mbit/s 到 750 Mbit/s 的聚合背景流量。探测的结果如图 1−14 所示。可以看出平均探测时间随着探测速率的增加而减少，和预期的一致。图中每个点都是取 30 次探测持续时间的平均值。同时探测时间也暗示了潜在的缓冲区大小和之前推断出的结果非常接近。例如，在聚合速率为 1.4 Gbit/s 时，对应的探测持续时间约为 11 ms，这正是填充该交换机缓冲区所需的流量大小，即 550 KB（＝400 Mbit/s × 11 ms/8）。另外，为了进行参考比较，同样也进行了无背景流量环境下的探测实验，探测的结果也展示在图 1−14 中。值得注意的是，在有背景流量的环境中，实际需要的探测流量是比无背景流量的环境要少，因为背景流量的存在使得填充缓冲区的聚合速率无形中提高了，因此持续探测所需时间在一定程度上减少了。

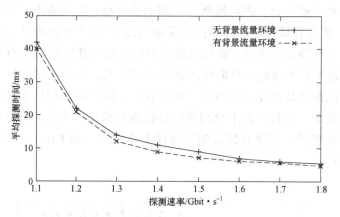

图 1-14 平均探测持续时间随探测速率变化曲线

3）累积探测时间

累积探测时间，即探测一棵完整的 ICTree 所需的全部探测时间，是衡量探测算法的标度。选择 R 作为虚拟机，从交换机 S1～S4 下选择不同数目的虚拟机作为探测者；此外，从每个服务器组中任意选取两台虚拟机（一共 8 台虚拟机）进行 All-to-All 通信，以模拟具有背景流量的真实网络环境。分如下五类场景对累积探测时间进行测量，如表 1-3 所示。

表 1-3 具有不同类型背景流量的探测场景

实验场景	网络中背景流类型	流速/Mbit · s⁻¹
a	无背景流量	0
b	持续、轻载	约 50
c	持续、重载	约 100
d	随机、轻载	0 到 50 之间随机
e	随机、重载	50 到 100 之间随机

不同情形下的平均累积探测时间，随着 ICTree 上路径组数目（用 N 表示）的增加而增加，如表 1-4 所示。理论上，节点聚类算法至少需要 N 次探测，而分支确定算法至少需要 $2N$ 次探测。因此，给定 N 个路径组，必要的探测次数将至少为 $3N$。以 N 等于 4 为例，探测次数为 12，如果每单个探测持续时间需要 10 ms，那么累积探测时间将约为 120 ms。对于实验平台上 ICTree 的探测，与预期的结果还是比较一致的。

表1-4　不同网络条件下的累积探测时间　　　　　　　　　　　　　ms

实验场景	a	b	c	d	e
#路径组=3	108	107	110	112	126
#路径组=4	145	146	152	159	165

4）探测的准确性

有两个因素将会影响到探测算法最终得出的结论。

（1）来自探测算法自身的不足。基于丢包率的端对端的探测方法，无法对那些隐形交换机进行探测，当然也指出这样带来的结果只是逻辑视图与物理网络结构之间的差别，并不影响获得准确的逻辑视图以及租赁用户对于逻辑视图的利用。

（2）来自网络环境的客观影响。分支算法依赖于前后两次连续探测结果的比较（见算法第7~11行），这就使算法的准确性在很大程度上受背景流量的影响。例如，陡然变化的背景流量将会误导对于分支的判断。

首先进行无干扰探测实验，即网络中无背景流量影响。最终推导出的ICTree视图如图1-15所示，可以看出推导结果符合实际的逻辑视图。当然也注意到，物理网络环境中的隐形交换机S7没有在最终的ICTree上显示。

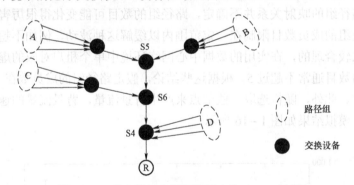

图1-15　从实验平台探测推导出的ICTree视图

然后进行"背景流量陡然发生变化"的探测实验。为模拟背景流量的陡然变化，生成方波（square-wave）流，使其峰值分别从400 Mbit/s变化到800 Mbit/s；每个背景流波峰的持续时间是随机生成的，随机范围在1~10 ms。表1-5给出了不同峰值下探测结果和实际结果不相符的比例。可以看出，随着背景流量变化值的升高，不匹配的情况也随着升高，但增长缓慢，即便在陡然变化值为800 Mbit/s时不匹配的情况也只有3%。由于人为地增加了过滤受影响探测的阈值0.01，这使探测算法有额外的开销，例如放弃受影响探测所需的额外探测次数。我们在实验中也记录了额外增加的探测次数，见表1-5最末一行。尽管额外探测次数是随着背景流量影响的增加而增多的，但引入阈值后的代价仍是可以接受的。

表1-5 探测算法的正确性

速率陡然改变值/Mbit·s⁻¹	400	500	600	700	800
不匹配探测结果/%	0	1	2	2	3
额外增加的探测/%	5	8	12	17	24

2. 更大规模网络模拟评估

受实际网络条件的限制，不可能进行更大规模的真实实验；为进一步验证算法的扩展性能，现利用模拟程序进行评估。被模拟的拓扑结构为三层完全 Fattree，每个边缘交换机为 48 端口，下行链路连接 24 台服务器，上行链路连接至聚合交换机，因此这样的数据中心网络中共有 27 648 台服务器。链路和交换机缓冲区都假定和实验平台的参数一致。

1）累积探测时间

首先通过模拟来评估探测算法随路径组数目增加的扩展性能。每次实验都任意选取一定数目的虚拟机，并且保证虚拟机都不驻留在同一物理服务器上。由于虚拟机到路径组的映射关系并不确定，路径组的数目可能变化得很厉害，因此，将每个路径组的成员数目限制在一定范围内以缓解这种波动，例如不超过 5。这种假设是比较合理的，在实用的数据中心网络环境中单个租户对应的虚拟机在同一子网中的数目通常不超过 5。根据这些结论，假定路径组的成员数在 1 到 10 之间随机变化。此外，随机选取一些节点来产生背景流量，背景流量的速率也是随机生成的。模拟结果如图 1-16 所示。

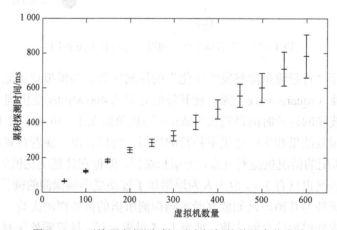

图1-16 平均累积探测时间随虚拟机的数目变化曲线

和预期的算法复杂度一致，平均累积探测时间是随着路径组的数目增长而线性增长的（因为设定的平均每个路径组成员数为 5，路径组数与虚拟机数成正比）。当然也可看到探测时间的方差随着虚拟机数目的增长在变大。这有两方面的原因，一是虚拟机的数目增大以后，每次实验中路径组的数目变化也随着增大；二是探测的范围增大后，受背景流量影响的探测次数增多，因此需要重新探测的次数也在增加。尽管如此，累积探测时间仍然是可以接受的，例如当虚拟机的数目增长至 600，探测总时间仍不超过 1 s。因此，我们认为该探测算法扩展性能良好。

2）探测准确性

沿用之前在真实网络环境中设定的条件来评估探测算法的准确性。利用方波流作为背景流量，随机确定其峰值区间和空闲区间，峰值分别取值为 300 Mbit/s 和 700 Mbit/s 来模拟速率的陡然变化。忽略隐形交换机，只关注探测到的逻辑视图与准确的逻辑视图之间的不匹配性。模拟结果如图 1-17 所示。

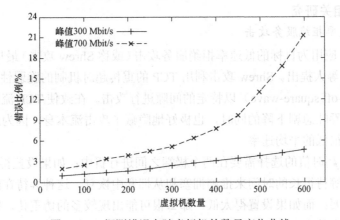

图 1-17　探测错误率随虚拟机的数目变化曲线

可以看出，峰值为 300 Mbit/s 的方波背景流对探测算法的影响是较轻的，探测错误率是随着虚拟机的数目温和增长的；而峰值变化为 700 Mbit/s 时，当虚拟机的数目超过 400 以后错误率急剧上升，例如当虚拟机数目为 600 时对应的错误率超过 20%。当然错误率越高表示探测算法需要更多的探测次数以避免来自背景流量的影响，意味着性能和准确性两方面的折中。但是，值得注意的是，对于大部分租赁用户，通常不会有巨大数目的租赁虚拟机，即便是拥有巨大数额虚拟机的租户，仍然可以将大型逻辑视图分割成许多小的逻辑视图来探测。

三、数据中心网络的流量恶意攻击机制

当前云服务平台缺乏有效手段为租赁用户提供网络流量隔离和性能保障，这对于恶意攻击者将是一个巨大的吸引。一方面，相互竞争的企业一旦同时将计算

外包至同一云平台,通过数据中心网络进行恶意打击将为己方赢得巨大商业优势;另一方面,对于云平台提供的公共服务,利用攻击手段可以获得潜在的资源占用优势,获得更好的服务体验。

在数据中心网络中,有许多公共服务可以直接通过地址访问,网络带宽隔离的缺乏易于引发拒绝服务攻击。尽管目前该类攻击确实存在,但是随着安全防护意识的提高和安全措施的加强,这种泛洪式攻击将易于被检测和抑制;而且,大多服务支持冗余备份和在线切换,这些将随着网络技术和虚拟机迁移技术的发展而变得更加灵活。因此,从长远来看,打击单个端目标的意义可能并不如打击网络内部节点的大。例如,对网络瓶颈链路实施流量攻击,使途经流丢包并进而超时。相对于数据中心网络的网络来回延时来说,TCP 协议的超时设定值非常大,因此发生一次超时将导致吞吐的急剧下降,特别是对于延时敏感的短流传输。和针对端目标的攻击相比,对网络中间节点的攻击将更加难以防护。

(一)相关研究

1. 低速率拒绝服务攻击

以 TCP 应用为目标的低速率拒绝服务攻击(或称 Shrew 攻击)最早由 Edward W. Knightly 等人提出。Shrew 攻击利用 TCP 的重传超时机制的脆弱性,采用脉冲型方波(on-off square-wave)以特定的间隙进行攻击。在致使 TCP 流因不断进入超时阶段而吞吐急剧下降的同时,也极好地隐藏了攻击流本身,因为这种脉冲型攻击流具有很低的平均速率。

对 TCP 超时值的选择需要在两个极端之间进行折中:如果设置得太高,TCP 流可能需要等待很长的时间来推测拥塞和从拥塞中恢复,这种等待在网络负载较轻时很不必要;而如果设置得太低,那么很可能出现较多的伪重传,即一些实际上并没有丢失的报文可能因为较大的网络延时被判断为已丢失,这种误判也同样会带来性能损害。当前通常设定 TCP 的最小超时值为 1 s,根据实验结果选择该值时 TCP 能实现接近最大吞吐。

Luo 等人进一步扩展了基于超时机制的 Shrew 攻击模型,分析了如何基于 TCP AIMD 机制进行 Shrew 攻击的方法。作者考虑到实际的攻击流和被攻击 TCP 流之间可能并不同步,提出了基于 AIMD 和超时机制下的同步和异步攻击模型。在异步攻击模型下,由于并不确知被攻击流的实际状况,提出采用固定间隔的攻击流同样可以达到比较好的攻击效果。

Zhang 等人在因特网环境下讨论了利用多个流对 BGP 路由会话进行攻击,实验结果表明可以通过远程控制攻击流实施有效攻击。由于攻击实例离指定被攻击路由器的远近不同,需要一定的同步技术来协调攻击流,由此提出了基于参考点的同步算法。这里提出选择指定路由器为参考点,根据其反馈的 ICMP 请求应答报文中的时间戳作为参考时间,以此来协调流之间的同步。

2. TCP Incast 拥塞

在传统的 Shrew 攻击模型中，攻击流大多采用脉冲型非响应式数据流，如 UDP流，很少有涉及利用响应式数据流（如 TCP 流）来实施攻击的研究工作。从协议原理来看，响应式数据流基于网络拥塞反馈对其发送窗口进行调整，从源端减少注入网络的报文从而降低拥塞程度，这个过程使共享网络带宽的响应式数据流，最终通过竞争获得比较公平的带宽份额，无法形成绝对性的攻击。然而，在数据中心网络，网络延时特别低，通常在数百个微秒级；网络中广泛采用的第二层交换设备（如以太网交换机）缓冲区相对较小，通常只能容纳几十甚至数百个完整报文。在这种情况下，一旦多个流——无论是响应式数据流还是非响应式数据流——同时涌入网络，即便是在其发送窗口非常小的情况下，也可能导致部分或者全部流丢包并进入超时阶段。TCP Incast 拥塞即反映出该问题。在数据中心网络进行同步多对一通信时，一旦并发发起的 TCP 流较多，所有 TCP 流的聚合吞吐或链路利用率会因为 TCP 流超时而降得非常低。基于以上讨论，在数据中心网络利用响应式数据流来攻击响应式数据流也变得可能。

在 Incast 拥塞被发现以后，一方面大量研究工作开始致力于解决 Incast 拥塞的研究不断涌现，这些方案以不同的视角来看待 Incast 拥塞发生的原因，缓解或部分解决了 Incast 拥塞；另一方面学者开始试图从 TCP 协议与网络的交互上，通过理论分析模型来解释其发生的根本原因，期望从理论上指导未来的协议设计和应对策略。Chen 等人指出，解决 Incast 拥塞的完整方案应包括一个能定位问题潜在原因并能预测实验上所获观察结果的分析模型。在此指导下，Chen 等人首次给出了针对 TCP Incast 吞吐的模型。然而，该模型不能算是真正意义上的理论分析模型。事实上该模型中归纳的成分要远高于分析的成分，即从实验结果归纳出 TCP行为，而不是从协议与网络的交互过程出发来分析、预测其可能产生的结果。

Zhang 等人提出了首个比较完整的 TCP Incast 吞吐模型。在其吞吐模型中，作者首次指出引发 Incast 拥塞的主因包括两类超时：第一类超时称为块尾超时（BTTO），由于 Incast 传输过程中数据块的大小有限，一旦靠近数据块末尾的数据报文丢失，没有更多的数据报文来触发副本确认报文从而发生超时；第二类超时称为块头超时（BHTO），这类超时源于链路上流数目较大，较大的聚合拥塞窗口使交换设备缓冲区无法同时容纳这么多报文从而丢包。作者进一步指出，存在某个 N 值，使流数目小于该值时 BTTO 占主要原因，而流数目超过 N 时 BHTO 成为吞吐下降的主导因素。尽管其分析模型具有一定的合理性，但是其吞吐模型和真实网络环境下测得的、实验条件下获得的结果相比仍有一定的差别，特别是在流数目较小时，几乎无法刻画其吞吐变化。因此认为，这些差别可能源于以下几个方面。

第一，分析模型忽略了 TCP 慢启动过程对 Incast 传输的影响。在数据中心网络中进行 Incast 传输，因其传输量较小，TCP 传输的大部分过程都是在慢启动阶段完成的，在拥塞避免阶段停留的时间非常短，而作者以拥塞避免阶段作为主体过程进行分析，必然会带来较大误差。

第二，尽管模型对 TCP 超时机制有比较详尽的分析，但是缺乏有效的模型来反映累积报文丢失带来的渐进吞吐变化，即随着报文丢失数目的增多 TCP 聚合吞吐呈现的一系列变化。从现有的吞吐数据来看，这些吞吐变化通常要经历三个变化阶段：快速增长、急剧下降和平缓增长。了解 TCP 吞吐随流数目增长产生的这一系列变化将非常有利于理解 Incast 传输过程的微观行为，也有利于寻找根本的解决之道。

（二）攻击模型

1. 攻击场景

首先来看一下真实数据中心网络中可能的攻击对象。数据中心网络中不同拓扑结构下潜在的拥塞瓶颈链路位置如图 1-18 所示。左侧子图代表了典型的超额认购（oversubscribed）树形网络结构，这是当前数据中心网络广泛采用的一种基本构建方式。这种网络的一个重要特征就是其上行链路通常总是无法提供非阻塞通信，具有一定的超额认购率（oversubscribe ratio），如 10:1，表示聚合交换机或架顶交换机的下行总带宽是上行总带宽的 10 倍。而新近的数据中心网络拓扑提案（如 Fattree），交换机之间互联结构类似于 Clos 网络，并行路径丰富，旨在提供端对端的非阻塞通信。右侧子图显示了该类网络结构中可能的瓶颈位置，即最后一跳、靠近端节点的链路。

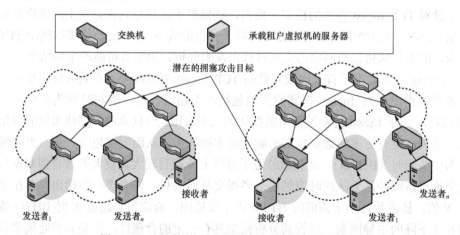

图 1-18　不同拓扑结构下潜在的拥塞瓶颈链路位置

这些瓶颈链路是攻击者潜在的攻击目标。然而，和因特网不同，这些链路瓶颈是相对的。例如，在这些高带宽网络中，网络接口速率通常不会高于网络中链路的带宽，因此对于单个流而言这些链路并不是瓶颈；但是一旦有多个来自不同接收端口的流从同一输出端口流出时，过高的聚合流速将使该链路变成临时的瓶颈。和因特网相比，数据中心网络环境低延时的特性使这种流聚合的难度降得非常低，几乎不需要任何额外的同步机制。因此，从理论上来说，在数据中心网络创建链路瓶颈并进行拒绝服务攻击是极有可能的。

2. 攻击方法

尽管有些云平台支持租赁用户上传私有的虚拟机镜像，嵌入自有的通信协议，为利用自私协议来攻击云平台打开了大门；但是，只研究"如何利用被广泛采用的通信协议产生的正常流量来实施攻击"，如目前应用较广的 TCP 和 UDP 协议。前者属于响应式协议，即会对网络丢包或其他形式的拥塞通告信息做友好响应；而后者属于非响应式协议。

两种不同的协议暗示了两类攻击方法，对应攻击方法的系统模型如图 1-19 所示。

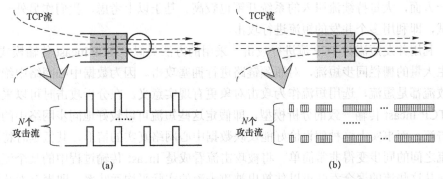

图 1-19　对 TCP 流进行低速率拒绝服务攻击系统模型

（a）利用非响应式数据流进行攻击；（b）利用响应式数据流进行攻击

（1）子图（a）中利用多个非响应式数据流（如 UDP 流）对目标 TCP 流进行攻击，例如采用脉冲型方波来获得很低的平均速率从而使攻击者更具隐蔽性。这是比较经典的攻击方法，在因特网上研究较多，通常对 RTT 很大的流产生的影响比较大，对 RTT 较小的流则需要更长的持续攻击时间（T_{bst}）。然而，在高带宽、低延时网络环境中针对该类攻击的研究很少，特别是需要多长的 T_{bst} 目前并不明确，而 T_{bst} 的值非常重要，例如当前具有检测或发现拒绝服务攻击能力的交换设备，其要求 T_{bst} 值在数百毫秒以上，低于该值要么将导致更多误判，要么将引入更多处理开销。

（2）子图（b）是一种较为新颖的攻击手段，即利用响应式数据流（如 TCP 流）对目标 TCP 流进行攻击。作为友好协议，TCP 通过正当竞争均分带宽，最终达到动态平衡。然而，数据中心网络大多采用通用交换设备，其缓冲区较小，而 TCP 固有的突发性可使该狭小空间在短时间内爆满从而丢包。尽管所有参与 TCP

流（包括攻击流在内）在丢包后都将按约定规则退避，无法严格控制哪个流一定发生超时，但是这种突发性丢包会使途经流的吞吐降低，特别是对于那些对延时敏感的流；同时，这种反击也增加了超时的可能性。为了降低攻击速率以隐蔽攻击者，攻击流采用有限传输大小的短流，这同时也使其易于控制攻击的频率。

（三）利用响应式数据流进行拒绝服务攻击

响应式数据流（如 TCP 流）对网络拥塞事件做友好响应，例如降低速率或停止等待，以公平的方式竞争网络带宽，从而达到最终的网络平衡。对于持续响应式数据流，利用网络带宽隔离缺失为租赁用户谋取更多网络资源的一个比较直接的方式是并行发起更多的流。由于网络是以流为单位来分配带宽的，因此更多的流意味着更多的带宽资源。作为带宽争夺的方式，发起大量的并行流是可行的，但是作为攻击手段并不理想。一方面，所有租赁用户均可以采用该方式来争夺资源，即便处于劣势的租户，也仍然可以获取部分资源，只是访问的延时可能很大。另一方面，大量持续流引入的系统开销也较高。基于以上考虑，我们作另外一种尝试，即利用多个并发的短流进行攻击。

利用并发短流对 TCP 流进行攻击，采用的方法类似于 TCP Incast 传输模式：产生大量的栅栏同步短流，对瓶颈链路进行拥塞攻击。因为数据中心网络中绝大多数流都是短流，选用短流作为攻击对象更有现实意义。在分析攻击时可以采用和 TCP Incast 传输一致的分析模型，即假定这些短流可以较好地同步网络中的被攻击流，而事实上这种假设恰好能反映数据中心网络真实的情形，其低延时特性使流之间的同步变得非常简单。将被攻击流看成是 Incast 传输过程中的某个流，这样从这些流的聚合吞吐可以估算出被攻击流的实际平均吞吐率，即聚合吞吐除以流的总数目。尽管攻击的过程中并不确信被攻击流是否确实被攻击从而超时，但是从对超时流的分析中可以确定，被攻击流总是会以何种概率发生超时。一旦所有参与流的超时概率较高，即总流数目中发生超时的流数目较大，可以认为该攻击比较有效。

四、数据中心网络带宽隔离机制与实现方法

在数据中心网络实现带宽隔离的关键在于如何有效地、公平地分配网络带宽资源，且网络中尽可能少地出现拥塞。

"有效"在这里是指分配带宽的方式能够充分利用可用资源，即该网络带宽资源的利用率较高。采用资源预留的方式（如 SecondNet 和 Oktopus）提案，可以实现租赁用户之间较好的带宽隔离，但是被预留的资源即便在闲置的时刻也无法被其他有需要的用户所利用，因而网络利用率较低。由于云数据中心的网络资源是有限和昂贵的，那么采用预留的分配方式将使云平台能容纳的租赁用户数目较少；另外从获益的角度来看，云平台提供单位资源的代价就更高，因而分摊到每个租

赁用户身上的开销也就越高，这势必会影响到云平台的推广。相对而言，动态分配带宽的方式（如 Seawall 和 Gatekeeper）更加符合云计算的初衷和多路复用的基本原则，即在有可用资源时网络提供尽力服务，在发生资源竞争时依据一定的原则进行合理分配，如"公平性"原则。

"公平"是指通信的节点对之间流所占带宽不应低于其应得份额。Seawall 实现了发送实体间的公平带宽分配，Gatekeeper 进一步考虑了接收实体的公平带宽分配。假定拥塞只在网络边缘发生而很少出现在网络内部，提出了访问（包括出口和入口）链路级的公平带宽分配。FairCloud 也进一步从理论上分析了如何将虚拟机权值映射到网络中流的权值来实现公平性。

然而，现有的动态公平带宽分配方式存在以下不足。

（1）带宽分配只考虑了端节点出、入流量所占带宽的公平分配，没有考虑网络内部链路出现拥塞的情况。由于当前数据中心网络以流为单位进行路径选择和调度，以防止报文乱序引入的性能开销，网络内部不可避免会出现拥塞；此外，这些方法无法适用于具有一定超额认购率的拓扑结构，如树形拓扑；最后，前文在研究如何防范拓扑探测和流量攻击时指出，攻击者可以利用探得的路由拓扑构造，非常隐蔽地拒绝服务攻击，使网络内部链路发生拥塞。

（2）没有充分考虑并发流特别是并发短流对网络的带宽隔离带来的潜在威胁。资源预留的方式是其带宽分配在流进入网络之前，而动态带宽分配方式却是在流进入网络之后。因此，如果在并发流进入网络的时候不加限制将带来潜在的拥塞风险。并发流特别是并发短流容易使网络在瞬间变得极其拥塞，因此带宽隔离需能灵活应对并发流。

（3）带宽分配考虑了拥塞控制，但是这些粗粒度控制回路对拥塞控制的粒度不够。在数据中心中网络进行逻辑路由拓扑探测和拒绝服务攻击所需的持续时间只有若干毫秒，Gatekeeper 的拥塞反馈控制间隔至少都在数十毫秒以上。此外，数据中心网络中流具有突发性，且大部分流都是短流，因此实现带宽隔离需要提供更细粒度的拥塞控制。

因此，提出的统一逻辑通道和接收端强制的带宽分配（Receiver-Enforced Dynamic Bandwidth ALLocation，简称 Redball）机制，能够较好地弥补上述问题，实现数据中心网络更好的带宽隔离。

（一）设计原则

依据以上讨论，基于以下原则来实现数据中心网络带宽隔离。

1. 统一的细粒度带宽分配

实现数据中心网络带宽隔离首先要解决的就是如何应对非响应性流，如 UDP 流。UDP 不提供任何率控机制，因此有的云平台（如 Azure）不允许租赁用户使用 UDP 流。然而，目前不少应用底层采用 UDP 进行传输，如网络文件系统等。

一旦在数据中心网络禁止该类流量，对于云平台而言将损失很多租赁用户。要想在支持这类非响应性流的同时又不致使其他流受到损害，比较直接的方式是让非响应性流像响应性流一样运行，例如 Seawall 增加额外的逻辑拥塞控制通道，强制对非响应性流进行拥塞控制。

对于响应性流（如 TCP 流），尽管其通过竞争动态来分配网络资源，最终达到平衡稳定状态，但由于不同租赁用户共享网络资源且网络以流为单位来分配带宽，导致租赁用户可以通过发起多个连接实现不正当竞争。因此，对于响应性流同样需要额外的机制来限制其行为，实现租赁用户之间的公平带宽分配。"公平"在这里可以有多种策略，如虚拟机数目越多的租赁用户享有更多带宽，资费越高的租赁用户享有更多带宽，等等。在这里不打算讨论何种权值分配策略更为合理，而是简单假定每个虚拟机具有一致的优先级或权值，虚拟机数目越多对应的网络带宽需求越高。如何扩展以支持各种不同的公平策略，留待未来工作。以虚拟机为单位分配带宽，对非响应性流和响应性流进行统一处理，即其外出或到达流的数目一旦增加，只会使其对应的带宽进行内部重分配，而不会影响到其他虚拟机的流。

2. 基于 RTT 的接收端拥塞控制

即便对所有流实施统一的带宽分配策略，由于缺乏流的全局信息，如流量矩阵和流到达时间等，不可避免地仍然可能发生拥塞。传统的拥塞控制协议（如 TCP）中，拥塞窗口代表了发送端一侧的拥塞控制机制，以一定的速率增量探测网络带宽，出现拥塞信号时降低；通告窗口代表了接收端一侧的拥塞控制机制，明确发送端最大可能发生的数据量。两者共同决定了 TCP 每个 RTT 向网络注入的报文数。现代服务器通常具有足够的接收缓冲区，在低延时网络中，如此大的缓冲空间相当于给发送端通告了一个非常大的接收速率，因而没有起到实质性的拥塞控制。因此，在数据中心网络，强化接收端的通告能力更有利于实现拥塞控制和公平带宽分配，现有研究工作也证实了该方法潜在的可行性和有效性。此外，接收端更便于检测和掌握到达流的带宽需求。

此外，现有的带宽隔离方案（如 Seawall 和 Gatekeeper），其控制拥塞的粒度较粗，例如人为地确定以一定的间隔（如几十毫秒）向源端发送拥塞反馈，根据前文的讨论可知，在数据中心网络进行逻辑拓扑探测和攻击其所需的必要流量为若干个毫秒，这说明现有的拥塞控制机制难以遏制探测和攻击行为。在实现 Redball 的过程中，基于细粒度的拥塞反馈进行带宽调整，即依靠类似 TCP 控制回路这样的粒度，每个 RTT 确定是否需要进行调整。

3. 带条件的公平

和资源预留方式相比，动态带宽分配方式的一个重要不足是无法确定地回答当前网络是否还能容纳更多租赁用户。由于缺乏全局资源使用情况，在数据中心网络负载不断增加以至于接近或超出网络的承载能力后，租赁用户之间的性能干扰也随着增加。一方面，动态资源分配策略通常出于公平性考虑，为所有流提供一个最小带宽保障，这样可以保障在任何负载下应用都可以获得一定的可用资源，使应用性能仍可预测；另一方面，随着越来越多的流涌入网络，即便每个流都只拥有非常少的带宽，最终也可能超过网络的最大承载能力而发生拥塞，无法实现带宽隔离。

针对这些问题，选择实现带条件的公平性。即在网络负载不重的时候尽可能允许更多的流进入网络，而在网络负载较大的情况下选择牺牲一部分流，即延迟对一部分流的带宽请求响应。尽管从对这些流的处理来看没有体现完全的公平性，但是实际上在拥塞程度比较严重的情况下，即便为这些流分配带宽也无法获得对应的性能。此外，由于数据中心网络中大部分流请求都比较小，做这种折中实际上将整个网络的负载维持在一个较轻或者接近饱和的水平，且能应对并发流导致的潜在拥塞。

（二）强制拥塞控制逻辑通道

实现数据中心网络带宽隔离的第一步是统一管理各种流，使所有流进入拥塞控制回路。沿用 Seawall 的方式，这里称该回路为拥塞控制逻辑通道。

发送端和接收端都维护一张流带宽分配历史表 BW_TABLE，记录最新的带宽分配额度，当流结束时清除对应的表项。接收端 hypervisor 还维护一个流请求等待队列 REQ_WAIT，存储当前无法分配足够带宽的流请求，包括 TCP 流和 UDP 流，同时为该流请求设置超时定时器。在接收端确认有足够可用带宽时，如某些活跃流结束或足够长时间流不活跃后回收一部分带宽，或者网络局部出现拥塞降低了某些流的带宽配额后，hypervisor 从 REQ_WAIT 队列中移除并响应第一个未超时的流请求。对于那些可以分配带宽的流请求，则提交后续有效载荷后将该请求对应的带宽配额项写入 BW_TABLE 表。对于 TCP 流，一旦上层虚拟机向下返回 SYN_ACK 报文，则查找 BW_TABLE 表，根据其对应带宽配额项更新通告窗口，添加 Redball 报头并填写带宽配额后发送；对于 UDP 流，则添加 Redball 报头并填写带宽配额后直接发送。

（1）hypervisor 中 TX 代理截获上层虚拟机的数据传输"请求"，对于 TCP 流这种传输请求表现为 SYN 报文，而对于 UDP 流即为一连串数据报文。TX 代理在 TCP SYN 报文或第一个 UDP 数据报文上封装 Redball 报头并标记为带宽请求（BW_REQ）报文，向下发送至网络接口卡，缓存余下的 UDP 报文。

（2）接收端 RX 代理在收到 BW_REQ 报文后，移除并缓存 BW_REQ 报头后将有效载荷提交，决定是否和如何分配带宽；如果无法为发送端分配足够带宽，将该请求至于 REQ_WAIT 队列尾部；如果能够分配带宽，则将分配给该流的带宽配额项写入 BW_TABLE 表，最后根据流类型进行必要的操作后利用 BW_QT 报文返回带宽配额。

（3）发送端接收到带宽响应 BW_QT 报文后，将后续有效载荷（如果有）提交，更新 BW_TABLE 表对应表项，标记为未发送。一旦上层有向下传输的报文或者已有缓存的数据报文队列，根据 BW_TABLE 对应表项配额进行数据报文发送，标记对应表项为已发送。

（4）接收端在接收到后续数据报文后，重复和第二点类似的报文提交、更新带宽配额和返回 BW_QT 报文。

通过对协议交互和数据路径的分析可以看出，对于 TCP，几乎没有增加额外的处理开销，但是通过更新确认报文中的通告窗口，达到了接收端的拥塞控制；对于 UDP，Redball 引入了额外的带宽请求和响应交互，这使 UDP 看起来和 TCP 一样经历拥塞控制。尽管新的带宽请求过程给 UDP 流带来了额外的开销，但是这种统一带宽分配方式使网络拥塞更可控；此外，对于数据中心网络而言绝大部分流是通过 TCP 传输的，牺牲一小部分数据传输的网络开销是比较合理的；最后，由于网络延时非常低，在网络负载较低时这种开销是可以接受的，而在网络负载较高时这种额外交互过程反而对 UDP 报文被丢弃起到了一定的保护作用。

（三）接收端增强的拥塞控制机制

在接收端增强拥塞控制机制并不是一个全新的课题。在接收端实现拥塞控制的优势在于接收端更易于获知流最终占用的带宽情况如何，以及网络拥塞情况（特别是最后一跳的带宽剩余量）。

1. 调控依据

在数据中心网络中，RTT 本身值很小（百微秒级），影响其变化的因素可能很多，其变化幅度不能完全对应到瓶颈链路的缓冲区队列延时上。在真实的网络环境下对单个 TCP 流进行的测量，通过设置不同大小的接收端窗口，可以测得对应的吞吐和 RTT。

其变化曲线如图 1-20 所示。从该图可以看出，随着 TCP 窗口的增大，每个 RTT 对应的报文增多；而数据中心网络管道 BDP 相对狭小（例如，在 RTT 为 160 μs、带宽为 1 Gbit/s 的网络，其对应的 BDP 约为 20 个报文），这些报文在填充满网络管道后，必然在某些除交换机缓冲区以外的地方堆积，如网络接口卡，因为对于单个流网络是非阻塞的。因此，该部分 RTT 延时的增长不代表网络拥塞。

将接收端窗口进行一定程度的限制后并不影响 TCP 流的吞吐。例如，将 TCP 窗口从 64 KB（MS Windows 系统默认值，对应约 44 个 MSS）减半降至 32 KB 以后，对 TCP 流的吞吐影响几乎可以忽略不计。基于这一特性，如果在整个数据中心网络全局范围内统一采用较小的 TCP 窗口，那么整个网络的负载将降低，但仍可以实现吞吐不减。

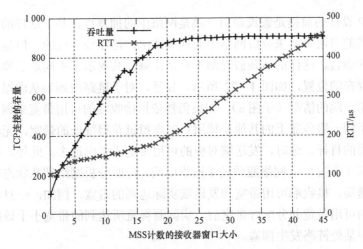

图 1-20　TCP 吞吐和 RTT 受接收窗口大小变化曲线

　　不同网络条件下调节单个 MSS 大小对应的窗口值,对于带宽调整将有很大不同。在网络负载较轻时,单个 MSS 对应的带宽调整将带来较大影响。例如,TCP 窗口从 5 调整至 6 后,对应的带宽提高了 50 Mbit/s,而在 TCP 窗口超过 25 MSS 后几乎对带宽不带来任何影响。因此,准确地估计网络当前的负载情况是实现拥塞控制的关键。

　　ICTCP 提出基于接收端最后一跳的可用带宽来调整多个到达流的聚合吞吐,可以一定程度上避免 TCP Incast 通信时潜在的通信拥塞。ICTCP 和 TCP 在不同条件下进行多对一通信的性能比较,如图 1-21 所示。其中图 1-21(a)为吞吐比较,图 1-21(b)反映了对应的流超时情况。显然,ICTCP 在很大程度上控制了拥塞超时出现的频率大幅降低,这为吞吐带来了极大改进,特别是在流数目较大的情况下。

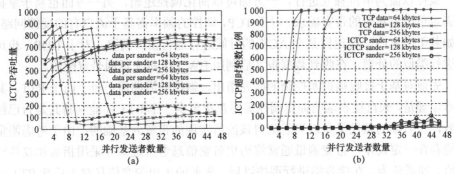

图 1-21　ICTCP 和 TCP 性能比较

(a)吞吐比较;(b)超时比较

ICTCP 设计的前提是假设最后一跳是网络中的拥塞点，基于这样的假设依据用最后一跳的可用带宽来分析网络中的拥塞情况，是比较合理的。但是，对于其他传输模式而言，这样的瓶颈假设却不总是正确，其揭示了不同通信模式下瓶颈链路可能存在的位置，如图 1−22 所示。显然，对于链路瓶颈为从虚拟机所在服务器出发第一跳的情形（子图 a），如果仍然依据接收端的可用带宽来调节，很可能会使位于同一服务器上的其他租赁用户的虚拟机获得很低的带宽，无法达到网络带宽隔离的目标。这时，发送端对应的可用带宽需考虑进去。此外，对于更为复杂的情形（子图 b），网络瓶颈处于网络中间，此时分析网络拥塞状态就需要结合考虑发送端、接收端可用带宽和发送端实际达到的带宽。例如，一旦综合考虑收发双方的可用带宽并分配好带宽后，实际测得流所达到的带宽小于该配额时，说明网络中某处链路发生拥塞。

综上所述，在数据中心网络利用接收端进行带宽分配以实现拥塞控制时，RTT 作为直接的拥塞控制信号可能并不准确；以可用带宽作为衡量拥塞程度的基准时，需要同时考虑收发端的可用带宽和流实际达到的带宽。

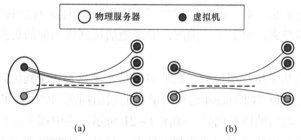

图 1−22　瓶颈链路可能出现的位置
(a) 瓶颈链路在第一跳或最后一跳；(b) 瓶颈链路在网络中间

2. 调控时机

调控以流为单位独立进行，一方面可以简化调控逻辑，另一方面也易于掌握和满足单个流对应的带宽需求。对于 TCP，调控的频率需基于流自有的反馈回路，例如若干个 RTT，在返回某个 ACK 的时候进行通告窗口调整；对于 UDP，也可以进行类似的处理，在收到数据报文后利用 BW_QT 报文返回带宽配额。

先前对基于接收端拥塞控制的研究指出，调控的周期需不短于两个 RTT。其基本原理是，来自接收端的拥塞调控需要花费至少一个 RTT 才能判断其是否已经生效，而后续的调控又是以当前测得该流所实现的带宽为基础的；由于考虑测量可能存在一定误差，带宽测量通常将历史带宽信息考虑进来并采用指数加权移动均值。通常认为，在接收端进行调控以后，先前的历史带宽信息对于后续 RTT 测得的带宽而言，不具有直接意义。因此对调控时机的选择总是在准确性和收敛性之间进行折中。

在数据中心网络环境中，ICTCP 采用了类似的技术。利用所有流对应 RTT 的移动均值 T 为单位对时间进行分段，在前一个时间段进行带宽测量，所有增加带宽配额的操作都在后一个时间段执行。然而，这种方式对于单个流而言却略显保守。对于流数目较小时，ICTCP 实际实现的吞吐反而低于 TCP。原因有两点：一是因为 ICTCP 窗口增长的速率较慢，特别是对于慢启动阶段，相比之下，TCP 的指数增长方式更容易占据可用带宽；二是流请求较小，那么流的整个传输周期可能很大一部分都处于慢启动阶段。

基于以上讨论，书中对接收端调控时机的选择考虑两个因素：调控的效果（和以往传统方法类似）和并发流的数目，且后者优先。调控选择的时机及其对应的出发点如下。

（1）在流数目较小时，尽可能考虑性能，只要流当前符合调控条件，不考虑历史调控所产生的效果。和以往研究的出发点不同，旨在实现全网内的带宽隔离，即包括瓶颈链路不在最后一跳的情形。基于该目标，将发送端的可用带宽同时考虑进来，根据收发端的可用带宽和所测流实现的带宽来判断链路瓶颈或拥塞程度，调控的依据更明确，约束也更严格，因此调控不能过于保守。而且，在数据中心网络，绝大多数流都是短流，传输量较小，大部分时间都处于慢启动阶段。

（2）在流数目较大时，在不致拥塞的前提下尽可能考虑公平，响应新生流的带宽请求，对现有流的调整间隔至少两个 RTT 以上。为提高整个网络的资源利用率，在活跃流数目较少时，部分流可能已经占有不属于自己份额内的带宽，那么在有新流到达网络时这些流应该让出部分带宽以实现更好的公平性，这也是网络带宽隔离的目标之一。

（四）Redball 原型系统评估

1. TCP 流和 UDP 流共享

首先来看响应性流和非响应性流的带宽共享情况。本实验中，首先发起 TCP 流，使其达到稳定状态，然后分别在经历 0.5 s 和 1.5 s 以后发起 UDP 流，所有流都采用尽可能高的速率运行，从交换机的不同接口到达，流向同一输出端口。可以看出，TCP 流在 UDP 进入的对应时刻吞吐逐渐下降，最后和 UDP 流均分可用带宽。同时也可以观察到，UDP 的增长速率相对较慢，因为 Redball 强制所有流在进入网络之前都进行带宽请求，这使非响应性流也经历和响应性流类似的按窗口大小发送的过程，因此在初始阶段由于窗口较小会引入一些额外的等待延时。但是随着窗口的不断增大，一旦网络管道中都被报文充满后，等待带宽配额的延时将变小甚至可以忽略。

此外，Redball 控制下的流传输不像 TCP 或 UDP 那样速率稳定，而是具有一定幅度的波动，收敛性相对而言要差一些。前文讨论过，Redball 的拥塞控制机制尽可能实现更高的链路利用率，因此一旦估测到有可用带宽时，会尽可能提高流对应的带宽额度，这可能导致流即时发送的报文增多而出现速率上较大的波动。

接下来关注 TCP 流与脉冲型 UDP 流的带宽共享情况，因为脉冲型流在网络探测和进行攻击时应用较多。将脉冲型 UDP 流的发送间隔设置为 300 ms，同 Windows 系统 RTO 的默认值一致，这使 TCP 流被 UDP 流同步后可能总是处于慢启动阶段，这类似于攻击的过程，使 TCP 流的吞吐变得极低；根据先前的分析模型，将 UDP 流活跃期的持续发送时间设置为 10 ms，且 UDP 流在发送阶段以尽可能高的速率进行发送。在攻击流进入后 TCP 流的吞吐下降，但是仍然保持了其所应占有的带宽份额，如 300 Mbit/s 左右；而在攻击流离开之后，TCP 流又重新占用尽可能多的带宽。

2. 多 TCP 流共享

本节实验关注 Redball 控制下自私流的带宽共享情况，分为以下三类：

（1）不同租赁用户的虚拟机共享同一发送接口，自私虚拟机发起多个 TCP 连接来侵占带宽；

（2）不同租赁用户的虚拟机共享同一接收接口，自私虚拟机接收多个 TCP 连接来侵占带宽；

（3）不同租赁用户的虚拟机共享同一中间链路，自私虚拟机利用多个 TCP 连接来侵占带宽。

3. 并发流拥塞控制

多对一通信拥塞是数据中心网络中的一个实际问题，即 TCP Incast 拥塞问题。在拥塞控制算法上，Redball 对原有的 ICTCP 有较大改进。在发送者数目较少时，Redball 比 ICTCP 对网络带宽的利用率有大幅提高。从算法本身来分析，这种性能提升源于初始阶段 Redball 算法更加激进，窗口调整的幅度更大，因此对于大部分传输时间处于慢启动阶段的短流而言，这意味着更快地实现了可用带宽。但是，随着发送者数目的进一步增多，Redball 下 TCP 的聚合吞吐略有下降，最终趋于稳定。这种性能上的下降，源于算法中优先考虑公平性，即优先允许新生流获得一定配额的带宽，这就使已经趋于饱和的网络产生拥塞的可能性增大。潜在的改进机制将在公平性和性能上做折中，即允许一部分流先行传输，因其已经获得较大窗口。但是，在并不确知传输规模和传输模式的情况下做此折中将是有风险的，因为对于短流或者对延时敏感的流而言，吞吐相对而言并不重要。

4. 系统开销与代价

尽管 Redball 实现了较好的带宽隔离和拥塞控制，但是该原型系统仍引入一定开销。和 Seawall 相比，Redball 的开销较高，这些开销主要源于对额外通信协议报头的处理。Redball 采用额外的协议封装，而 Seawall 将其反馈信息嵌入现有协议中；此外，Seawall 采用固定时间间隔 T 处理。

  Redball 的控制逻辑是基于流自身的控制周期，频率相对较高。然而，这种开销仍然是可以接受的。首先，现代处理器处理能力大幅提高；其次，依据流自身的反馈回路进行拥塞增强，更有利于保护短流和抑制非响应性流。例如，利用非响应性流对于进行探测和拒绝服务攻击来说，10 ms 持续攻击时间是足够的。

  在低延时网络中，实现拥塞控制的同时总是会牺牲一部分流或者损失一部分性能。道理很简单，网络作为共享资源，其容量是有限的，一旦多个流共享同一链路且超出了其容量，势必要发生拥塞。为避免拥塞带来的性能损耗，势必会延迟一部分进入网络的时间。拥塞控制算法在不发生拥塞的前提下尽量优先让新生流获得一定的带宽，然而即便如此，在链路达到其承载能力后——每个流都以保底带宽运行——仍然会要延迟对一部分流的带宽分配。

  在本实验中，让所有虚拟机不断地、随机地产生一些流，流大小为 256 KB 到 20 MB 不等。由于数据中心网络中 UDP 流相对较少，TCP 流和 UDP 流数目按照 9:1 的方式产生。在接收端记录每个流的到达时间和接收端为其分配带宽的时间，获得该流的等待延时。对于大部分流，其等待延时较短，如约 90% 的流其等待延时不超过 8 ms，其中约 80% 的流其等待延时不超过 4 ms。这种等待开销，也是可以接受的。

第二章

云计算数据中心管理系统的规划与设计

第一节　管理系统基础知识

近些年来，云计算的快速发展给互联网产业带来了重要的变革，大数据处理、分布式应用等大量新兴技术和应用的涌现以及智能终端高速膨胀式增长，凸显了云计算服务的重要性。

虚拟数据中心是一种在云计算服务的基础之上形成的一种提供快速部署、实时响应、即时租用、按需分配和动态资源扩展的弹性自助式服务的业务类型。它提供了一系列可按需选择的基础设施资源，包括 CPU 性能、内存、操作系统、磁盘、网络等。用户可以根据自身需要选择使用，以应对客户的突发性、临时性的大量计算和存储资源需求。虚拟数据中心为企业客户提供一个虚拟独立的集群环境，实现用户动态的扩展或者缩减单个资源的配置（CPU、内存、存储）以及弹性地增减使用资源的数量。多个虚拟主机、虚拟网络和虚拟磁盘能够形成一体化的工作模式，方便进行分配和调度，并动态地扩展和使用。虚拟数据中心与传统的业务相比，对系统所需资源进行有效整合，从而能够迅速有效地进行资源调度，来应对复杂业务形式下多变的弹性需求。

一、虚拟数据中心

虚拟数据中心是一种资源集合的抽象，它是一个包括计算资源、存储资源和网络资源的集合，并能够提供与传统资源无差别的功能。虚拟数据中心可以提供一种新型的业务模式，与传统的虚拟化架构不同，虚拟数据中心的系统架构是在现有的云计算平台之上，通过管理层将虚拟化的资源进行整合与统一化的管理，让服务器虚拟化、存储虚拟化与网络虚拟化协同应用，然后由服务平台来提供完整、灵活、一体化的服务。

（一）虚拟数据中心的特点

虚拟数据中心主要具有以下特点。

1. 自动化的业务

虚拟数据中心能够集成多种云计算的资源，并提供相应的 API 进行控制，可以很方便地进行资源的管理和使用。通过自助式平台自动地进行资源的创建和回收，整个过程不需要用户手动地配置和命令输入，也不需要服务提供商的管理员参与，只需要在控制台点击相应的按钮即可。在服务平台之上用户可以自由地选取适合自己的服务，如点击"创建 VDC"，相应的子网配置、路由表、默认安全组会自动化地为之创建，用户可以更加专注于在虚拟数据中心中创建或者部署自己的应用程序。

自动化的业务流程可以使 IT 服务更加灵活地适应不断变化的业务需求。用户使用自动化的工具极大地简化了重复的虚拟数据中心业务流程，如服务器的部署和应用的部署等，减少了新服务的上线时间，避免可能的错误操作。

2. 灵活的服务

虚拟数据中心整合了云计算服务中的三大主要资源，即虚拟机、虚拟网络、虚拟存储。它不仅可以提供如虚拟主机一样的单一的服务类型，还可以提供一体化的服务。在目前的云计算服务中，IP 地址空间是由资源服务提供商来控制的，用户不能够随意地定制和使用。在虚拟数据中心里，用户能按照自己所需，灵活地申请并使用相应的资源，摆脱了需要传统服务、需要资源管理者协调资源的束缚。

3. 可定制的网络结构

虚拟数据中心能够提供一个独立的隔离的云环境，在这个独立环境中，用户可以自由地选择创建虚拟主机的数量和配置、虚拟网络的大小、虚拟网络之间的连接关系等。

在虚拟数据中心里，可以定义网络的拓扑结构，轻松地进行网络的配置。例如创建一个面向公众的子网，这里面有很多 Web 服务器接入互联网并同时进行负载均衡。而后端的系统，例如数据库或者是分布式存储系统，它们存在于一个没有互联网接入的另一个虚拟子网当中。可以通过定义安全组、网络访问策略等多种配置策略，来实现多层次的网络结构，并可以自由地访问虚拟主机所在的虚拟子网，实现网络级的安全性保障。

除此之外，企业可以在虚拟数据中心通过创建硬件虚拟专网（VPN）来实现企业的数据中心和虚拟数据中心的连接，重复利用虚拟数据中心的特性来实现企业数据中心的扩展。

4. 网络级安全准入

传统的虚拟主机或者数据中心通常使用基于服务器级别的防火墙来实现网络的访问安全限制，并通常由基于操作系统的软件实现。虚拟数据中心则可以提供更加安全的策略，如安全组、网络访问控制列表、防火墙规则。这些安全策略通常部署在相应的网络虚拟化平台之上，与操作系统无关，具有更自由的功能定制和更高的安全性，可以非常方便地实现数据存储和用户网络访问之间的隔离。由于不需要操作系统的参与，在大网络流量情况下仍然可以保证良好的性能。

（二）虚拟数据中心的需求分析

随着云计算的发展，越来越多的云计算服务开始涌现，例如提供虚拟主机的VPS 服务、提供虚拟存储的网络硬盘等，它们单独以某个资源的形式对外提供服务，这些服务通常可以满足特定情况下的某些需求。

随着技术的发展，互联网的业务形式不断发生着变化，变得更加多元化、复杂化，特别是大数据处理业务。人们对于资源的需求变得更多，甚至具有很强的动态性，资源的需求随着事件、季节、活动有着很大的变化，这些情况下单一的资源调配往往难于应付。例如一些媒体、游戏、ISP 服务商，他们对于资源的租用情况和负载情况往往难以预测，他们的用户访问往往具有一定的周期性脉冲变化，具有典型的时效性。这类用户希望能够通过一定的技术手段，实现弹性的资源调配，建立可以自由地进行资源定制、管理和配置的独立自主的虚拟环境来解决自身的需求。

因此，为了实现用户对各种资源的动态的统一的管理，就需要建立虚拟数据中心的业务，将计算资源、存储资源、网络资源进行整合，提供统一的对外服务，实现用户对这些资源的自助式的管理操作。为了将虚拟数据中心对资源整合的先天优势发挥出来，让企业在面临用户对云计算服务的日益增长和需求不断变化的压力下可以从容应对，在设计虚拟中心管理系统时需要有多方面的考虑，主要包括以下几个方面。

1. 从服务方面

虚拟数据中心需要给用户提供更加便捷的自助式服务。用户可以在这之上非常方便地对现有的虚拟化平台上的资源进行操作，例如虚拟机、虚拟网络、虚拟存储等。通过简单的流程设计，用户可以很方便地根据自身需求，获取到相应配置的虚拟机。同时基于不同的用户角色需要划分出不同的权限，能够使用户在自己的角色下更加关注于服务的使用，而不需要额外担心异常操作导致的各种问题。

2. 从业务方面

虚拟数据中心需要覆盖大部分的业务逻辑。从初期的部署，各个资源集中分配、管理、调度到资源的终止、回收、释放。通过各种便捷的业务逻辑的设计，让用户更加方便地使用虚拟数据中心的各种资源，更加便捷地对各种资源进行调度和管理。

3. 从管理方面

虚拟数据中心在管理方面需要提供数据中心资源的所有概况信息。以虚拟数据中心的管理者为例，在管理门户之上，需要清楚地看到所有运行的子资源的使用状况、可用资源的数量等。每当资源出现状况时能够很快地执行应对方案并加以解决，而这些只需要在 Web 页面上执行相应的操作即可。管理系统本身需要具备呈现相应的监控数据的功能，以更加直观的方式告诉管理者数据中心的健康状况、使用情况，从而执行相应的管理策略或者分配调度策略等。

4. 从发展方面

虚拟数据中心需要应对业务不断发展的需要，能够很方便地创建并使用新的资源，并将新的资源纳入自己的管理范围之内。对虚拟数据中心的使用者而言，不需要为资源的扩展付出额外的管理成本。

5. 从商业方面

虚拟数据中心需要将所有用户对资源的使用状态进行记录，形成更加精细的计量粒度，为按需计费提供依据。对计算资源，按照使用计算资源的性能和使用时间收费；对存储资源，按照存储容量、存储时间、存储的 IOPS 和数据量收费；对网络资源，按照流量以及 IP 地址资源的租用时间收费等。在方便用户使用资源的同时，最大化地减少资源使用成本，让用户更加专注于业务的优化。

虚拟数据中心为企业带来了更为强大、高效、优化的 IT 架构，帮助企业降低成本的同时，也为企业带来了更为便捷的云计算服务。

二、OpenStack 云计算平台

（一）OpenStack 介绍

OpenStack 是美国国家航空航天局和 Rackspace 公司首先发起的，一个全球的开发者和云计算技术人员共同协作的开源项目，它是一个能够用来构建公有云和私有云环境的开源云计算平台。OpenStack 旨在通过它易部署、大规模、可扩展、功能丰富的特点来提供构建所有类型云服务的解决方案。OpenStack 由多个相互关联的组件共同构成云基础设施的服务。

目前版本的 OpenStack 有七个核心组件来完成一些具体的工作，如图 2−1 所示：身份认证（Identity，代号 Keystone），镜像服务（Image Service，代号 Glance），对象存储（Object Storage，代号 Swift），块存储（Block Storage，代号 Cinder），网络服务（Network，代号 Quantum），计算服务（Compute，代号 Nova），控制面板（Dashboard，代号 Horizon）。

1. 认证服务

Keystone 提供了所有 OpenStack 服务的身份认证和授权，并可以设定不同的角色对 OpenStack 不同服务的使用权限。每次请求的身份验证都需要交给 Keytone 来验证。

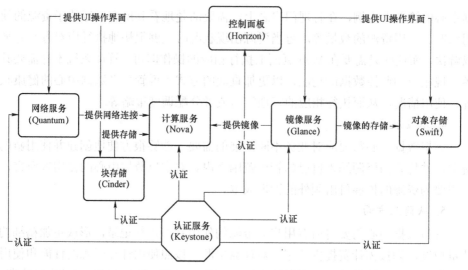

图 2-1 OpenStack 核心组件

2. 镜像服务

Glance 提供了虚拟机镜像的存储和检索服务,用户可以基于对操作系统版本、类型等不同需求进行不同镜像的上传和使用。当虚拟机创建时,用户可以选择已上传的各种镜像进行使用。

3. 对象存储

Swift 用于数据对象的存储和检索,用户可以使用给定的 API 进行文件的各种操作。它是 OpenStack 的一个可选择的服务组件,可以基于本身单独提供数据存储服务。目前有很多公司(Rackspace 等)单独用它来存储自己的商业数据。

4. 块存储

Cinder 虽然也是存储服务,但是和 Swift 不同,它不是基于文件系统的存储服务器,它主要用于虚拟机的存储扩展。当虚拟机需要对磁盘进行扩容时,通过该组件可以很方便地进行磁盘的挂载和使用。正是这种与虚拟机解耦的方式,使它更加方便地进行动态的资源调度、管理和备份。

5. 网络服务

Quantum 底层的网络基础设施进行抽象,在接口设备之间提供了一种"拔插式的"连接服务。通过它可以自由地定制复杂的内部网络环境和定制化的对外网的访问情况。它使底层设备抽象化,所以能够支持不同网络服务商的设备来提供服务。

6. 计算服务

Nova 提供虚拟机相关的各种服务,包括创建、操作、管理、备份、终止等,用户可以灵活地创建集群或者轻松增加集群规模。Nova 是一个计算资源管理的平

台，但它本身不具有任何虚拟化的能力，它主要是使用一些 API 与虚拟化层进行
交互。

7. 控制面板

Dashboard 提供了模块化的、可对 OpenStack 各个服务进行操作和管理的 Web
界面。在这个界面之上可以完成大多数的操作，比如虚拟机实例的创建、IP 分配、
安全组和密钥设置等。但是由于相对简单，只能提供简单的资源管理的功能，而
且相应的扩展性也比较差。

（二）OpenStack 的业务举例

下面以虚拟机创建为例，介绍 OpenStack 的业务逻辑交互过程，如图 2-2
所示。

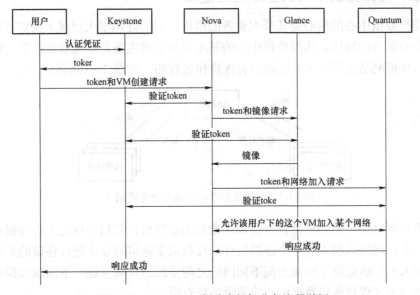

图 2-2　OpenStack 创建虚拟机业务流程举例

（1）用户发出创建虚拟机的请求，需要将凭证发给 Keystone 进行认证。
Keystone 在得到用户的凭证之后，根据其权限给用户提供一个认证的 token。

（2）用户拿到这个 token，结合选择好的相应镜像 ID 和要加入的网络 ID，向
Nova-api 发出请求，Nova 进行调度执行创建请求。

（3）根据选择的镜像，Nova 向 Glance 发出镜像请求和 token，获取指定的镜
像。Glance 收到请求后向 keystone 验证 token 的有效性，然后将指定的镜像传给
Nova 用来进行虚拟机的创建。

（4）紧接着虚拟机需要加入用户指定的网络，此时 nova-api 向 quantum 发出
网络请求，获取用户现在的网络 ID 所在的网络，然后拿到相应的网络信息后对虚

拟机进行相应配置。当然这之前要向 Keystone 验证请求的 token。

（5）当配置完成时，Quantum 将成功的状态发给 Nova，Nova 获取到成功状态，然后将成功的状态返回给用户。

虚拟机创建的业务逻辑是 OpenStack 诸多业务逻辑的一种，这些业务逻辑大都需要在不同组件之间经过接收、验证和处理。正是这些复杂的业务逻辑构成了 OpenStack 的基本业务逻辑框架。OpenStack 架构中包含了整个虚拟计算、虚拟存储和虚拟网络基本的资源整合和管理功能，通过整合的方式将其纳入虚拟数据中心的基本业务逻辑中。但是作为虚拟数据中心的业务逻辑并不完整，并不能简单地进行整合开发，所以需要对业务逻辑进行更细致化的业务逻辑设计。

三、虚拟数据中心的基本业务逻辑

虚拟数据中心的核心是其基本业务的组织，它的好坏很大程度上决定着虚拟数据中心服务的好坏。虚拟数据中心的基本业务逻辑主要是围绕着虚拟机、虚拟磁盘、虚拟网络这三个主要资源的管理操作进行的，如图 2-3 所示。

图 2-3 虚拟数据中心的基本业务逻辑

用户可以自主地创建符合自身需求数量的虚拟机，然后在这之上进行磁盘的挂载和虚拟网络的加入。单个虚拟机可以挂载很多虚拟磁盘来进行存储的扩展，可以加入不同的虚拟子网来实现不同网络之间资源的互联互通。下面以虚拟数据中心的管理过程对虚拟数据中心的逻辑进行介绍。

（一）资源创建

这个逻辑主要包含很多初始化工作，特别是虚拟数据中心的初始化，在这之中又包含其他资源的整合创建，例如虚拟网络的建立、虚拟机的创建、虚拟洗盘的创建。虚拟数据中心需要在包含这些业务的同时接受这些业务的整合，形成方便的集成式服务。

在创建虚拟网络时需要同时指定相应的子网地址、网关，确认是否提供 DHCP 的服务、是否可访问外网、是否有 VPN 接入等，将这些细化的业务进行编排，而不需要用户自己逐一地输入设定。

在创建磁盘时需要选定磁盘的容量、名称等。

在创建虚拟机时需要制定虚拟的数量、配置、操作系统镜像，确认是否需要将之前创建的磁盘挂载、是否需要加入之前创建的某个网络等。

只有将这些业务逻辑型进行重新编排和完整地组织，才能提供给用户更好的集成式的服务。

（二）资源管理

在资源管理的逻辑中，虚拟数据中心作为一个资源集合需要对每个资源都可以方便地进行管理操作。

对网络的操作包括网络的创建、状态查看、网络拓扑的管理、网络地址池的配置、网络中虚拟机的加入和移除、VPN 服务的接入和取消、外网地址的分配、名称修改等。

对虚拟机的操作包括虚拟机的创建、备份、迁移、暂停、日志查看、状态查看、远程桌面、重启、终止、存储资源的扩展、虚拟网络的加入和离开、外网可访问地址的分配、名称修改等。

对磁盘的操作包括虚拟磁盘的创建、挂载、取消挂载、备份、删除、状态查看、名称和描述修改等。

其中包括各个资源的相互关系的操作，例如虚拟网络与虚拟机直接、虚拟机和虚拟磁盘直接，这些业务逻辑是相互集成的。正是这些特性才使虚拟数据的中心业务与传统业务的单一业务逻辑有很大的不同，成为虚拟数据中心重要的特点之一。

（三）安全设定

在安全设定中需要能够设定不同的访问规则，这些规则是可以被虚拟机使用的，它主要包含 TCP、工 CMP，UDP 协议的允许。用户仅需要点击即可完成添加和删除的逻辑操作。而这些规则都是以白名单的方式实现的，默认添加的是常用服务的允许条件。

（四）资源备份与恢复

在虚拟数据中心中一个很重要的业务，就是能够支持用户对虚拟数据中心所包含的资源进行备份，主要是虚拟机、虚拟磁盘的备份。这种备份是快照形式的，能够保存当前资源的状态，在下次恢复时可以直接将资源还原到备份前的状态。

（五）资源监控

在虚拟数据中心要实现根据用户业务需求对资源的扩展和动态调度，如何把握好这个时机主要依赖于对资源的监控跟踪。对资源的监控中需要包含对虚拟机、网络、磁盘的监控。对虚拟机的监控主要包括虚拟机的配置、运行状态、可用资源的情况，指标如 CPU、内存、磁盘、网络等；对磁盘的监控主要包括磁盘的总量、读写的 I/O 频率、读写的字节数、读写的请求数量、读写的错误数量等；对网络的监控主要是网络响应时间、网络的吞吐、网络的丢包率、网络的流入流程流量等。

这些监控数据能够很好地给出虚拟数据中心问题资源的告警、方便定位问题的根源。同时监控数据可以给出更加细致化的资源的使用数据。基于这些数据和商业化模型，可以按照用户的使用实现更加细粒度的计量和计费业务。

（六）资源回收

以虚拟机的终止逻辑为例，主要包括各种资源的解绑定，比如 IP 地址、MAC 地址网络、存储等。虚拟机终止之后，对虚拟机使用过程中所占用的资源进行回收，然后归还到相应的资源池当中，以便下次继续使用。有些附加资源在虚拟机运行过程中也可以进行回收，包括虚拟磁盘、虚拟网络等。虚拟磁盘可以进行卸载，但是数据仍然存在，如果进行删除则直接将数据删除。将资源释放到资源池当中，通常默认是自动卸载而不是删除。当虚拟网络仅存在一个虚拟主机并终止后，相应的虚拟网络也需要自动删除。

第二节　传统管理系统存在的问题

现有的服务提供者主要专注于计算资源和存储资源的提供，不允许用户来控制自己的网络，使网络资源和其他资源缺乏协调，用户很难能够得到更加灵活方便的服务。

一、服务便捷的问题

传统业务的形式下，通常服务商更关注资源的提供，而忽视了服务的提供或者仅提供单一的服务。用户需要基于操作系统进行复杂的设定或者实现。例如服务器的备份、服务器的迁移、数据的备份等，这些操作在传统的业务下都没有给出便捷的服务，比如让用户通过简单的点选操作实现。

二、扩展的问题

传统的业务形式下，虚拟主机通常是由单独的虚拟主机服务商来提供，相应的网络资源和存储资源则直接与虚拟主机绑定。当业务开始增长或者变化时，通常需要租用更多的虚拟主机来解决日益增长的业务需求。这种横向的数量的扩展在增加数量的同时带来了很大的不必要的网络通信消耗。特别是当不同虚拟机之间需要资源共享的时候，虚拟机之间的通信消耗了大量的带宽资源。

三、管理的问题

当虚拟机量增多时，对这些数量的虚拟机进行统一化的管理和定制化的服务就变得越来越复杂和难于实现。传统的业务模式下，通常需要针对每个虚拟主机进行相应的设定，操作流程复杂，不方便用户的操作和实现。

四、网络的问题

当虚拟机数量多的时候，还有一个很重要的问题就是网络的定制问题。通常情况下，我们把提供服务的服务器对外开放，而相应的数据服务器放到后端不对外暴露出来。在传统业务下，通常要么对服务器上安装的软件防火墙进行复杂的设定，要么需要管理员协助实现网络结构定制。前者通常仅能解决一些简单的需求，无法改善服务器数量居多的情况，而后者实现起来非常复杂，困难重重。用户无法根据自己的网络需求来实现网络的拓扑设定。

第三节　系统总体框架设计

一、基本框架设计

对系统的整体框架进行设计，通常在整合 OpenStack 云平台本身功能基础之上增加了监控和计量等一些其他的模块，通过模块化的设计来实现基于虚拟数据中心的自助式服务和平台管理。

OpenStack 工作在虚拟化层次之上，对基础设施虚拟化之后的资源进行管理。采用 OpenStack 本身的六个重要组件进行开发，其中控制面板组件由于功能单一，直接用 OpenStack 提供的 RESTful API 的方式来实现对各个组件的操作和管理，设计图如图 2−4 所示。

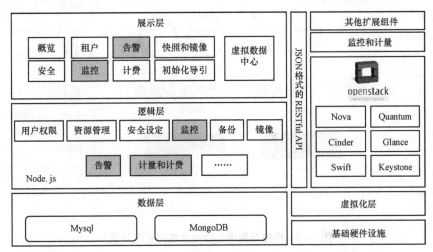

图 2−4　虚拟数据中心管理系统架构设计图

在 OpenStack 的基础上我们开发了两个重要的基本组件，即监控和计量。用户可以获取资源池中所有虚拟机的状态信息。将这些状态信息存储到相应的数据库当中。同时框架还支持其他功能模块的扩展，这里不做阐述。同样在需要读取相应模块的信息时，也以 RESTful API 的形式对外提供信息。

以上组件构成了整个虚拟数据中心管理系统的基础，提供了构建虚拟数据中心管理系统的元数据。之后采用类似于 MVC 的设计模式进行虚拟数据中心的设计。

在数据层即 Model 层，采用了两种数据库对数据进行存储。通过 RESTful API 获取 JSON 格式的元数据进行处理并存储，作为虚拟数据中心管理系统的基本数据模型。

在数据层之上是控制层，用于实现所有的操作逻辑。使用 Node.js 的 Web 开发框架进行开发，由于 Node.js 是使用 JavaScript 为开发的语言，所以它能够原生地支持 JSON 格式的 API，非常方便和其他基础组件进行交互。

在控制层之上是展示层，用于提供所有的用户操作。用户可以通过页面上提供的各种方法，对数据中心进行真正的管理操作。最终实现的效果如图 2－5 所示。

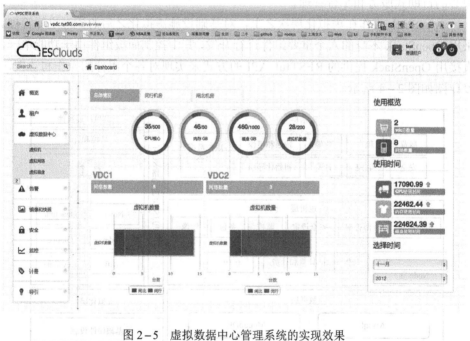

图 2－5　虚拟数据中心管理系统的实现效果

二、主要交互过程

虚拟数据中心业务逻辑中最为重要的就是逻辑层的控制和相关组件之间的交互。其中主要的交互过程，如图 2－6 所示。

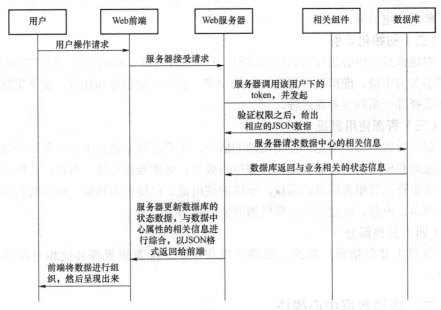

图2-6　系统主要交互过程

　　整个交互的核心围绕着以Node.js开发的Web服务器与各组件给出的RESTful API 接口和数据库进行数据交换。Web 前端只要根据相应的 JSON 格式的数据进行视图的渲染即可。正是由于大量的 JSON 格式的数据交换，所以使用 Node.js 开发可以带来巨大的方便。

　　当用户请求信息时，前端将请求传递到 Web 服务器，Web 服务器发起请求到相应组件的 API，然后和数据库的数据进行综合比较，之后给到前端呈现。比较过程中可能会涉及数据库状态信息的更新和删除等。同时所有的操作也由 Web 服务器进行日志记录，以便为后期交互流程的优化提供数据依据。

　　当用户对数据中心的资源进行管理时，同样也是由服务器接受前端的请求之后向 API 地址发起操作请求，服务器将操作后的资源状态进行记录，用于提供操作失败之后数据回滚的依据。

第四节　管理模块规划

　　在逻辑控制层，主要设计了以下几种功能模块。

一、用户模块

（一）注册

主要负责用户的注册功能，用于收集用户的各种注册信息，包括用户名、密码、邮箱、电话等。

（二）初始化导引

对虚拟数据中心进行初始化的过程，主要包含数据中心的创建、网络的创建、相关服务的申请、虚拟机的创建、IP 的申请、虚拟磁盘创建和挂载、安全策略创建和选择等一系列事务流过程。

（三）资源使用概况

显示数据中心当前用户使用资源的情况，主要是每个数据中心下各个地域的资源配额和使用情况。总资源包括虚拟机数目、处理器核心数、内存、数据库存储、带宽资源等相关信息的总量，承诺的使用量、已使用的数量、可用的数量以及处理器、内存、硬盘三大主要资源的使用时间等。

（四）其他部分

这里主要包括资料修改、配额管理和申请、配置模板等其他相对细节的部分。

二、虚拟数据中心模块

（一）基本功能

主要涉及虚拟数据中心的一些增删改查的功能。包括虚拟数据中心的增加，虚拟数据中心的数据需要按照地域等相关信息进行显示，对某个虚拟数据中心的信息修改操作，对虚拟数据中心的删除操作等。

（二）虚拟机管理

主要是基于虚拟机的一些核心操作，包括虚拟机的创建、备份、迁移、暂停、日志查看、状态查看、远程桌面、重启、终止、存储资源的扩展、虚拟网络的加入和离开、外网可访问地址的分配、名称修改等。

（三）虚拟网络管理

主要涉及 IP 的分配、各种网络服务，例如 VPN 的设置、虚拟机添加和移除网络、虚拟网络本身的增加删除等。

（四）虚拟磁盘管理

这部分相对比较简单，主要包括虚拟磁盘的创建、挂载、取消挂载、备份、删除、状态查看、名称和描述修改等操作的实现。

三、监控、告警和计费模块

（一）监控和历史

监控的功能需要获取到所有虚拟机的状态，从而给出相应的图表。同时也需要给出相应的历史情况，用户统计在使用过程中的情况，便于计量和后期资源分配优化。

（二）告警

告警的功能就是当虚拟机的情况进入亚健康的状况时，需要及时提醒管理员或者使用者查看具体的问题信息，在资源出现严重问题之前能够通过短信和邮件等形式及时告知资源管理者，起到预防和引导的作用，方便资源的调配。

（三）计量和计费

这部分的主要功能是根据用户的使用情况和相应的计费模型进行费用的计算和实现。在实际应用过程中主要用于企业对外提供云计算的服务，给出按需计费的细粒度的计量和计费数据。其中计量数据主要统计了所有资源的使用情况，包括使用时间计量和用量计量等。

四、其他服务模块

（一）镜像和备份

这部分的主要功能是用于给出创建虚拟机所需的镜像服务。这里主要使用OpenStack 的 Glance 组件来实现管理，使用 Swift 组件来实现存储。其中虚拟机备份称为快照，它和镜像一样都可以在创建虚拟机的时候被选择，不同的是快照保存了当前 CPU 和内存的状况，即把当前的虚拟机及其状态直接持久化地保存下来，可以在再次创建虚拟机时选择相应的快照，直接还原出备份之前的业务状态。

（二）安全策略

主要是配置虚拟机的一些可访问的策略，并可以创建虚拟机的可登录的密钥等。

第三章

云计算数据中心资源调度的规划与设计

第一节　资源调度研究方法

一、基于博弈论的云计算资源调度方法研究

（一）相关知识概述

1. 博弈论基本概念

博弈（Game Theory）一词，来源于古代的棋局对弈，是指一个或者多个理性的决策个体，在一些规则或者约束之下，在各自的选择和策略相互作用的条件之下，依据自身所掌握的全部信息，通过自己的认知判断，选择实施最利于自己的行为策略，从而获取利益。

博弈论是数学理论研究的一个方向，最早出现在 20 世纪 50 年代，后来慢慢发展成为一门学科，现在已经是经济学的一种重要研究方法。目前，博弈论已经得到越来越多的关注和发展，除经济学外，在管理学、生物学、政治、计算机等学科中也都有了广泛应用。

理论上来说，博弈论是用来研究多个博弈参与者之间的理性相互作用，与很多其他数学方法一样，博弈论也是从复杂的现实问题中提取基本特征，然后构建成数学模型，分析各个影响因素，从而得出最优结果。在决策的过程中，每个博弈参与者都是基于自身利益考虑的，希望争取自身的最大利益，而决策过程中的每一步，不仅依赖自身的选择，而且受到其他参与者决策的影响。这与简单的两人下棋类似，如果下棋双方都是理性的，为了获胜，双方在出子的时候都需要仔细考虑对方的想法，而且双方也都清楚对方会根据自己的决策采取下一步动作。

抽象成数学模型的博弈问题，需要从理论上找到一个平衡，一个对于所有参与者来说最为合理和最优的策略。所谓平衡的状态是指当博弈进行到某种状态时，如果其他任何参与者固定选择了自己的某种策略，每个参与者都无法通过调整自己在某个阶段的选择策略，从而得到更优的收益情况。

博弈论有五个基本要素：博弈的所有参与者、策略集、收益、信息以及纳什均衡。

（1）参与者：组成博弈的每个理性个体，通过合理的决策来追求自身利益的最大化。

（2）策略集：在博弈的过程中，每个参与者在决策时都有多个行动方案可供选择，行动方案指定了参与者在某个决策时刻的行动规则，也称策略。

（3）收益：收益是指当博弈中的每个参与者都选定自己的策略行为后，组成一个策略组合，这个组合会使每个参与者获得一个对应的收益值。参与者获得的收益不仅受自己策略选取的影响，而且其他参与者的选择策略也会影响其收益。

（4）信息：信息表示博弈中各参与者的特性，可供选择的策略集，选择某种策略组合后每个参与者获得的收益情况等。

（5）纳什均衡：在所有其他参与者策略选定的情况下，每个参与者选择使其利益最优的策略，也就是说每个参与者无法通过改变自身的策略来提高收益。

博弈有很多种分类方法，根据博弈参与者行动的先后顺序可以分为静态博弈、动态博弈；根据博弈参与者之间的关系可以分为合作博弈、非合作博弈；根据参与者信息掌握程度可以分为完全信息博弈、不完全信息博弈。

1）静态博弈与动态博弈

静态博弈是指博弈的所有参与者采取行动的时间是同时的，或者是他们的行动时间有差异，但行动顺序并不是全局信息。反之，动态博弈则是参与者之间的行动有先后顺序，并且后行动的人清楚地知道前所有行动者所选择的策略。

2）合作博弈与非合作博弈

合作博弈是指博弈的参与者之间达成一定的协议，追求全局的最优利益。而非合作博弈是参与者在选取策略时都是从单个自身利益角度出发，不需要考虑其他人或者全局的利益。

3）完全信息博弈与不完全信息博弈

完全信息博弈是指博弈中的所有参与者对于其他参与者可选择的策略以及每种策略组合对应的收益信息完全了解。相对应的，不完全信息博弈是指其他人的策略空间以及收益函数等信息没有被所有博弈参与者知晓。

最典型的一个博弈问题就是"囚徒困境"。"囚徒困境"最早是由美国数学家Albert Tucker 在 1950 年提出，假设有两个嫌犯 A 和 B 一起作案后被抓，分别关在两个不同审讯室内。警方没有足够的证据指控这两人，因此分别审讯两人。A和 B 都有两种选择，认罪或者沉默。如果两人同时认罪，则两人都要被关押五年；如果两人都保持沉默，由于证据不够，两人只被关押一年；如果两人中有一方认罪并同意指控对方，另一方坚持保持沉默，则认罪者将被释放，而被指控方将会被判入狱十年。

对个体而言，无论对方的选择是什么，自身的决策中认罪是优于保持沉默的，因为如果对方认罪，那么自己认罪被判五年，不认罪被判十年；如果对方保持沉默，则自己认罪不用受刑罚，不认罪则要受一年刑罚。因此，从个体理性而言，A、B 双方都会选择认罪，但从最终结果来看，明显是双方保持沉默时结果最好。"囚徒困境"是博弈论中的经典例子，用来反映个体理性选择而并非团体最优的结果。

以上考虑的是单次囚徒困境的情况，但如果反复多次重复该博弈，每一回合中不合作行为将受到惩罚，则最终的纳什均衡结果会逐步趋向帕累托最优的合作结果。

博弈有三种描述模型，对于任何一种博弈，都可以用标准方式来描述。对于动态博弈，可以用扩展形式表示；对于合作博弈，还可以用特征函数表示。

2. 完美信息扩展博弈

完美信息扩展博弈（Extensive Game with Perfect Information）是动态博弈的一种，它是指每个参与者选取的策略，以及策略对应的收益值都是整个博弈中所有参与者的共同知识。

对于动态博弈来说，参与者按照采取策略的先后顺序完成整个博弈过程，这个过程中参与者选取的策略可以组合成一个行动序列，如果一个参与者选取策略之后，没有人再行动，则称这个博弈是有限的。

当博弈中所有参与者都按照顺序完成了自己策略的选取，则生成一个策略组合，博弈的目标是选取最优的策略组合。子博弈纳什均衡（Subgame Perfect Nash Equilibrium，SPNE）是完美信息有限扩展博弈的均衡解，由 Selten 在 1965 年提出。它需要满足两个条件，首先，它是这个完整博弈的纳什均衡解，其次，对于博弈中的每个子博弈，它也是其纳什均衡解。子博弈纳什均衡体现了博弈中序贯理性的思想，即每个参与者在选取策略时，无论之前选取的策略是什么，都要在当前时刻选取使自己收益最大化的策略。

逆向归纳法是动态博弈求解的最佳方法，这种方法最早是由 R. Bellman 提出的，它是从博弈的最后一个策略选取点开始往回推理演绎，求解最优的策略组合方案。逆向归纳法的主要思想是在动态博弈中，每个先进行策略选取的参与者在决策时会考虑后面参与者选择策略的情况，因此只有在博弈进行最后策略选取的参与者才可以不受其他情况的制约做出最理性的选择。在后段策略选取的参与者做好决策之后，相应的前段参与者也就可以做出对应的理性选择。

3. 稳定匹配博弈理论

匹配问题是算法理论的一个典型问题，在经济学以及计算机领域都得到广泛应用和深入研究。匹配问题可以分为两种类型，一种是基于二分图的匹配，另一种是基于偏好程度的匹配。

经济学家沙普利和罗斯在论文 *College Admissions and the Stability of Marriage* 当中提出一种基于博弈的稳定匹配（Stable Matching）理论研究方法，并在 2012

年凭借此理论获得诺贝尔经济学奖。稳定匹配理论作为博弈理论的一个分支，半个世纪以来一直在经济学中发挥着巨大作用。

一个稳定的匹配对是指隶属于匹配双方的两个成员，愿意接受互相作为匹配对象，并且没有其他成员能改善现有的匹配。所谓稳定匹配，就是指一个完美匹配方案中所有的匹配对都是稳定的，不存在不稳定对。

4. 合作博弈

合作博弈（Cooperative Game），也称联盟博弈，指博弈中的所有参与者之间达成一定的有约束力的共识。合作博弈考虑的是集体理性，所有博弈参与者的共同目标是通过合作协调，得到博弈的均衡解，使全局的收益达到最大值。

与非合作博弈相比，合作博弈的最大区别在于博弈的全局信息是共同知识，并且存在有约束力的协议，使全局中的所有参与者都追求共同的收益。合作博弈中的所有成员在选择合作时获得的收益将大于成员们独立思考时的收益，同时合作博弈内部的收益分配原则需要符合帕累托改进性质。

5. 公平分配 DRF 算法

Dominant Resource Fairness（DRF）算法是由伯克利大学的 Ghodsi 等人于 2011 年提出，用于解决多类型资源环境下系统资源的公平分配问题。DRF 算法公平分配的基础是最大最小值（Max-Min）分配机制，考虑的是系统中不同用户之间资源分享的公平性。

DRF 算法的主要思想是根据用户资源需求中的主导分配比例（Dominant Share）作为衡量公平性的参数，尽量保证系统中每个用户的主导分配比例相同，即最大化所有用户的最小主导分配比例。主导分配比例是指某个用户请求的各类型资源中，占系统总资源数量比例最大的值，例如，某用户请求 CPU 和内存两种资源，请求的 CPU 数量占系统总可用数量的 30%，而请求内存数量占总内存的 50%，则 50% 是该用户的主导分配比例。在单资源环境下，DRF 算法就可以转换成 Max-Min 算法。

DRF 算法目前已在开源资源管理工具 Mesos 以及 Hadoop 第二代 Yarn 中完成公平资源调度，这与 Hadoop 一代中基于资源槽的公平调度机制（Fair Scheduler）和容量调度机制（Capacity Scheduler）大不相同。因为在基于资源槽考虑资源调度时，资源槽已经固定了各类型资源数量的划分，在实际调度时还是要基于单类型资源公平分配考虑。而对于云环境中的不同类型工作，往往对 CPU、内存等不同资源有着不一样的需求，因此基于 DRF 算法的公平调度机制更能符合云环境的需求。

6. 排队理论

排队理论（Queuing Theory）是运筹学中的一种用来分析随机服务系统中工作

性能的理论方法，最早是由丹麦工程师 A. K. Erlang 在 1910 年提出，常常用于解决医疗、交通等各行业出现的排队系统中的性能推断或优化调整问题。

排队论的模型主要分成三个部分，即服务对象的达到规则、排队的规则，以及服务机构。服务对象的达到规则主要考虑的是对象到达排队系统的时间上的规律性。这些对象的总数可能是已知的，也可能是无限多个，它们以单个或者成批的形式到达服务系统，但是它们的到达事件之间是独立的，不会相互影响。服务对象的到达系统的频率可能是确定型的，也可能是符合某种随机分布，如泊松分布、Erlang 分布。

排队的规则可以分为损失制、等待制以及混合制。损失制是指当服务对象到达时，如果所有服务台都在使用中，服务对象会直接离开。等待制是指当服务台都被占用时，对象会排队等待，可能是按优先等级服务、先来先服务或者后来先服务等规则进行处理。混合制则是指给系统中等待的总空间设置阈值，一旦等待数量超过该值，则以后到达的对象直接离去。

服务机构中的服务台数量可能是一台也可能是多台，每个服务台的服务时间可能遵循一定的分布规律，例如随机服务、负指数分布等。

7. 研究现状

目前，产业界和学术界都已经完成了一些云计算资源调度的开发和技术研究工作。根据 Google 的论文可知，现有主流云平台的资源调度策略大致可以分为以下四类：中央式调度、分布式调度、双层调度以及共享状态调度。中央式调度是最基本的调度策略，由单个集中式的管理器来完成所有资源调度和任务分配的功能，如 Hadoop 一代中的 JobTra.cker 就是这种类型的调度。这种调度方式的缺点主要是扩展性差，只能支持单类型的任务，若想兼容多种类型的任务难度很大，并且这种中央式管理在集群过于庞大时会带来性能的下降。分布式调度是将一个集群划分成不同的子集群，每个子集群采用不同的调度方法。这种方法比中央式调度更为灵活，但缺少全局的控制视角，难免会造成不同集群间的负载不均衡。有一种将中央式调度和分布式调度结合的方式，即双层调度。它的上层是一个中央协调器，下层被划分成多个分离的调度框架。比较典型的两种管理器是 Mesos 和 Yarn。上层负责将可用资源分配给不同子框架，各个子框架不需要了解整个集群的资源情况，只需选择是否接受上层分配的资源。谷歌采用的是共享状态的调度策略，集群同样被划分成不同子群，每个子群有获取整个集群资源的权限，并且需要有"乐观锁"等并发控制策略来协调这些子群之间的资源竞争。

Mesos 和 Yarn 是目前云计算业界比较流行的两个开源的资源管理框架，Mesos 是一种集群管理器，为各子集群间提供有效的资源隔离和共享，而 Yarn 是一种开源分布式文件存储及处理系统，它们依赖于云环境，可以部署在 Amazon EC2 等云平台上，完成云数据中心物理集群的资源管理和调度。Mesos 最初是伯克利大学的一个研究项目，现为 Apache 的一个开源项目。Mesos 是一个 Master/Slave 结构的轻量级管理工具，Mesos 的 Master 是一个中央资源管理器，将 Slave 中的可用资源动态分配给不同的计算架框（framework），如 Hadoop、Spark 等。每个计算框架注册到 Mesos 的 Master 中，从而接入 Mesos，而 Slave 负责启动计算框架的执行器，并监控每个任务的完成情况。

Mesos 的调度机制是基于整个资源数量的，它采用双层的调度机制，上层是由 Master 中的 Allocation 模块将资源分配到不同的计算架框中，再由下层中每个计算架框自己的调度器负责将内部具体资源分配到每个任务。在第一层调度中，使用 DRF 多类型资源公平分配算法，使每个计算框架可以被分配到相对公平数量的资源。对于每个计算框架的内部，可支持用户自定义调度策略。

Yarn 是第二代 Hadoop，与第一代最主要的区别在于增加了资源管理功能。Yarn 平台同样也是 Master/Slave 结构，Master 是指 Resource Manager 和 Node Manager。相较于第一代的 Hadoop，Yarn 将 JobTracker 的功能拆分成 Resource Manager 和 Application Master，前者负责集群全局的工作和资源调度，后者则是对应每个应用程序，负责每个应用程序的生命周期和资源请求，并监控这个程序中各个子任务的运行状态，但没有调度功能。

Yarn 的资源调度方式是以队列模型完成的，用户的任务可以提交到一个或多个队列中，每个队列有一定的资源分配比例参数设置。Yarn 自带三种调度策略，即 FIFO Scheduler、Fair Scheduler 和 Capacity Scheduler，但与 Mesos 的不同，Yarn 的这三种策略都是基于队列模型进行调度。FIFO 调度机制是指一旦集群中出现可用资源，则分配给最先进入请求队列的任务。Yarn 的公平调度机制实现比较简单，就是给每个用户划分资源池，对应用户的任务请求队列，集群中的可用资源会被平等地分配到这些资源池中，或者根据资源池设置的权重比例进行划分。Capacity 调度机制是指将提交到集群中的任务分成不同队列，每个队列设定一个需求资源比例。用户提交工作时可以指定提交到哪个队列。当集群出现可用资源时，计算每个队列实际获得资源比例与需求资源比例的比值，比值最小的可以获得可用资源。

目前这些云提供商以及云开源产品都有自己的一套云平台架构和云资源管理方法，并没有统一的标准或者管理规范形成。现有的云中间件提供了云资源管理控件来满足用户的资源请求，但是云中间件主要是为系统管理人员或者外部用户提供一个便捷的管理层，来管理部署和使用云基础设施平台。而基于性能（资源利用率）、质量（QoS 或能源消耗）等指标的优化调度策略，尤其是这些指标之间的权衡关系，还需要做更深一步的研究。

在学术界，也有一系列的研究工作在关注云环境下的资源调度问题。接下来，将分别根据云资源调度的优化目标，以及云资源调度的解决方法，对现有的云计算资源调度研究工作进行总结。

1）云资源调度的优化目标

云平台利用虚拟化技术，将物理资源重新整合，在物理机器上构建虚拟单元，通过配置各种大小的虚拟单元，更灵活地提供资源动态供应。因此，如何合理决定虚拟单元与物理机器之间的映射关系，是云资源调度的一个重要研究课题。

从云服务提供商的角度出发，资源调度研究工作的主要目标可以分为两大类：提高资源利用率从而降低运营成本；降低数据中心能耗从而实现最大化收益。

一些研究工作以提高资源利用率为优化目标来减少运营成本，尽可能用最少数目的运行物理机来完成虚拟单元的构建。在云的架构中，云提供商需要为大规模的数据中心花费一大笔投资，由于绿色云计算研究的驱动，云提供商需要找到有效的技术来动态配置 IT 架构，减少数据中心启动的物理机数量。慎用虚拟化技术，合理协调物理机上创建的虚拟单元类型，可以达到这一目的。这个研究方向被称为虚拟单元整合问题，它的目的是用尽可能少的物理机来创建所需的虚拟单元，从而集中负载，使启动的物理机都得到更有效的使用。假设现在有两台物理机，每台物理机上运行了一个虚拟单元，每个虚拟单元都没有占用物理机的所有资源，完全可以将两者创建在一台物理机上，然后关闭另一台物理机。另一些研究工作把这个问题建模成多目标优化问题，并用启发式算法或遗传算法来解决该类最优化问题。Steinder 等人研究了一种资源分配方法来管理混合异构负载下的数据中心，以此提高服务器的资源使用情况。Sheng 等人提出一种 DOPS 方法来最大化资源利用率，并提高用户任务执行效率。Cardosa 等人研究了 MapReduce 云中的有效资源分配问题，提出一种权衡物理机资源在时间和空间上的使用效率的方法。另一些工作解决的则是动态负载情况下如何启动新的虚拟单元，该工作使用预测模型对可能出现的峰值情况提供解决方案。

除了提高云中资源利用率这一目标外，另有一些学者认为，随着云数据中心规模的逐步扩大，能耗也与日俱增，如何减少能耗也成为减少运营成本的研究工作关注的重点。很多研究工作都从降低能耗的角度来提出自己的资源映射方案。有些工作是试图减少运行中的物理机数量，以此减少对电力的消耗。另有一些则关注的是实时服务的云资源供应，提出 SLA 驱动的资源分配方法，通过权衡任务完成时间和启动中的物理机器，来提高电力使用效率。Kim 等人介绍了减少云能源消耗的各种虚拟机整合技术，但他们提出的算法中都没有考虑 SLA，因此这些解决方案在实际运用中可能导致性能下降。Korupolu 等人假设服务的工作负载变化是已知的，提出了一个数学模型来找到最优数量的物理机，从而保证能耗的有效使用。该方法考虑了 CPU 调节频率和各种工作参数，但它假定云中的每个任务可以被划分到不同物理机上运行，这种假定不适用于常规的虚拟机分配问题。

从云用户角度出发，首要考虑的因素是用户的 QoS 约束。Tao 等人提出一种基于粒子群优化算法的 QoS 约束优化方法。他们研究的重心是系统的稳定安全和负载均衡。他们重新定义了 QoS 的参数，以及调度模型，提出了一种 RHDPSO 算法。这种算法没有即付即用的概念，不适用于一般的公有云环境。另一些工作则是通过使用一些分析建模技术来根据系统运行结果进行动态调整。如 Xiong 等人使用网络中的排队论模型，通过性能分析得到工作负载与服务器数量和 QoS 水平之间的关系。

最近一些研究认为，在多用户环境下，只有维持不同用户和用户组之间的公平问题，才能保证每个用户的权利得到尊重，用户才不会选择离开。如 Hadoop 的公平调度，把资源划分成固定大小的分区或者称为资源槽进行分配。另一种比较流行的公平分配策略是最大最小公平性，它试图最大化每个用户分配到的最小资源。Waldspurger 等人增强了这种策略，通过提出带权重的最大最小值模型来支持考虑优先级、资源预定和截止时间等因素的公平分配策略。近期已有一些方法来量化公平性，但大部分工作都只考虑了单一资源类型的公平分配问题。Ghodsi 等人对多类型资源分配问题中的公平分配进行了研究。他们提出一种 DRF 方法，通过计算每个用户的主导资源分配比例来权衡公平。David 等人又在此基础上进行了扩展，提出了一个技术框架，解决了一些不可行的分配，并证明了该方法满足公平分配的三个属性。但他们的工作只关注公平性这一个方面，忽略了一些其他必须考虑的因素。

虽然关于资源调度问题的研究已有很多，但大部分还存在很多不足，有些方法只关注单一目标，有些方法实施起来难度较大，扩展性也不强。云中的资源管理需要一种支持多目标优化，同时综合考虑用户的 QoS 要求、公平性以及资源利用率等因素的资源调度策略，该策略易于实现，同时能在短时间内获得结果。

2）云资源调度的理论方法

传统的资源调度方法有 First-Fit 贪心算法、Round Robin 轮询算法等，这些方法也被一些云系统使用，如 Eucalyptus。它们能在短时间内解决问题，但是无法对资源使用效率、负载均衡等情况进行优化。目前运用到云资源调度问题中的理论方法有三类，一类主要是运用人工智能机器学习其中的各类启发式算法，一类是控制系统理论中的反馈回路方法，另一类则是运用经济学中的博弈论方法。

由于云资源调度问题往往被建模成一个 N 维的装箱问题（bin-packing），这是一个 NP 难题，复杂度高，尤其是在云计算这样大规模的环境下，要求可行解是一个很高难度的问题。因此，很多学者使用各种启发式算法来求解，如遗传算法（Genetic Algorithm）、蚁群算法（Ant Colony Optimization）、粒子群算法（Particle Swarm Optimization）等。遗传算法是通过模拟生物界的进化过程，经过复制、交叉、突变等步骤，通过概率的方法逐步淘汰劣势的解，不断搜寻最优解。蚁群算法是通过模拟蚂蚁寻找食物的过程来寻找最优的解决方案。粒子群算法最初是源于鸟类捕食的行为规律，通过随机解经过进化不断搜寻最优值找到全局解。

LAGA 算法就是基于遗传算法提出的一种解决大规模分布式系统，如网格计算、云计算中资源分配问题的方法。这是一种复杂的可靠性驱动声誉算法，通过任务失败率来定义声誉和资源可靠性。这个方法每一轮计算完成时间，并选择失败率最小的资源。多处理器异构系统中的 NGA 算法也是基于遗传算法，它主要是考虑应用程序的完成时间和通讯延迟时间。NGA 中的适应度函数有两个演变阶段，第一阶段是为了根据已有信息进行任务执行的调度，第二阶段是为了最小化执行时间。

这类方法的特点是对于每种算法，都需要大量参数来将资源问题建模成对应的特定模型；而参数的设定会直接影响这个算法的计算性能以及计算的结果，有些参数与云平台的特性相关，获取的难度很大。

控制理论中的反馈回路方法优点是可以保证系统的稳定性，当系统工作负载发生变化时，这些理论还可以模拟系统的短时行为，以及过渡期内事先预设好的系统配置调整。有些研究工作实现了由先行控制来决定服务器的激活状态、操作频率以及分配到物理机的虚拟单元。但是，这种方法把虚拟单元置放问题和资源容量分配问题分开考虑，并且没有考虑伸缩性问题。最近一些研究提出的分级控制的方法，即通过提供集群层面的控制架构来协调虚拟集群中多台物理设备的电源控制。上层控制器负责一个集群内部的资源分配和虚拟机迁移，内部控制器负责每个物理机的电源控制，但是每个集群应用程序和虚拟机的分配是需要指定的。

由于云平台中应用程序间的资源竞争交互行为与经济学中的自由竞争市场类似，因此很多经济学中的理论方法和策略也适用于解决云资源问题。博弈论是经济学中最常用的策略方法，它通过分析参与博弈的各个决策主体之间互相作用的关系，根据它们各自追求的利益，考虑它们的理性分析和决策，从而获得最优的解决方案。

已有很多相关工作是使用博弈论理论方法，来解决分布式并行计算环境下的资源调度问题。Xin Jin 等人将非合作博弈模型运用到云资源管理中，通过求解纳什均衡解，来获得云中多租户资源获取的最优方案。但该方法主要研究的是云中资源定价的问题。Carroll 等人提出一种基于博弈论的资源组合框架，在各提供商之间动态创建虚拟组织，通过最大化的整个组织收益来提高各提供商的收益情况。但是，每个提供商无法准确计算出各组织的利益，因此对有些信息无法做出正确决策。Guiyi Wei 等人考虑 QoS 约束的资源分配问题，他们使用博弈论来解决业务层并行计算任务的资源调度，这个博弈算法考虑了优化和公平两个因素。Mohammad 等人提出一种博弈方法来解决多提供商云环境的资源管理问题。他们证明了合作博弈比非合作博弈的分布式资源分配博弈模型，更适合于云联盟或者混合云环境。但是他们的算法关注的是固定数量的资源分配问题，没有将 QoS 因素加入考量。

（二）云资源调度的需求分析

云服务提供商通过网络，管理大量互相交互的服务器集群来提供按需资源供应。这些服务器可能在单个数据中心，也可能在多个处于不同物理地点的数据中心中。云的数据中心有大量的物理设备、存储设备以及网络设备，可以根据 CPU 和存储空间等计算能力的不同，实例化一系列不同类型的虚拟单元。这些虚拟单元可能是由 Hypervisor 虚拟化出来的虚拟机，例如 Amazon EC2 提供的不同实例类型，也可能是使用 LXC 虚拟化技术封装成的容器，例如 Docker 虚拟化出来的 Linux Container。服务提供商根据用户请求的实例类型和实例数量，给用户提供虚拟单元。这些虚拟单元对用户屏蔽了实现细节，提供与物理机类似的功能，完成不同用户数据和运行环境的隔离。

在设计云资源调度机制时需要考虑到一些因素，首先，调度机制必须充分考虑云环境下不同类型的虚拟单元创建参数，以及使用它们所需的价格，并能根据用户的需求管理虚拟单元的生命周期。其次，需要有标准的用户工作描述方式，并能体现工作中不同子任务之间的依赖关系。调度机制必须考虑到一个子任务的输出有可能是其他子任务的输入，否则无法正确判断在某个时间点一个任务是否可以开始执行，或是一个虚拟单元是否能被回收。最后，调度机制需能判断每个子任务需要被哪种类型的虚拟单元处理，需要多少数量。这些信息可能是作为工作描述由用户提供，也可能由调度器内部根据收集到的统计数据提供，并由一定的优化算法计算推导得出。

1. 云资源调度相关定义与描述

由于云平台的集群规模庞大，负载重，用户工作数量多、类型广，用户工作的提交频率高。对于云数据中心存放的大量资源，需要有强大的管理和调度机制来处理大数据带来的各种复杂问题。云提供商需要为数据中心的资源管理、可靠性以及安全性负责，而用户只需要为他们使用的资源付钱。用户的需求是，保障自身利益和公平性，最大化自己提交工作的完成性能，包括执行时间、花费成本等 QoS 指标，而云提供商则是要在保证用户 QoS 要求完成的前提之下，尽量减少自己的运营成本。在设计资源调度机制时，综合考虑了两方面的需求，来保证云计算环境市场中双方的利益。

在考虑资源调度的机制设计之前，需要对云计算环境中参与资源调度的对象，以及各对象对于调度的需求进行分析。在进行云计算资源调度问题需求分析时，需要考虑以下三点。

第一是云数据中心资源的建模。通过虚拟化技术，云提供商将数据中心的物理设备和资源抽象成资源池概念，资源池中收集所有可用的服务器和虚拟单元及其属性，记录可用资源的数量、网络属性等。因此需要提供一种统一的资源描述模型，屏蔽底层硬件细节，不需要关注具体服务器的存储设备和网络的配置，只关注资源属性。

第二是用户工作请求的描述。由于云计算的开放性，大量的用户向云提交工作请求，这些请求可能是完成某个应用程序的动态部署，或者进行大规模并行计算。不同用户提交的工作类型不同，不同工作中又包含一系列子任务，子任务对于资源的需求差异也很大。因此需要为用户的工作以及工作完成性能要求提供标准化的描述方式。

第三是资源调度优化目标分析。云提供商为用户提供运行工作所需要的基础设施资源，而用户以即付即用模式进行支付。从提供商和用户角度，他们各自有自己的利益追求。为了保证云计算环境的健康持续发展，在设计资源调度机制时，需要基于双方的利益考量。

1）云资源建模

云资源的建模是云资源管理和控制的基础，所有的资源调度优化算法都要依赖于统一的资源建模方式。网络和计算资源可以由资源描述框架或者网络描述语言来定义，但有一些不能直接应用到云环境中，因为云资源模型需要考虑虚拟资源、虚拟网络以及虚拟应用程序的描述。虚拟资源的描述需要考虑它的性能和功能，以及它的描述粒度。如何在分布式云环境中用一种通用的方式来描述资源的数量也是需要考虑的。资源描述得详细一些，可以增加灵活性，提高资源使用情况。但是如果太过详细，则会给资源选择和优化阶段增加复杂度和难度。

云计算中的资源是一个云系统中任何可用的物理或虚拟组件，系统内部的组件以及连接到这个系统的任何设备都是资源。云计算中的资源可以分为物理资源和逻辑资源两类。

（1）物理资源。典型的物理资源包括处理器、内存和外围设备。不同主机之间的物理资源差异很大，一台普通个人电脑一般只有 4 G 运存、500 G 内存、一个键盘和一个显示器，而一台大型机有大量并行处理器、TB 级的内存、海量存储、几百个显示器，以及一些其他专用设备。

不同类型的物理资源有不同的特性，CPU（中央处理单元）是表示一台主机的主要处理能力，云计算中关于 CPU 的最大难点是提高它的利用率。CPU 利用率可以表示成一台主机处理器资源的使用率，或者一个 CPU 处理的工作数量。云计算中 CPU 利用率随着它处理的任务数量和类型的不同而变化。一些任务需要长时间占用 CPU，而另一些可能很少需要甚至不需要。合适的 CPU 利用率可以为批处理、数据分析以及高性能计算尽可能地提供大量的计算能力。

由于云环境是动态变化的，动态内存分配需求将是云计算发展的一个趋势，而服务器内核数量的不断增长，以及虚拟化技术的大量应用，使得内存的需求也越来越大，云计算需要构建基于虚拟化技术的集群结构的内存资源。

　　云计算中的存储是指将数据保存到第三方的存储系统。信息可以保存在主机的硬盘设备或者其他本地存储设备上，也可以保存至远程数据库中，通过网络实现主机与数据库间的访问。云存储系统一般依赖于上百台数据服务器。为了避免偶然性机器故障，以及定时维护等问题，同样的信息需要在不同机器上做备份，以达到冗余。没有冗余，云存储系统无法实现用户随时访问他们的信息。一般同样的信息会存储在有不同电源供应的服务器上，这样可以防止由于电源中断带来的数据丢失。对于存储来说，最关键的两个因素是可靠性和安全性。可靠性是指用户可以随时随地正确地获取他们的信息，而安全性则是要保证用户的信息不会被其他人访问或窃取。

　　云计算系统中还包括大量的网络组件，如网关、网桥、路由等，这些设备的管理需要消耗大量成本，因此也需要自动化的管理方法。这些自动化的管理方法需要处理比现在系统规模高出好几个数量级的监控网络，从而实现将通信作为一种云计算的服务。

　　传感器和执行器是最新出现的可以通过互联网接入云中的设备，这种新型网络被称为物联网（Internet of Things）或者物理信息融合系统（CPS），传感器和执行器作为与物理世界交互的设备，可以利用云的高性能计算能力和可扩展存储能力，通过传感器感知物理世界的信息，经过云端的分析处理，再通过执行器对物理世界做出反应，为用户提供智能的服务。

　　（2）逻辑资源。逻辑资源是物理资源的抽象，用来完成应用程序的部署以及有效的通信。操作系统为用户提供了一个良好的接口环境，来管理云中的物理资源以及资源管理的机制。操作系统有文件管理、设备管理、性能管理、安全容错管理等功能，可以有效地提高可用资源的利用率。

　　网络带宽是指每秒钟通信链路或网络访问的最大数据吞吐量。一个典型的测量方式是将一个大文件从一个系统传输到另一系统，统计传输完成所需的时间。高吞吐量表示网络更高效，而带宽管理协议是用来判断最新到达的元素是否被接受，从而防止拥塞。带宽分配的核心问题是如何通过有效的服务完成网络链路容量的整合。

　　在每个云服务提供商的数据中心中，有大量不同规格的物理设备，向云用户提供各种计算或者存储资源，尤其是基础设施即服务。它提供大量的存储、服务器以及网络等物理设备构建的资源池，用户将他们的业务部署在这些物理资源上。为了完成不同用户的业务，需要各类型资源的协调运作。

　　数据中心的所有物理节点不可能具有相同的资源容量，虽然规格统一的情况在一个新的云环境搭建好时可能短暂存在，但不可能持续很长时间。随着时间的推移，云拥有者会不断购买新的硬件来维持不断增加的服务。尽管距离上次购买只有几个月，但技术有可能得到发展，新的节点可能拥有更好的时钟速率、更大的缓存或内存等。而在原有节点完成它的生命周期前云提供商者是不会将其淘汰掉的。因此，在进行资源描述时，云中所有节点的异构性是需要被关注的。

2）云用户工作描述

对于云资源调度中用户的需求分析，第一步是需要提供合理的建模方式来描述用户提交的工作。工作建模的目标是能够清楚地描述每个抽象的任务以及它们之间的关系，它需要包含如下一些参数。

（1）子任务的总量。用户需要指明他们的工作可以被分成多少并行或者顺序执行的子任务，这些子任务有可能处理的是相同的代码，但是针对的是不同的数据。

（2）子任务的实例类型。对于每种类型的子任务，根据资源的需求，会有某种类型的实例是最适合用来执行该任务，在满足子任务资源需求的前提下不造成太多的资源浪费。

（3）可以共享虚拟单元的子任务。一般不同工作的子任务都交由不同的虚拟单元来处理，防止任务之间的干扰。但有时由于数据通信等原因，一些子任务需要交由同个实例来处理，这些都可以在工作描述中指明。

云计算中有两种典型的用户工作：事务性应用程序和分析计算型应用程序。事务性的应用程序往往以 Web 应用程序方式部署到云环境中（如航空公司的机票预订），这种程序往往有大量的数据库读写操作。尽管数据库读写的整体数量可能很大，但每次读取可能只需要处理一小部分的记录（大部分公司把单次读取超过一千条记录认为是大量数据），每次写操作通常只需要插入一条或者几条记录。而分析计算型程序往往是为了从海量数据中推出规律来帮助决策。这些应用程序一般需要周期性地批量读写操作。每个查询操作可能涉及检索或者插入千万甚至上亿的记录。

2. 云资源调度优化需求

在云计算动态变化的海量程序运行环境中，如何兼顾云提供商和用户的利益，在有效地利用资源的同时保证满足 QoS 服务质量约束，是一个值得研究的重要课题。传统来说，资源调度问题可以简化到调度单个处理器上的线程问题。在大多数系统中，大部分时间都只有一个处理器以最快速度运行，内存也是时间复用的，但其他资源并没有如此明确的管理限制（如 I/O，网络带宽）。随着现代硬件的多样化，各种并行但异构的结构出现，并且系统可能同时运行着大量并行的实时程序，这种状况下资源调度问题就变得更为复杂。

1）云用户调度需求

云用户把云看成是无限的可用资源，但从云提供商角度来看并非如此，云计算对他们来说是一个商业模型。因此云提供商需要提供无限的资源，同时完成对底层平台在线的持续优化并满足服务质量要求，服务质量的目的是保证系统能提供预期的结果。

用户对他们提交的应用任务的完成情况需求可以用服务质量（QoS）来描述。QoS 最初是网络中的一个概念，后用来衡量 Web 服务提供商所提供的服务质量的标准。对于网络传输，QoS 一般包括网络带宽、延迟、丢包率等，而对于 Web 服务，QoS 一般衡量一些非功能性属性，如可用性、可靠性、安全性、完整性等。对于云计算环境，不同云服务提供商提供的不仅是传统的 Web 服务，有可能是一系列其他提供商服务的组合，或者是平台甚至是基础设施，因此，QoS 模型的考虑更为复杂。根据现有的一些研究工作，考虑云环境下的几个 QoS 指标。

（1）响应时间（Response Time）：表示用户从提交任务请求到整个任务完成的时间间隔。用户一般都希望能在尽可能短的时间内完成任务，尤其是一些实时的应用。

（2）费用（Cost）：云计算的资源都是以即付即用模式提供给用户使用，因此，完成一次任务所需的开销也是用户需要考虑的因素。

（3）可靠性（Reliability）：可靠性是指机器或者系统能够始终如一地按照预期完成它们功能或者任务的能力，没有退化或者故障。网络中的可靠性一般指能完成端到端功能，或者能经历系统故障或攻击同时不受影响的用户的使用。在云环境中，如果用户数量增加不会带来系统功能的混乱，那么这也是衡量系统可靠性的标准之一。

（4）可用性（Availability）：是指成功完成的服务次数，与云用户提交的服务总次数之间的比值情况。

（5）可信度（Reputation）：可信度是用来衡量某个服务的信誉等级，它可以是综合服务提供商提供的客观信息和历史用户的主观评价的结果。

用户的 QoS 需求与云资源之间有多样的映射关系。因此，如何合理地分配资源，才能提供高质量的服务，是云资源调度的目标之一。

2）云提供商调度需求

云提供商将数据中心资源建模成资源池，再将资源池中的资源重新配置整合，通过网络按需提供给多用户使用。云计算将资源作为一种服务以即用即付的新型商业模式提供给消费者，而用户在云上部署和运行他们的应用程序，不需要创建和维护自己的数据中心。

云计算中的成员主要有两类，云提供商和云用户（也称云消费者），云提供商又可以分为 IaaS 提供商、SaaS 提供商和 PaaS 提供商。SaaS 提供商提供的是具体的应用，如 Web 文档管理，他们的收益来自从客户处收取的利润与使用基础设施或者软件平台产生的费用之间的差额。PaaS 提供商提供的是比 sari 更进一步的产品，提供平台给用户来部署和运行自己的应用程序，如谷歌 AppEngine。当一个云消费者请求一个三层结构的 SaaS 服务时，为了满足用户的需求，云资源调度优化问题可以转化为四个子问题，即 IaaS 提供商、SaaS 提供商、PaaS 提供商和云用户的调度优化。云用户的目标是获取最优质量的服务，每一层提供商的目标则是获取最大化的利益，同时最大限度地发挥云计算系统的资源价值和利用率。

SaaS 提供商的优化目标是在服务完成期限前完成用户请求，最大化用户的满意程度，同时减少自己的开销。PaaS 的收益是赚取提供云平台服务的收入和使用基础设施的成本之间的开销。IaaS 可以通过优化自身虚拟单元的资源配置和置放问题来最大化自己的收益。

SaaS 提供商的目的是通过处理用户请求来尽可能多地获取利润，而花费则是使用云平台的费用以及未完成用户请求的罚款。PaaS 平台的目的是最大化执行 SaaS 应用程序获得的收益，减少使用物理资源的开销。无论是 SaaS 提供商还是 PaaS 提供商，他们的服务都依赖于 IaaS 提供的基础设施。因此，在考虑云计算资源调度问题时，IaaS 层的优化问题是基础。在研究云资源调度问题时，主要考虑的是 IaaS 层的虚拟单元与物理资源映射问题。

云计算的提供商按需为云用户提供灵活可靠又成本低的服务，尤其是 IaaS 云提供商，提供的是云数据中心的基础设施。云数据中心使用虚拟化技术，在同一台物理机上运行多个虚拟单元（虚拟机或者容器），IaaS 提供商将这些虚拟单元作为资源的基本单位提供给用户，用户为这些资源进行支付，而提供商可以通过灵活调整虚拟单元在物理机上置放的方案，优化资源调度，保证完成用户的需求。

绿色云计算概念的提出，使提高数据中心资源利用率成为云提供商关注的核心。虚拟化技术使一台多核物理机器上同时运行多个应用程序，目前市场中已经可见内核数量达 100 的物理机，并且这个数量还在持续增加。基于 Hypervisor 的虚拟化技术使用 KVM、Xen、VMware 等工具创建虚拟机，基于容器的虚拟化技术使用 Docker 来创建容器，无论是虚拟机还是容器，这些虚拟单元都能运行在物理机上，实现资源的隔离。对于 CPU 来说，很多虚拟化工具都提供了机制来实现同一台物理机上不同虚拟节点之间的带权值公平共享，并且可以通过设置上限来决定一个虚拟单元能占用的最大 CPU 数量，称为带上限模式。同样的，对于内存，可以设置一个最大内存权值，虚拟单元在创建时有一个初始内存，之后可以扩展到这个最大内存权值。因此在进行资源调度时，一般对于用户提交工作中的子任务，分析它对于每种类型资源的最大需求，给其创建对应类型的虚拟单元，来完成任务的运行。

由于物理机和虚拟单元之间不同的映射关系可以造成数据中心资源使用率的不同，有研究发现，很多数据中心由于要应对工作负载的峰值而启动过多物理节点，从而造成资源使用率的严重过低。因此对于云提供商来说，在设计资源调度算法时，考虑的是如何把不同用户请求的虚拟单元置放到合适的物理服务器上，使数据中心物理机上资源利用率提高，从而减少运行的物理机数量。这样不仅降低了硬件维护成本，也减少了电源的消耗，从而大大减少运营成本。

3）资源调度的约束条件

云环境中运行的各种用户工作，无论是部署的应用程序，还是计算工作，都需要各类型的资源，如 CPU、内存、磁盘存储等。以应用程序为例，内存往往是影响一台物理机上可运行应用程序多少的关键因素，这种称为瓶颈资源。我们无法在同一台物理机上运行大量有着相同瓶颈资源的应用。尽管云计算提供的是无限量的可用资源，但是，数据中心每台物理节点的资源总量是有限的。因此，在进行资源调度时，首要考虑的约束条件是数据中心运行的成千上万台异构的物理节点，每台物理节点的可用资源总量受到限制。

当大量用户同时发送工作请求，造成云环境工作负载的高峰时，用户工作需要的虚拟单元在物理节点上置放方案的不同，会影响可用计算资源的总量，从而可能会造成用户工作完成性能的不同。因此 QoS 成为资源调度需要考虑的另一个约束条件。在考虑基于 QoS 参数的资源调度约束条件时，主要考虑的是响应时间约束和成本约束。

对于云服务使用者来说，时间是影响服务选择的重要因素，尤其是对一些实时型服务，违反 QoS 约束带来的可能是服务的故障，以及客户的流失，这些不是违约罚金所能弥补的。因此为了保障云资源用户的利益，在进行资源调度时，需要考虑时间这一约束条件。

作为一种商业模式，费用当然是用户关注的一个主要因素。对于一些中小型企业或者个人来说，选择云环境来完成自己的工作，主要基于的考虑是自身资金有限，无法搭建用户工作所需要的基础设施环境，而目前业界已成规模的基础设施提供商众多，用户在进行选择时会将费用作为一个主要考量因素。因此为了保证云提供商的顾客群，在进行资源调度时，需要考虑用户费用这一约束条件。

3. 云资源调度方法设计

1）云资源调度流程

对于云提供商来说，有两种典型的动态管理云资源的方法：纵向扩展和横向扩展。所谓纵向扩展，是指假设一个用户的应用系统部署在单台虚拟实例上，当工作负载增加时，将这台实例升级到更强大的类型。而横向扩展是指，一个用户的应用系统部署在一个相同类型虚拟实例的集群上，当工作负载增加时，可以通过增加集群虚拟实例的数量来缓解压力。在实际应用中，后者的使用更为广泛。

云数据中心是由计算、通信、存储资源集聚在一起形成的一种大规模复杂的异构并且动态的结构。如何将数据中心集中的资源根据不同的约束条件和各云计算角色的利益竞争关系，分配到对应的用户执行任务上，这是资源调度需要解决的问题。云资源调度中心的目的就是完成从用户提交工作请求，到给用户需要执行的任务分配对应的物理资源这一过程。为了实现这一功能，云提供商设计了云资源调度中心，包括以下主要组件。

（1）用户交互组件。用户交互组件除了完成用户的身份验证以及计费功能外，最主要的功能是对用户请求的虚拟单元类型、数量以及 QoS 参数进行分析判断。对于用户提交到云中的工作，首先分析其中各子任务的资源请求以及依赖关系，将其对应到合理的虚拟单元类型上，并划分成不同的处理阶段。其次需要分析监控中心收集到的数据，判断用户请求是否能在 QoS 约束水平内完成。

（2）注册中心。注册中心的主要功能是负责云数据中心集群的管理，注册中心记录集群中所有物理资源的信息，包括主机名、IP 地址、MAC 地址、网络信息等，当有新的物理机加入或者离开数据中心时，需要修改数据库中记录的信息。

注册中心记录了云数据中心所有物理资源的有用信息，包括数据中心集群的数量和分布，对于每个集群，记录了其中物理机器的数量、集群的状态、网络信息。集群中的每台物理机，又记录了它们的名称、位置、状态、操作系统、IP 地址、端口、资源总量、网络带宽、计算能力等，还记录了物理机上创建的虚拟单元信息。

（3）监控组件。云资源监控模块是负责收集整个云数据中心的计算、存储、网络等资源的使用情况，以及用户提交的工作负载情况，包括请求提交速率、类型、规格等。监控中心负责收集的性能参数有各类型资源利用率（CPU、内存、存储空间等）、响应时间、网络流量等。

云资源监控模块的监控有两种实现方式：主动式和被动式。主动式是指当监控中心需要信息时，会主动向各子节点发送消息请求各节点的状态，被动式是由被监控的子节点周期性向监控中心节点发送自身的数据信息。

云资源监控模块监控的子节点有物理机、虚拟单元、整个集群等，物理机上的监控器是负责物理机的状态（启动/休眠/关闭）、基本信息、计算能力、资源总量、资源使用情况等。虚拟单元上的监控器则负责监控虚拟单元的状态（启动/空闲）、虚拟单元类型、资源使用情况等。整个集群状态包括网络信息、工作请求到达速率、工作完成参数等。

（4）决策中心。决策中心每隔一段时间会进行一次资源决策，称为决策时刻。决策时刻决策中心会接收监控中心监控的各项数据，分析数据中心各物理机与虚拟单元的工作负载和资源使用情况，从而根据合理的资源调度算法得到优化的资源供应或调度方案，使系统工作性能达到最佳。

该模块是云资源管理系统的核心模块，根据不同的优化目标，调用对用的资源调度算法，对云数据中心所有的可用资源进行集中式的管理和调配，以预期的目标为驱动，将所有可用资源以虚拟单元分配到各用户的工作及其子任务之中。

（5）基础设施管理器。该模块是负责系统基础架构中实际的调整操作，对云数据中心的集群、物理资源、虚拟资源以及虚拟镜像进行管理，包括物理机的启动关闭、虚拟单元的创建删除、配置信息的修改等。

当该模块接收到决策中心发出的资源调度方案时，将会使用云环境中的虚拟化技术，在对应的物理设备上进行虚拟单元的创建、注销或者迁移。然后将对应的用户任务匹配到该资源上，由其负责具体的任务执行工作。

为了根据用户的需求，将数据中心集中管理的资源合理分配给对应的需要被执行的任务，步骤如下。

步骤 1：首先由用户通过门户网站或者调用 API 向云系统提交工作请求，此时用户管理中心需要先验证用户的身份。

步骤 2：通过验证的用户可以向云端申请资源，用户请求分析模块接收请求，将用户工作中各子任务划分处理阶段，并分析资源请求相关参数，根据系统中可用资源总量进行判断，是否可以完成用户请求。

步骤 3：若接收该请求，请求会被转交到决策中心进行处理。决策中心首先会从监控中心获取当前数据中心各物理节点和虚拟节点资源使用状态，以及注册中心各物理节点信息以及网络信息等。

步骤 4：根据用户提交的工作类型和资源需求，决策中心选择合适的资源调度算法进行计算，求得优化的调度方案。

步骤 5：该方案发送到基础设施管理组件，由其负责具体的虚拟单元管理操作，并将用户请求中的各项子任务分发到对应合理的物理资源上。

当有新的物理节点加入云数据中心时，需要首先向数据中心注册，注册消息中包含物理机的基本信息。注册中心接收消息后会给该物理节点分配一个唯一标识，返回该标识表示注册成功，该物理节点加入云系统。同时注册中心会向监控中心发送消息，通知该中心与新的物理节点建立通信，监控该节点的资源使用情况。当有物理机因老化、损坏等原因永久离开云数据中心时，需要给注册中心发送消息，通知其删除相关信息。

2）云资源调度方法设计难点

云计算的虚拟化技术通过从物理设备中抽象计算、网络和存储服务来实现资源的供应。作为数据中心架构的核心，虚拟化基础设施的主要作用是提供基础设施作为一种服务，将传统数据中心向云计算迁移。数据中心已经从昂贵的、固定的、基于大型机架的结构，向基于商用硬件的，并且开发者可以动态塑造分区的灵活分布式结构演变，这种结构可以根据业务流程和服务负载的不同动态调整。对于虚拟化的基础设施来说，从安全、高效和可扩展性角度进行的优化操作是必不可少的。

虚拟架构管理器管理物理和虚拟基础架构，控制服务供应和部署，并提供云端虚拟资源的访问和部署功能。基础设施通过合理的服务器整合，从而带来服务器利用率的提高和能耗成本的减少。合理的资源调度策略可以通过服务器的整合来减少硬件和能源的占用，可以及时调整物理设备的规模，可以在物理资源中进行负载均衡的控制来提供效率和利用率，可以复制物理机来支持容错，可以动态对物理设备进行分区来执行和隔离不同服务。

基于上述的资源调度流程，为了完成用户提交工作与云数据中心物理资源的对应关系，云环境中的资源调度又可被划分成不同的子问题，如物理资源和虚拟资源的建模、所需资源预测、虚拟单元置放、用户任务与虚拟单元映射等。

（1）资源的建模。云资源的建模是云资源调度的第一步，需要用一种通用的方式来描述云资源的类型及数量，主要难点在于描述粒度的选择。描述粒度越细，选择的灵活度越大，但同时也会给资源选择和优化阶段增加复杂度和难度。

（2）所需资源预测。是指根据用户提交的工作请求，分析用户的服务质量约束，通过思考和计算估计在满足用户的执行时间和成本花费约束的前提下，实际需要创建多少虚拟单元才能满足用户的资源需求。

（3）虚拟单元置放。选择合适的物理机来完成虚拟单元的创建。这个问题的难点在于，首先，如何将逻辑节点映射到最合适的物理节点上，找到最佳的物理资源分配方案来满足逻辑网络的需求，同时满足物理资源总量的约束；其次，设计能快速找到最佳映射的算法，保证所有任务能在截止时间前完成，并且降低映射完成所需的花费；再次，需要根据映射的资源参数（处理器、内存、网络、硬盘占用数量等）建立模型来对数据中心资源使用比例进行评估；最后，需要同时考虑不同用户之间资源分配数量的平衡性问题。

（4）用户任务与虚拟单元映射。将用户提交的工作中大量的子任务对应到具体的虚拟单元上来完成执行。

云计算这种新型商业模式目前已越来越流行。云提供商们通过虚拟化技术将计算存储资源以虚拟单元的方式提供给用户，并为这些虚拟单元制定标准化的配置参数。因此需要合理的资源调度方法来完成用户动态变化的资源需求的按需供应，并且能在满足 QoS 满意程度前提下，考虑多用户之间的分配公平性，同时最小化提供商的运营成本。合理的资源调度方法的设计，是影响潜在提供商或者客户选择向云端迁移的关键。

由于云计算中海量数据的大规模并行计算，给云计算中的资源调度方法的设计问题带来了很多新的挑战。

第一，由于云计算中有大量用户同时发送资源请求，资源的调度策略需要考虑实时的资源使用情况和异构的资源请求数量。这就需要对云数据中心的基础设施进行监控，而云环境中的资源类型复杂且规模庞大，不仅给监控工作带来非常大的难度，也给资源使用现状的分析处理带来了困难。

第二，云计算中的资源是多种类型的，数据中心的资源如 CPU、内存、硬盘、网络等都以虚拟化的方式提供给用户。用户完成任务需要多类型资源的支持，而对不同类型资源的需求量又各不相同，这就给资源的调度带来困难。不合理的调度策略可能带来系统性能的瓶颈，还有可能造成可用资源的大量浪费，这些都是需要解决的问题。

第三，由于云平台上的计算任务成千上万，要完成云计算的资源调度既要求调度策略能在短时间内产生结果，又需要这个结果是优化的。这就需要调度算法在有效性和复杂度二者间找到一个侧重点，又或者通过某种算法在速度和优化程度中寻求平衡。

第四，资源调度需要考虑的是资源的粒度问题。目前主流的云计算平台大多使用虚拟机作为资源供应的基本单元，现有的大部分资源管理工作也是在虚拟机级别上，提出一些调度策略和调度技术，来为以虚拟机为单元的资源调度问题提出解决方案。但近些年，一些更为轻量级的虚拟化技术的提出，可以将资源调度问题的粒度级带入更为灵活和细化的一级。

（三）云资源调度的博弈论模型

1. 云资源调度博弈的建模

1）云资源调度博弈的动机

虚拟化技术是云计算的核心技术之一，各种虚拟化工具（VMware、Ken 等）将云平台上的计算和存储资源进行抽象和重新整合，以高效的方式映射到虚拟层，以虚拟单元的形式（虚拟机、容器等），来完成用户提交的任务，云系统四层架构如图 3-1 所示。这种方式隐藏了物理层的差异，同时提供了标准化的资源访问接口。为了完成虚拟化技术对云平台资源的统一管理，数据中心的物理设备上需要安装有控制器，监控所有物理主机的资源使用情况，上传至中央式的管理中心，由管理中心统一负责虚拟单元的创建、迁移、删除等操作。云系统的资源管理和调度问题实际上是满足部署在云环境上所有应用的需求，而这个任务和物理资源之间的优化分配问题，也因此转换成物理资源到虚拟单元的映射问题和任务与虚拟单元的匹配问题。

由于云基础设施同时为多用户提供资源，导致隶属不同用户的应用程序可能部署在同一台物理机上。因此云中的资源调度需要决定哪些应用程序可以被部署到同一台物理机上，从而达到资源最高效的使用。一般部署到云中的应用程序生命周期包括四个部分。首先是初始化阶段，应用程序拥有者把程序需要的虚拟资源请求发送到云中，其次是资源供应阶段，云平台根据一定的资源分配算法得到优化的分配方案，并提供实际的资源给应用程序。在运行阶段，应用程序使用这些资源，并在某些时刻需要进行资源的优化调整。最终，当应用程序执行完，所分配的资源被释放，重新成为可分配资源。

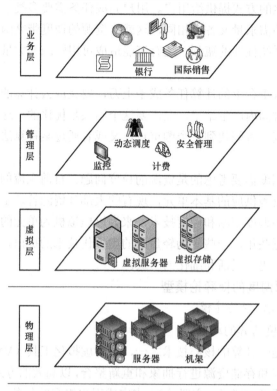

图 3 – 1　云系统四层架构

在应用程序的运行过程中，可能发生的一些优化调整方式有：

（1）当一台物理机超载时，需要迁移一部分虚拟单元到别的物理机上，以满足 QoS 需求；

（2）当一台物理机上负载过低时，可以将这台机器上的虚拟单元迁移到别的物理机上，然后将这台主机调至休眠状态；

（3）需要迁移的虚拟单元，与待创建的新虚拟单元一起进入下一轮的资源调度中。

因此，资源调度问题最终都会转换成为虚拟单元与物理资源的映射问题。因此，主要关注的就是如何获得最优的映射方案。云环境下有众多不同类型的资源，用户只关心那些能满足他们需求的前提下价格最低的资源。云提供商的目标是最大化自身的利益并且保证资源得到有效利用，而用户们都是以自身利益为主导的。虽然提供商希望获得更高的收益，但为了长期保持客户关系，不会向他们收取不合理的高费用。这是基于云计算是一个多提供商的竞争市场考虑的，用户可以自由选择提供商。用户根据资源实际占用时间进行支付，费用与资源数量和资源使用时间成正比。无论是云提供商还是用户，当有利益驱动时就存在竞争，有竞争就有相互的制衡。博弈论正是一种可以用数学方式来分析和刻画这种竞争关系的理论，并且提供规则制定的方法，使结果可以向期望的方向运行。出于这样的考虑，引入博弈论的理论方法，针对不同云计算场景，可以定制不同优化目标的资源调度策略。

2）资源调度博弈的生成

在一个基本的云计算环境中，主要的两个角色分别是云资源的提供者（云提供商）和云资源的使用者（云用户）。研究工作主要考虑的是基础设施云中的优化资源调度。云提供商负责提供完成用户请求的各项计算存储资源，用户使用提供商提供的资源完成应用程序的部署或者计算工作，并按实际使用进行支付。云资源调度中心是提供商和用户之间沟通的桥梁，负责资源的配置管理和优化分配。在云计算中，数据中心庞大集群的物理资源都是以虚拟化的方式虚拟成资源池，再以不同规格的虚拟单元提供给众多用户使用。

如果同时考虑用户任务的完成时间、成本等 QoS 指标，则问题更为复杂，因此需要有合理的优化模型和方法来得到更为适合的资源分配方案。将博弈理论引入云资源调度问题中，通过合理设计收益函数，运用博弈中的分析建模方法，以达到不同的优化目标。

博弈模型建立的基本假设是每个博弈参与者都是理性的，并且追求自身利益的最大化，每个参与者需要考虑自身的知识信息和其他参与者的行为预期。从博弈类型来说，云资源调度博弈模型一般可以分为三类。

一是非合作博弈，每个参与者都独立于其他参与者选择自己的行动。这种博弈的前提是参与者在一个大规模的环境中，每个用户独立提交自己的任务，如果合作则很难完成。因为资源拥有者基于自私的考虑方式希望最大化自己的利益。

二是合作博弈，在采取行动前，博弈中的所有参与者可以结成联盟形式。这种模型使整个集群的调度工作可以全局化。

三是半合作博弈，指每个参与者可以选择与一位参与者合作，这种博弈往往出现在多轮竞拍中，用来进行任务的重新分配。

资源调度博弈模型的处理流程为，首先分析该请求中子任务的 QoS 约束，以及根据用户工作的 DAG 模型分析各子任务之间的关联。其次判断系统中总的可用资源是否满足用户的需求，若不满足，直接拒绝该请求；若可满足，向用户发送一个接收请求的确认消息，进入下一步。再次，建立博弈模型，并选用适合的资源调度算法求解最优的资源分配方案，根据用户的需求将虚拟单元映射到合理的物理设备上。最后，根据求得的最优方案完成虚拟单元创建过程，并由虚拟单元执行用户的任务请求。

接下来，给出构成资源调度博弈模型的主要四个构成元素：博弈参与者、策略空间、收益函数、博弈结果，即博弈的均衡策略。对于不同云环境下的资源博弈模型中博弈参与者和策略空间的选取各不相同，基于不同优化目标，收益函数的设计也各不相同。根据博弈参与者的不同，云资源博弈模型可以分为两类：从云用户角度出发，以用户为博弈参与者的云用户资源调度博弈模型；从云提供商角度出发，以云数据中心可用物理机为博弈参与者的云提供商资源调度博弈模型。

2. 云用户资源调度博弈的构成元素

在云计算这种大规模分布式环境下，资源调度中心需要决策如何分配资源来获取最大利益，而 QoS 正是用来进行约束的指标。这些制约因素可以帮助在多参与者系统中设计出更为合理和有效的分配机制。例如，当用户希望通过搜索引擎来获取一个城市中的酒店信息时，这同时需要调用网页搜索、地图搜索以及语义计算服务。云端需要协调这些服务保障和子任务都能在截止时间前完成，因此提供商需要分配给这些任务合适数量和类型的资源。

云系统将物理资源虚拟化成虚拟单元，作为运行程序的载体。用户作业中包含大量子任务，每个子任务对应一种最佳的虚拟单元类型，这些待创建的虚拟单元可以被创建在任意一台有足够可用资源的物理机器上，但不同的创建方案会影响用户获得的服务质量。

一个完整的资源调度博弈模型有四个主要构成元素：博弈参与者、策略空间、收益函数以及博弈结果。云用户资源的博弈参与者是提交资源请求的所有云用户；而策略空间，就是每个用户可能被分配到的资源数量；收益函数的设计是资源调度博弈的关键，出于不同优化目标考虑设计的收益函数不同，直接影响博弈的结果。

对于某些实时服务或在线服务，降低任务响应时间可以大大减少端对端的延迟，提高用户体验，也就意味着有更高的竞争能力和更好的性能，从而吸引更多的用户。如在线游戏、响应时间是玩家选择的关键因素之一，若用户指令没有被及时响应，没有耐心的玩家则会选择其他商家的服务，这会导致服务提供商的收入损失。对于此类服务的资源分配问题可以建模成为响应时间最小化问题，表示在满足资源约束和成本约束前提下，通过优化资源分配方案来最小化响应时间。

3. 云提供商资源调度博弈模型

1）云提供商资源调度博弈的构成元素

为了完成这些用户请求，需要使用云环境下的多维资源，如 CPU、内存、硬盘、网络带宽、I/O 等。以电子商务应用程序为例，主要使用 CPU 和内存资源，对于这些应用来说，制约一台物理机可以同时运行多少程序的主要决定因素是内存，称为瓶颈资源。云提供商关注的资源调度问题可以模拟成待创建虚拟单元与物理机的类装箱问题，每台有可用资源的物理机器是箱子，每个运载应用程序的虚拟单元为装箱的物品。箱的总容量是可用资源总量，每个箱子的容量规模各不相同。物品容量对应虚拟单元的资源规模。

2）云提供商资源调度博弈的标准化描述

对于提供商来说，如何最合理有效地利用数据中心的资源，在满足用户 QoS 要求的前提下，提高资源的使用效率，减少资源浪费，从而获得更高的商业利润，是其关注的最主要因素。

（四）单个数据中心虚拟机层资源调度方法

1. 基于 Hypervisor 虚拟化的资源调度问题

1）虚拟机层资源调度问题

目前主流的虚拟化技术是依赖于 Hypervisor 在软件和硬件之间抽象出一个虚拟层，屏蔽底层硬件的复杂性和动态性，为应用程序提供单独隔离的运行环境，提供底层资源的共享，提高系统软硬件的效率。通过虚拟化，可以将一台物理机抽象成多台逻辑虚拟机。虚拟化技术可以分为不同层次：CPU 级虚拟化、硬件虚拟化以及操作系统层虚拟化。虚拟化技术给企业带来一些优势，首先，虚拟化使企业资源得到更有效的使用，尤其是对于云基础设施层。用户只需对实际使用的资源进行支付，因此他们只需选择最满足自身需求的虚拟机类型，减少服务运行的开销。其次，对于应用程序的快速部署和负载均衡，虚拟化可以更轻松地实现。最典型的例子就是对于电商企业来说，如果恰逢大促销，工作负载会在短时间内迅速到达峰值，因此需要在内部应用部署时考虑对应的解决方案，要求云提供商可以迅速提供大量虚拟机来满足突然增加的负载。当促销活动结束后，负载恢复到正常水平，多余的虚拟设备可以被回收。

2006 年亚马逊开始推广第一个弹性计算云 Amazon EC2，以 0.10 美元每小时供应虚拟机，提供了简单和网页界面以及面向开发者的 API，Amazon EC2 为推广普及基础设施（服务模式）做出了很大贡献。

随着时间的推移，一个由供应商、使用者和相关技术组合成的基础设施云生态系统已经形成。越来越多的基础设施供应商出现，越来越多的企业也在使用这种模式。一些供应商如 Elastra 和 RightScale 公司，专注于在基础设施云上部署和管理服务，包括 Web 服务和数据库服务，让其用户可以直接提供服务，而不用自己搭建基础设施。另有一些提供商提供能与基础设施云协调工作的产品，使用户可以在云中动态的创建软件运行所需要的环境。

云资源调度的工作目标，是要实现用户提交工作请求与云数据中心可用物理资源的对应，使用户的性能和提供商的收益都得到保证，Hypervisor 虚拟化技术中的资源调度基本单位是虚拟机。第二章中介绍了资源调度的四个子任务，即物理资源和虚拟资源的建模、所需资源预测、虚拟单元置放、用户任务与虚拟单元映射。但主要考虑的是虚拟单元置放问题，问题的描述是假设云数据中心在某个调度决策时刻接收到多个用户的工作请求，并且经过分析得到每个用户需要创建的虚拟机类型，以及该类型虚拟机需要创建的数量。目前需要解决的问题是，如何从数据中心正常运行的物理机器中选取合适的来完成虚拟机的创建。

在求解物理机与虚拟机映射关系时，基于以下两点优化目标考虑：

（1）从云提供商角度要尽量减少云数据中心物理节点上资源碎片的产生，维持单台物理机上各维度资源的负载均衡，从而提高数据中心资源使用效率，降低云数据中心正常运行和维护的成本；

（2）从云用户角度需要保证每个用户被分配到的资源数量相对公平，不存在某一用户占据明显优势资源。

2）虚拟机资源调度模型

在虚拟机层资源调度问题中，考虑两个主要优化目标：有效性和公平性。有效性是指在满足用户 QoS 约束前提下，减少云数据中心资源浪费，提高资源利用率。公平性是指要保证云中各用户之间可以分配到相对公平的资源数量。资源调度的目标是在给定云中所有可用物理机资源状态和资源请求矩阵的情况下，求解出虚拟机和物理机之间最为合理的映射关系。

2. 虚拟机层的资源调度算法设计

1）资源利用率优化

由于云数据中心物理设备的庞大规模，加上设备技术日趋先进，更新换代速度加快，因此，数据中心的异构性是造成动态资源弹性供应的难点，也使云数据中心出现高能耗、低效率的问题。大部分数据中心往往运行着大量的服务器，但服务器上的平均资源利用率较低，大部分资源处于闲置状态。有数据显示，IBM数据中心和谷歌集群的平均资源使用率常年低于 50%，国内一些云数据中心的资源使用率经常低至 10%左右。

数据中心物理设备的异构性，加上庞大用户群体资源请求的差异性，在调度过程中，必定会有一些物理资源无法被完全使用，造成资源浪费。因此，云提供商关注的首要目标是如何提高资源使用效率，减少资源浪费，从而降低运营成本。

在多类型资源分配问题中，资源利用率的优化更为复杂，需要考虑每种类型的资源消耗。因此使用两种方法来提高资源利用率，首先使用最小值最大化方法，顾名思义，就是最大化每台物理机上被使用比例最小的资源类型的利用率，从而保证多台物理节点之间资源使用比例的平衡性。其次是对于单台物理节点，减少各类型资源使用比例的不均衡情况，达到各维度资源的负载均衡。

（1）最大最小值方法。最小值最大化方法的核心思想是考虑多类型资源中资源消耗的瓶颈。对于数据中心的庞大物理机集群，可能出现很多物理机上分散承载了零星虚拟机，这些物理机上闲置了大量资源，但因为有虚拟机运行而必须维持正常工作状态，从而消耗能源，增加维护成本。单台物理机上最佳的运行状态应尽量使各类型资源使用率都达到最佳工作负载的比值。因此在选取物理机时，在阈值范围内，应该尽量最大化每台物理机上的资源利用率。考虑多类型资源情况，在调度过程中，应该选取使单台物理机上利用率最小的资源对应的利用率值最大化。

（2）负载均衡方法。在某台物理机上进行虚拟机创建时，由于物理机和虚拟机类型都是异构的，因此，单台物理机上各类型资源之间占用的比例差异性大。当某类资源的占用比例达到阈值时，物理机上已没有能力创建新的虚拟机，此时占用比例小的资源极容易出现资源的浪费，也称为资源碎片。

为了减少资源碎片的产生，需要尽可能地减少单台物理机上各类型资源占用比例的差异性，使它们在各资源维度上趋近平衡。

偏度可用来衡量物理机上各类型资源占用比例的不均衡性。偏度越小，越能减少剩余资源碎片的产生，提高资源利用率。

2）多租户公平分配

对于多类型资源分配问题，公平性的衡量也更为复杂一些。对于单个类型的资源，公平分配只需保证每个用户各被分配到相同数量的资源。而在多类型资源环境下，由于用户对于每种类型资源的需求差异性很大，因此分配时需要平衡每种资源请求占总量的比例情况。

因此，使用一种由 Ghodsi 等人在 2011 年提出来的主导资源公平机制 DRF（Dominant Resource Fairness）方法为理论基础，对多类型资源分配问题中的公平性进行衡量。DRF 公平分配的核心思想是把每个用户资源请求中，占资源总量最多的资源定义为用户的主导分配资源，把分配给某个用户的各类型资源中，占系统总资源数量比例最大的值称为主导分配比例（Dominant Share）。并把公平分配的目标设定为尽可能平衡所有用户的主导分配比例。

（五）单个数据中心容器层资源调度方法

1. 基于容器虚拟化的资源调度问题

计算机中的虚拟化是指将计算机中真实存在的物理硬件资源，以逻辑视图方式进行重新整合划分，从而隐藏底层差异、优化资源的管理。实现这种方式的技术，称为虚拟化技术。在物理机器上运用虚拟化技术，不仅能提高系统可靠性、有效性以及可扩展性，还可以提供虚拟计算服务，如计算能力、存储以及网络等。目前大部分云提供商使用的虚拟化技术是通过 Hypervisor 实现物理资源与虚拟资源之间的映射，通过对物理机的抽象，完成虚拟机的创建。这种模式下，虚拟化的基本单元是虚拟机，每个虚拟机安装有完整的操作系统，可以通过虚拟化工具把虚拟机中的操作指令转换到物理资源上。以虚拟机为单位的虚拟架构已经被广泛应用于云计算的弹性资源供应中，但基于虚拟机的云资源管理缺乏灵活性和有效性。

首先，虚拟机一般需要启动一个宿主操作系统来运行应用程序，提供的是基于操作系统的虚拟化。而虚拟机迁移是资源管理中最常见的操作之一，在虚拟机迁移的过程中，尤其是跨网络的迁移，会同时迁移如驱动硬件网络配置等大量不必要的信息。

其次，虚拟机的操作系统往往占据大量 CPU 和内存资源，带来额外的开销，同时启动操作系统也需要占据较长的等待时间。

Hypervisor 虚拟化已经不是云提供商的唯一选择，基于容器的虚拟化技术（Container-based Virtualization）作为基于 Hypervisor 虚拟化的一种替代技术，已在云计算技术的发展中大放异彩。

1）基于容器的虚拟化定义

容器（container）是一种轻量级的虚拟化单位，与虚拟机的硬件抽象不同，容器虚拟化是进程级的隔离。以容器作为虚拟化的基本单元，可以将资源和运行环境分离，底层运行一个操作系统，而上层多个容器可以共享这个操作系统。

基于容器的虚拟化是一种轻量级的虚拟化技术，它使用宿主机的内核系统，不需要模拟硬件，不需要提供某种机制来将容器的指令转换到物理资源，只需要将存放在每个容器中的宿主隔离开来，对进程和资源进行隔离，实现多个容器共享宿主机的资源。容器模板用来控制需要提供的操作系统类型。基于容器的虚拟化，关键技术是系统内核如何实现容器的隔离，并且将主机的物理资源合理分配给每个容器中的宿主。"合理"在这里的定义是指每个容器根据自身装载的任务所对应的资源请求状况，接收到最佳的资源分配数量。

以下是基于容器的虚拟化对不同硬件资源的管理情况。

（1）CPU：容器虚拟化提供灵活的 CPU 时间片分配，通过定义每个容器可使用的内核和处理器数量，将容器分配给 CPU。每个容器所占用 CPU 时间比例是与相关的其他容器成一定权重比，甚至可能硬性限制一个容器能占用多少处理器时间。

（2）内存：分配给每个容器多少内存有一个基准值。基准值可以用来控制一些其他配置，例如分配给 TCP 缓冲区的内存、核心内存，以及内存泄露时系统的行为。

（3）硬盘：容器虚拟化有控制不同容器 I/O 优先级的机制，不同优先级会导致使用 I/O 通道访问本地存储的时间长短不同。

（4）网络带宽：容器虚拟化可以控制 TCP 或者非 TCP 套接字数量和连接数量，来控制容器可支持网络用户的数量。对于云来说更重要的是，需要根据管理网络利用率规则和机制，来保证不同用户根据他们所要求的服务水平，获得合适的带宽数。

与基于 Hypervisor 的虚拟机虚拟化技术相比，基于容器的虚拟化的优势在于以下几点，如表 3-1 所示。

节约资源：一台虚拟机所占用的资源往往比一个容器多十倍以上，因为虚拟机需要创建自己的操作系统，而且不同虚拟机无法共享应用程序的依赖资源。一般一台物理机上只能创建十几台虚拟机，但可以创建上百台容器。

提高资源控制的粒度：容器虚拟化技术如 Linux Container（LXC），以 Linux 内核中的 Cgroups 和 Namespace 技术来完成资源的隔离，将进程、文件系统、网络等隔离开来。每个容器对应自己的 user 和 group id，提供自己独立的工作环境。

减少供应时间：一般创建一台虚拟机需要几分钟的时间，当云系统中瞬时工作负载达到峰值时，如电商促销活动时，这样分钟级的供应时间是不足以满足需求的，而一台容器的创建启动只需要数秒钟。

表 3−1　虚拟机和容器的虚拟化技术对比

虚拟机或容器 虚拟化技术	基于容器的虚拟化	基于 Hypervisor 的虚拟化
存储空间	KB	GB
启动速度	几秒	几分钟
运行层	共享 Linux 内核	运行于 Hypervisor
创建数量	数百台	十几台
资源利用率	高	低

2）基于容器的虚拟化实现

在容器虚拟化方面发展最为强势的当属 Docker。Docker 是由 PaaS 平台提供商 dotCloud 公司开发的一个开源的容器创建引擎。日前，Redhat 在它的产品 RHEL6.5 中加入了对 Docker 的集成，一些云计算发展的领军企业如 Google、百度等，都使用该技术。谷歌也在 2014 年宣布在自己的云服务中融合 Docker 技术。Docker 已成为云计算中受关注度仅次于 OpenStack 的开源项目。

Docker 的隔离功能是基于 Linux Container（LXC）实现的，但它对 LXC 技术进行了扩展和封装，使用 Linux 内核的 Cgroup 技术和 Namespace 技术来完成各个容器之间的隔离。

使用 Docker 创建的容器共享依赖文件，如二进制文件、库文件等。为了更好地重用镜像，Docker 创造的容器可以依赖于多个镜像，对其进行叠加，从而减少存储空间。

Docker 的技术优势可以从三个方面进行阐述。

首先是隔离性，Docker 实现隔离的方法主要是 kernel namespce，每个容器有独立的命名空间，如 user 用户、pid 进程、mnt 文件系统、net 网络等，这样可以保证每个容器之间不会相互影响，提供如独立操作系统一样的运行环境。

其次是可度量性，Cgroup 技术的作用是完成共享资源（CPU、blkio、memory、devices 等）的管理分配，维持多台容器在一台宿主机上的资源共享和独立运行。

最后是便捷性。AUFS 实现了轻量级的分层文件系统，使用户可以方便地将不同镜像进行叠加，实现镜像的创建、复制和重用，管理镜像间的依赖关系。

2. 容器层的资源调度方法

1）待创建容器数量优化

容器层资源调度的第一步是使用排队论的理论方法，来估算每类任务所需要创建的容器数量。排队理论是运筹学中的一个成熟的理论，又称随机服务系统理论，常常用作研究随机系统中的性能预测。在云资源调度问题中，性能预测模型为调度策略的优化提供了基础。性能预测模型使云提供商可以根据用户的 QoS 需求提供对应数量的云资源，从而提高自身收益。

云资源调度中，往往需要根据服务的时间性能要求，来预测供应的资源数量。基于排队理论的性能预测模型，可以很好地提供定量的分析和预测方法。对于用户的某个请求，其完成的总时间一般分为三个部分：延迟，指的是从发起请求的客户端达到云端接收中心的时间；等待时间，是指若此刻系统中没有空闲资源用来处理该请求，则用户需要等待的时间；服务时间，是从请求开始被处理那一刻到整个请求完成所花费的时间。

由于每个任务请求对同一种类型的容器，云服务提供商会根据该类型容器的资源数量对其进行要价。虚拟机环境的云提供商会定制一些固定类型的虚拟机模板供用户选择，并且给出固定价格。对于容器，由于它的类型不固定，可以由用户随时定制，因此需要更为灵活的计价方式。提供商为每种类型的资源，如 CPU、内存等单位时间的使用进行定价，每个容器的要价则是它实际占用资源单价和使用数量的组合叠加。

2）资源调度匹配模型

在分析出每个任务需要的容器类型和估算出需要创建的容器数量后，则需要判断在哪台物理机上创建哪种容器最为合适，因此，使用稳定匹配理论来求解该问题。稳定匹配理论被提出之后，已经被广泛应用到很多双边问题当中。但在实际应用中，很多双边问题并不是一一对应的，例如大学招生问题、住院医师和病患匹配问题。因此经济学家 Sonmez 等人改进了基本的稳定匹配模型，提出了一对多稳定匹配模型以及求解算法。

在容器层的资源调度问题中，第一阶段求解出的待创建容器数量，需要加上一定冗余值，来保证用户的 QoS 性能。第二阶段已知需要创建的容器类型和数量，资源调度的目标可以建模成 N 个待创建容器和 M 台可用物理机之间的稳定匹配。匹配的目的是要实现可用计算资源的合理利用。容器和物理机之间是一对多的关系，一个容器只能被创建在一台物理机上，而一台物理机可以承载多个容器。稳定匹配问题就是要在容器和物理机之间找到一种稳定的匹配关系。

3. 资源管理中稳定匹配算法设计

1）经典稳定匹配算法的不足

稳定匹配的典型解决方法 Gale Shapley 算法（GS 算法）可以有效地获得一种稳定匹配方案。对于稳定婚姻问题，假设共有 N 名男性和 N 名女性，每个人对于异性都有一个喜欢程度的排行，要找到一个稳定婚姻的搭配，使不会有出轨现象出现。GS 算法的基本思路是对于初始时，每个成员都是单身，由每个男性向自己排行中喜欢程度最高的那名女性表白。每个女性选择向自己表白的男性中自己喜欢程度最高的那位，接受他的表白，拒绝其他男性。接受的男女双方进入中间状态约会。其他依然单身的男性进入下一轮，可以继续向未拒绝过他的女性中排名最高的那位表白，如若该女性是单身，则依然是选择自己喜欢程度排行最高的男人，进入约会阶段。已经处于约会阶段的女生，可以比较自己现在的约会对象和新一轮向她表白的男性，选择最喜欢那位，进入新的约会阶段，拒绝其他人，可能包括原来的约会对象。这些人进入下一轮，如此循环，直到某一次所有男人和女人都不是单身状态，从而算法结束。这个算法一定能得到一个稳定的婚姻匹配解。

GS 算法不能直接应用到容器层的稳定置放问题中。与传统的一对多稳定匹配问题不同，容器的稳定置放问题中存在很多新的难点。首先，容器的类型种类繁多，物理机的规格也各不相同，因此对于物理机来说，单台物理机能容纳的容器数量不固定。其次，稳定置放中双方成员对于他们的偏好列表并非固定，随着算法的进行，偏好列表也需要不断修正。

2）基于容器的稳定置放算法

对于容器的稳定置放问题，当物理机和某个容器之间建立了匹配意愿，但物理机上的可用资源已不够来创建该容器。这时候，云提供商需要做一个决策，是放弃这次匹配，还是选择删除某些已创建的容器来腾出空间创建该容器。为了做这个决策，首先需要定义一个概念，即满意程度。

当物理机没有足够资源容量来创建某个容器，但可以通过取消一些已有的排名很低的容器，就可以满足新容器请求时，需要借助满意程度来做决策。容器的替换从物理机偏好列表中排名最低的开始，如果选择删除排名最低的一个或多个容器，直至物理机可用资源够用来创建新容器，并且创建之后的满意程度高于替换前的满意程度，则选择替换。否则拒绝该容器，容器依然进入下一轮匹配。

由于在容器的稳定置放问题中，需要考虑每台物理机上总可用资源的限制，因此必须重新定义首先给出稳定置放问题中稳定匹配策略的定义。

二、云联盟中多数据中心的资源调度方法

目前一些大型公司（亚马逊、微软、IBM、Rackspaces 等）都提供了自己的

公有云，通过向用户提供基础设施实例来进行收费。这些成熟的公有云公司往往都是具有一定规模和业务能力的，有庞大的数据中心架构和用户群。

对于中小企业来说，构建私有云的基础设施需要花费大量时间和成本，如果只是为了满足公司内部需求，数据中心基础设施的规模一般比较小，但为了应对工作负载的高峰时期，又需要花费成本来扩大数据中心，一旦工作负载处于正常时期，这些基础设施将被闲置，造成浪费。

为了解决这种问题，中小企业可以选择在工作负载高峰期时使用其他的商业云或者数据中心的远程资源作为本地基础设施架构的补充，向其他云提供商租赁资源。这种将隶属于不同组织机构的公有云或者私有云结成联盟，来解决单个云中物理资源有限的方式，称为云联盟。目前根据 Rackspace 的调查发现，云联盟可以为用户带来更高的安全性、可靠性，更好的性能和控制能力。

云联盟的优势可以归纳成三个方面，其中最突出的优势是安全性能。对于单个公有云来说，它存在的最大问题是数据安全和隐私保护，云联盟正好可以解决这个问题。它可以将敏感数据交由公司内部云管理维护，只使用公有云的计算能力，既体验到公有云带来的经济效率，又可以在本地保证内部重要机密数据的安全性和隐私性。

其次是可扩展性。一般公司内部的基础设施规模往往有限，计算能力也因硬件资源不充足而受限，使用云联盟模型，借助公有云庞大的数据中心硬件资源，可以有效地使公司可使用的云计算能力无限制地扩展。一方面公司可以在工作负载达到峰值的时段迅速扩展他们的可用资源，应对高峰需求，维持工作性能；另一方面公司将非敏感的工作任务交由公有云完成，可以大大减少本地数据中心的压力，降低维护成本。

云联盟还有一大优势是能有效增加经济效益，降低成本。由于云联盟中公有云、私有云的混合模式，使公司对本地数据中心硬件需求降低，从而降低设备采购、更新换代以及维护的成本。

云联盟方式的出现给云计算带来新的挑战，因为这些联盟成员的架构不同，需要制定一个开放灵活的统一描述模型来解决不同行业各种业务的需求。这个模型还需要提供一些基本功能，例如可以管理不同硬件软件版本的可适应性、可移植性，可以支持大规模基础设施的可扩展性。云联盟模型需要支持不同结盟方案，使租赁资源的云提供商可以像使用它们自己的资源一样使用外部资源。若企业选择迁移到云联盟环境下，需要考虑以下一些问题。

第一，要考虑安全性和可信性。用户在使用云服务时，可能需要涉及一些敏感信息，这些信息需要被严格控制和保护，防止被窃取。

第二，价格考虑。不同用户可以根据自身需求，选取性价比最高的云联盟组合方案。

第三，供应商管理。云联盟环境下的提供商有很多，并且有各自的云数据中心架构和资源管理方式，如何管理这些提供商，兼容这些不同提供商之间的差异性，是云联盟管理的难点。

第四，资源租赁的方式。在选择使用云联盟解决自身需求时，用户需要考虑的是资源占用的时间长短以及这些隶属于其他提供商的资源是需要短暂被租用还是长期占用。

（一）云联盟中的资源调度

云联盟模式意味着同一个云环境下会同时使用到多个云提供商的资源，可能是多个公有云的资源、多个私有云的资源或者两者皆有。对于企业级用户来说，这种模式比单一云系统的解决方案有优势，因为不同云的组合可以形成多种云联盟，适用于各种应用场景。如何针对不同需求组合成合理的云联盟架构，并提供优化的资源调度方案，正是云联盟资源调度需要解决的问题。目前考虑的是基于Hypervisor 虚拟化技术的多数据中心云联盟环境资源调度问题，使用容器虚拟化技术的云联盟调度问题将在未来工作中做进一步研究。

1. 云联盟资源调度方式

云联盟是一种由多个云提供商互相协作完成资源供应的模式，这种模式给提供商带来两方面好处。一方面，它可以使提供商充分利用闲置的或者未被完全使用的服务器获取利益；另一方面，云提供商可以通过租赁其他提供商资源的方式，适应资源需求的峰值，而不需要购买额外的基础设施，减少资源浪费。

由于云联盟中各提供商之间地理位置、属性、物理资源等的差异性，如何高效地进行云联盟的组合，使各联盟成员的优势都可以得到最大化发挥，既可以利用公有云中的各种管理功能，又可保持私有云的安全性和可靠性，是设计云联盟资源管理和资源调度方式时需要考虑的首要因素。

云联盟中资源调度的关键是能兼容公有云和私有云的支持，理论上可以通过不同接口来完成各项功能，使不同云提供商的资源和谐共处。公有云中的虚拟资源有不同的软件系统和硬件，给管理提高复杂度。私有云的云端架构也各不相同，并且需要有可靠的安全认证。如何根据需求向云端提供数据信息，也是云联盟设计时需要考虑的。数据访问就涉及存储问题，对于用户来说，最安全的存储是保存在本地。当云联盟组件需要访问数据时，可以通过查询数据库的方式实现逻辑分离。

为了使用户在使用云联盟时，能获得与单独使用公有云同样的功能，云联盟资源调度中心需要满足以下功能：首先，需要对云联盟环境下各个云提供商的数据中心设计统一的虚拟化资源描述模型，从而屏蔽底层具体的虚拟化技术和虚拟化工具；其次，调度中心必须管理各提供商的可创建虚拟镜像，根据用户的需求进行分析，选取最合适的虚拟机类型，完成应用程序部署或者是计算工作；最后，调度中心还需要适应系统资源需求的变动,支持可配置资源调度策略来满足调度的特定目标(工作完成性能,服务器整合来减少能源消耗等)。

针对云联盟环境,我们设计了一种集中式的资源调度中心结构。这个资源调度中心主要有五个组件:注册中心、用户请求分析组件、监控中心、基础设施管理组件和决策中心。这五个组件的功能分别如下。

1)注册中心

一个独立的云提供商如果要申请加入某个云联盟,需要向其注册中心提交申请,由注册中心根据该提供商的信息,如信誉等,判断是否接受该申请。一旦接受,则向其发送确认消息,并保存该提供商的相关信息。若某个云提供商需要离开某个联盟,同样需要向注册中心注销自身信息。

2)用户请求分析组件

一个独立的云提供商在加入某个云联盟后,可以作为其成员为用户提供服务,在为用户提供服务的过程中需要有统一的接口模块以及接口标准用于分析用户的请求。通常来说用户请求分子组件可以通过 RESTFUL 接口标准,或是 RPC 的方式来实现。其功能包括了用户计算资源请求、网络资源请求、存储资源请求。

3)监控中心

每个云提供商都有一个监控中心,负责监控该云中各物理机和虚拟机的状态,包括机器的启动、休眠、关机,以及各类资源的使用比例。这些监控数据会发送到云联盟资源管理系统的决策中心,以供进行资源调度决策。

4)基础设施管理组件

每个云提供商有自己的基础设施管理组件,负责根据决策中心的资源调度策略,管理自身数据中心的各项虚拟设备的创建注销操作。

5)决策中心

决策中心是资源调度的核心组件,负责根据云环境中资源的使用状态,运用资源调度算法计算出优化的资源调度策略。

云联盟中资源调度中心的设计与第二章中提出的单个云资源调度中心设计略有不同。首先云联盟资源调度中心的注册中心负责管理的是云联盟中各个云提供商的信息,其次由于对于每个云提供商来说,从安全角度考虑,他们各自数据中心的信息以及管理权限是不能轻易对外开放的。因此在设计云联盟资源调度中心时,对于每个云提供商数据中心的信息应该由云提供商自身的监控中心负责监控,并且向管理中心提交决策所需要的一些非敏感数据。同时,在决策方案制定后,也需要由云提供商本身对各自数据中心的基础设施架构进行控制。

2. 云联盟调度需求分析

云联盟将不同组织和单位拥有的云资源形成联盟,来克服计算能力的有限性,但这同时给云联盟中的资源调度带来了更大的难度。每个云联盟中有多个云提供商，如何合理地将不同用户的资源请求交由这些提供商处理是云联盟中的一大难题。云提供商往往通过限制处理的资源请求数量来尽量满足用户的 QoS 约束，否则就需要放宽 QoS 的达标程度来维持处理的请求数目，因此需要更有效的资源调度策略来确保满足用户的服务质量（QoS）约束。目前现有的一些云联盟资源调度问题的研究工作一部分集中于云联盟资源定价考虑，另一部分是基于固定云提供商组成的联盟进行资源调度。

考虑到云联盟成员都是使用 Hypervisor 虚拟化的数据中心，因此以虚拟机作为资源调度的基本单位。云提供商接收到用户的虚拟机申请，如果本地资源不够用，无法在不违反其他正在运行的虚拟机服务的 QoS 约束情况下处理这个请求。这种情况下，提供商可以决定取消一系列正在运行的虚拟机，以便提供更多的资源来满足更多的用户请求。另一种方式是，云提供商可以依赖云联盟，选择将本地的请求外包给联盟中的其他成员。此时提供商 A 接收到的请求实际由提供商 B、C、D 等提供的资源进行处理，由整个云联盟向用户收取费用，再由云联盟将收益分配给各提供商。

这种方式有助于提高云提供商的经济收益。作为云联盟的成员之一，提供商既可以独立提供资源给用户获取利益，又可以将剩余可用资源外包给云联盟中的其他成员来获益。

对于云环境中的提供商和用户来说，他们各自有着不同的资源调度优化目标，而对于云联盟更是如此。云提供商除了希望在保证用户提交工作的服务质量的前提下，通过服务器整合策略来减少运营成本外，作为云联盟中的成员，还希望能够通过合理的资源调度方式，获得经济上更高的收益。因此，云联盟中的资源调度问题更为复杂。

根据设计的资源调度中心，云联盟的管理流程如下：当云提供商需要申请加入某个云联盟，他首先向注册中心发送请求，注册中心接收提供商的请求后判断接受或拒绝该申请；被接受的提供商会收到一个唯一的标识，这些标识和对应提供商的具体信息会储存在云数据库端；各提供商的监控中心会实时监控云数据中心的资源使用情况，当云联盟资源调度中心有需要时，将这些数据发送至调度中心。

当云联盟中的某个成员接收到用户的资源请求，但该成员的本地资源不足以满足用户的请求时，成员可以将该请求转交到云联盟中。为了管理联盟所有成员的可用资源，为用户工作求解到最优的资源调度方案，决策中心需要利用数据库中储存的云提供商信息和各提供商的资源使用情况。对于最优的资源调度方案的求解，需要设计一种合理的资源调度算法。优化方案求解出之后，将其发送到对应的云提供商基础设施管理组件，由它们负责各个云数据中心虚拟设备的创建和管理。

由于云联盟的灵活性和扩展性，因此在设计其资源调度机制时，需要考虑多个优化目标。云联盟的资源调度机制需要分两层进行考虑，第一层是如何合理地进行联盟成员的组合，使联盟中的各成员都能得到利益的最大化。在设计组合方法时，主要是基于云联盟组合方案的稳定性和公平性两大原则，做出最优的组合策略。

第二层则是对于稳定组合方案内各成员提供的可用资源和用户请求的虚拟机之间，进行合理的调度算法设计，实现最合理的匹配。在第二层调度算法设计时，与单个云环境类似，需要分别从云用户和云提供商角度考虑资源的优化调度，云用户和云提供商双方的利益都会影响云联盟资源调度的机制设计。从云用户角度考虑，由于云联盟的宗旨是解决个体云提供商资源有限的问题，为小型企业或个体用户按需完成大规模的服务，因此服务质量 QoS 因素在资源调度过程中不可被忽略。调度机制必须满足用户的 QoS 需求，包括响应时间、开销、系统有效性、可靠性和可信度等。其中响应时间是希望通过调度使用户的工作在用户要求的截止时间内完成，开销则是用户使用资源所需支付的价钱。对于不同提供商的数据中心，物理设备的规格、容量、使用年限等属性存在差异性，各云提供商又自有一套安全和管理机制，因此在衡量 QoS 指标时，需要加入有效性、可靠性以及可信度参数，来衡量各提供商的物理设备在执行用户任务时的完成性能。从云提供商角度考虑，对于联盟中的每个成员来说，他们都希望自身的资源可以得到更为高效合理的利用，减少资源碎片的产生，降低资源的浪费，从而减少运营成本。

（二）云联盟环境下的资源调度博弈建模

对于一组给定的云提供商，可以有很多结成联盟的形式，因此提供商需要一种制度来决定是否与其他提供商结成联盟。影响一个提供商是否选择加入联盟的因素有以下两点。

第一，稳定性。当一个联盟中没有任何成员发现离开联盟更为有利，如加入其他联盟或者保持独立，则称该联盟是稳定的。造成稳定性缺乏的原因有几点，一是对于已经加入某个联盟的提供商来说，转换联盟带来的收益减去离开原联盟的惩罚后依然有剩余。二是离开联盟后，提供商可以接收更多的用户请求。

第二，公平性。加入联盟时，每个云联盟成员都希望可以公平地分配整个联盟获取的收益，不会出现某个成员分配到的收益明显优于其他成员的情况。不公平分配会影响结盟的达成。

目前关于云联盟环境下的资源调度算法还并不太多，大部分都是基于传统分布式计算中的调度方法，如贪心算法、极大极小算法、极小极大算法，以及人工智能中的遗传算法等。由于云联盟中各提供商之间存在个体差异性，传统的调度算法往往忽视了这种差异性。因此采用合作博弈理论来解决云联盟的资源调度问题，通过将各提供商建模成为经济市场中的理性个性，从追求全局利益最大化角度出发，有效地解决资源调度问题。

1. 云联盟稳定组合方案生成

现有的一些关于云联盟环境下的资源调度问题都是研究在既定的提供商结成联盟的情况下，每个提供商如何提供用户所需资源。而目前大大小小众多企业都在发展自己的公有云或私有云，其中很多提供的是类似 Amazon EC2 的基础设施服务。随着云计算发展日趋成熟，会有越来越多的提供商愿意选择与其他服务提供商合作，但在每一次进行实际资源供应时，并不需要所有提供商都参与。因此，在考虑云联盟环境中资源调度问题时，第一步要解决的是根据合作博弈理论求解云联盟下的最优稳定组合方案。所谓最优稳定组合方案，需要满足以下三个条件。

（1）该组合方案是可行的。判断组合方案是否可行的依据是该方案中总可用资源数量是否满足用户的资源请求。

（2）该组合方案是稳定的。稳定的条件是组合方案中的每个成员在组合中获得的收益一定高于未选择合作单独处理用户请求时的收益。

（3）该组合方案是最优的。最优的衡量标准是经济收益，当有多个组合方案满足前两点时，根据云联盟获得的总收益选取收益值最高的组合方案。

合作博弈是博弈的一种，它是指博弈的参与者达成共识，以合作的方式，追求全局的利益最优。所谓云联盟的合作博弈，就是云联盟中所有提供商达成协议，同意共享自己的资源和用户，并且所有联盟成员的目的是追求整个云联盟的利益最大化。

2. 云联盟资源调度优化目标

由于云联盟中多提供商多数据中心的复杂环境，用户的需求也是多样的。因此，在为云联盟设计资源调度方法时基于两点优化目标考虑，从云用户角度考虑提高用户工作完成的 QoS 指标，从云提供商角度考虑提高资源的使用效率从而降低成本。

用户的 QoS 指标主要由以下五个因素组成：响应时间、开销、系统有效性、可靠性和可信度。QoS 的效益函数是指 QoS 的参数与用户满意程度之间的关系，有些是递增关系，如有效性、可靠性和可信度；有些是递减关系，如响应时间和开销，这两个值越大，效益函数越小，表示用户满意程度越低。

对于有效性、可靠性和可信度，其中有效性和可靠性衡量的是处理任务的物理机器，而可信度的衡量主要是基于组成联盟的云服务提供商的信誉程度。因此选择一种历史评价体系的分析方法来对这三个 QoS 因素进行量化，历史评价体系是根据使用过该物理机和该提供商资源的用户给予的评价数据。根据预先划分的等级范围，将有效性、可靠性和可信度对应到五个等级，这五个等级分别对应 [0，1] 范围内的五个量化值。

另一个优化目标是云联盟环境下的资源使用效率。对于云联盟资源博弈，每个云提供商都期望能尽可能高效地利用自身的资源，因此追求整个联盟环境资源利用率的最大化符合合作博弈中追寻整体最优的宗旨。

第二节　资源调度平台设计流程

一、大数据处理框架 Hadoop/MapReduce

近年来，随着互联网数据规模的增长与数据多样性的丰富，为了满足大数据处理的需求，数据的分析处理技术也在不断演进。其中代表性的大数据处理架构是 Apache 软件基金会开发的 Hadoop。

Hadoop 由多个模块组合而成，其底部是分布式文件系统 HDFS（Hadoop Distributed File System）。作为 Hadoop 环境的基础，HDFS 负责存储 Hadoop 集群需要处理的数据，其具体架构如图 3-2 所示。基于"主—从"结构设计而成的 HDFS，由名字节点（Name Node）和数据节点（Data Node）组成。

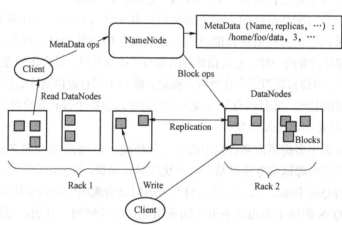

图 3-2　分布式文件系统 HDFS 架构

作为 HDFS 的主节点，名字节点上不保存实际需要存储的文件数据，但是记录了所有存储文件的元数据（MetaData）信息；当用户对存储数据进行读写操作时，首先需要通过名字节点中的元数据获取目标文件的位置信息，进而完成后续操作。

作为 HDFS 的工作节点，数据节点几乎分布在 Hadoop 集群的各个物理节点上，负责存储真正的文件数据。数据节点以块（Block）为基本存储单元，根据客户端（Client）和名字节点的具体调度，完成对大型文件的分布式存储及检索。每个数据节点会定期向名字节点发送各自存储的数据块列表，以保证整个 HDFS 系统的信息一致性。

HDFS 文件系统的上一层是 MapReduce 引擎，用户通过该引擎可以在不了解底层平台细节的情况下开发并行数据处理程序。MapReduce 引擎由 JobTracker 和 TaskTracker 两个模块组成。

（一）JobTracker

Hadoop 系统中 JobTracker 的主要功能是将数据处理任务分配到其他节点上的 TaskTracker 执行。为了保证大数据应用执行时的 I/O 效率，JobTracker 会首先通过名字节点中的元数据查询数据节点的信息，并尽可能将数据处理任务分配到距离数据节点最近的 TaskTracker 节点执行，避免数据的跨物理节点传输。

（二）TaskTracker

TaskTracker 模块负责具体执行数据处理的任务。与数据节点的工作机制类似，TaskTracker 模块几乎部署在 Hadoop 集群所有物理节点上，同时定期向 JobTracker 发送心跳信息，以便于 JobTracker 掌控所有 TaskTracker 模块的状况，规划任务的分配。

由于 HDFS 文件系统中的名字节点、数据节点与 MapReduce 引擎中的 JobTracker、TaskTracker 的结构与工作方式十分相似，Hadoop 系统通常将名字节点与 JobTracker 部署在同一物理节点上，作为系统的主节点（master），将数据节点与 TaskTracker 部署在相同的物理节点上，作为系统的从节点（Slave）。Hadoop 系统 Master 与 Slave 节点结构关系如图 3－3 所示，底层 HDFS 文件系统与上层的 MapReduce 引擎便耦合在一起，构成了大数据批处理 Hadoop/MapReduce 框架，能够完成如图 3－4 所示的 MapReduce 数据处理流程。

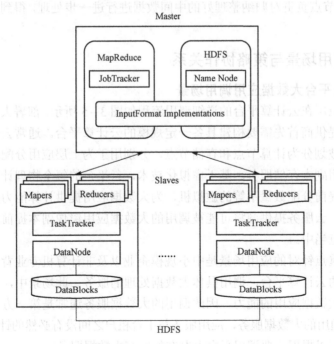

图 3－3　Hadoop 系统 Master 与 Slave 节点结构关系

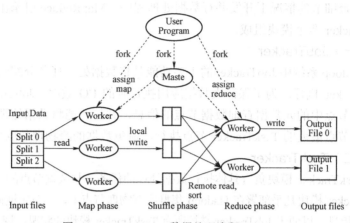

图 3-4 MapReduce 数据处理流程

可以把 MapReduce 数据处理流程近似理解为：把杂乱无章的输入数据首先按照某种特征进行归纳整理，之后对归纳整理后的中间数据进行进一步处理，得到最终结果。Slave 节点在 Map 阶段（也称为 Mapper 节点）面对的是杂乱无章、互不相关的输入数据，通过对每个数据块进行解析，Mapper 节点对输入数据的特征（key 和 value）进行提取，形成中间结果；Mapper 节点产出的中间结果会在 Shuffle 阶段汇聚到执行 Reduce 任务的 Slave 节点（Reducer 节点）；在最后的 Reduce 阶段，Reducer 节点负责对归纳整理好的中间数据进行进一步处理，得到最终的数据处理结果。

二、应用场景与策略协作关系

（一）云平台大数据应用调用场景

大数据应用在云计算平台的详细调用流程如图 3-5 所示。部署大数据应用之前，云服务提供商首先需要构建具备一定规模的云计算平台。通常云计算平台的物理服务器被划分为计算节点和存储节点，分别用于为上层应用分配虚拟计算资源和提供应用副本存储服务。基于虚拟化技术，云平台的每个物理计算节点上会为平台租户提前分配数量不等的虚拟机，为大数据应用提供计算能力；同时基于块存储技术，云服务提供商将可能被调用的大数据应用镜像副本提前部署在云平台的存储节点当中。

因此，重点针对的应用场景是中小规模企业以及非计算机专业背景的租户，通过第三方的云计算平台，调用具体大数据处理的服务。此场景中，租户不具备开发和部署大数据应用的能力，因此调用的大数据服务通常是第三方云服务提供商所发布的通用的大数据服务，应用服务与平台租户之间没有必然的针对关系——任何租户都可以根据需要调用平台上发布的所有大数据服务。

当不同租户向云计算平台提交大数据应用的调用请求时，平台的作业调度模块会将用户请求存放在统一的调度队列中；之后根据具体的作业调度策略，决定调度队列中作业请求执行的先后顺序。具体某一时刻，当调度模块决定需要被执行的应用后，云平台的控制节点会依次执行下列操作。

首先，控制节点会根据大数据应用的计算量，将资源层分布在各个物理计算节点的虚拟机并通过虚拟网络连接起来，构成能够执行大数据作业的虚拟计算集群，为应用的执行提供底层计算资源。

其次，控制节点根据被执行应用的种类，在存储节点上选择对应的镜像副本（基于 Hadoop 环境开发的具体大数据应用镜像），并装载到资源层构建完成的虚拟计算集群之中，使虚拟计算集群成为能够执行大数据作业的计算平台。

最后，在底层物理集群上构建而成的虚拟大数据应用平台会执行具体的大数据处理作业，并输出计算结果；当前作业执行完毕后，作业层的调度模块会继续调度其他租户的作业请求，资源层和平台层重复上述虚拟集群构建和应用副本装载的过程，完成其他大数据应用的执行过程。

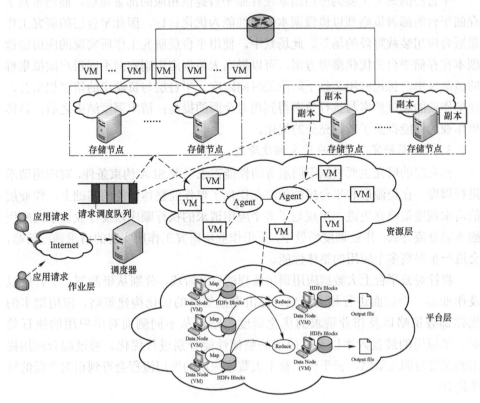

图 3-5 大数据应用在云计算平台的详细调用流程

（二）各层策略协作关系

纵观云计算平台上大数据应用的调用过程，整个应用从请求到达到执行完毕先后经历了请求调度、应用装载和作业执行三个子阶段，因此应用的整体性能是由三个子阶段的执行耗时共同决定的。

可以发现，资源层、平台层与作业层相关研究工作的针对场景，与应用调用过程的三个子阶段是一一对应的。

1. 资源层研究工作对应作业执行阶段

资源层的研究主要为大数据应用构建虚拟集群，提供大数据处理需要的计算资源。当大数据服务调用过程进入作业执行阶段时，已经完成了对服务请求的调度以及应用镜像的装载；此阶段主要完成大数据应用在不同租户虚拟集群当中的执行过程，并产出计算结果。此场景中，应用资源层研究工作所实现的虚拟集群性能优化方案，会提高大数据作业程序在不同租户虚拟集群上的执行效率，优化作业执行子阶段的时间跨度。

2. 平台层研究工作对应应用装载阶段

平台层的研究主要为应用副本在存储平台提供相应的部署策略，而通常基于存储平台的部署策略都以镜像副本装载性能为优化目标，因此平台层的研究工作最适合应用装载阶段的场景。此场景中，使用平台层研究工作所实现的应用镜像副本在存储平台的优化部署方案，可以提高大数据应用副本向不同租户虚拟集群的装载速率，优化应用装载子阶段的时间跨度。平台层与资源层的策略相结合，使单作业的装载效率与执行效率得到相对全面的提高；请求调度结束之后，具体单作业的性能得到了较为充分的优化。

3. 作业层研究工作对应请求调度阶段

作业层的研究主要根据不同服务的性能需求以及 SLA 约束条件，对应用请求进行调度。在资源层和平台层的策略在优化了单作业整体性能的基础上，作业层的请求调度策略则更进一步规划了多个应用请求的执行顺序以及作业请求向应用副本的分流方式。作业调度场景中，采用作业层研究工作所实现的请求调度策略，会进一步提高多个应用的整体性能。

将针对云平台上大数据应用调用流程的三个阶段，分别从资源层、平台层以及作业层三个层面进行相关研究，提出虚拟集群的优化构建策略、应用副本的优化部署策略以及作业请求的优化调度策略，从不同侧面对单应用的执行效率、单应用的装载效率以及多应用的整体性能分别进行优化。通过综合应用提出的部署与调度策略，云平台上整个大数据应用的调用流程会得到相对全面的性能提升。

三、虚拟计算集群优化构建策略

云计算平台上，虚拟化的计算资源以虚拟机（VM）的方式进行分配，因此执行 MapReduce 大数据计算作业的集群，是一个由多个 VM 通过虚拟网络连接而集成的虚拟计算集群。资源层首先将分布在各个物理计算节点上的 VM 通过虚拟网络集成为一个虚拟集群，进而可以在虚拟集群之中装载需要执行的 MapReduce 应用副本和相应的 Hadoop 平台环境，使虚拟计算集群成为一个能够执行大数据应用的虚拟并行计算平台，并通过虚拟 Master 和 Slave 节点的协同工作，完成 MapReduce 作业的执行。

基于虚拟化技术，云计算平台的物理计算节点可以根据应用需求分配出多组不同规模的虚拟计算集群，同时完成多组不同计算量的大数据处理任务，提高了平台的资源利用率和作业吞吐率；同时虚拟资源的分配与释放、虚拟集群的构建与管理相比物理集群更加方便，减少了设备维护管理的技术开销；另外，对于中小规模的用户而言，免去了构建维护计算集群的过程，可以直接使用云平台上提供的 MapReduce 应用，是一种更为合适的业务模式。然而，虚拟资源弹性、灵活分配的特性给大数据应用带来便利的同时，也使虚拟集群相比物理集群在执行计算作业时会有更大的性能波动。如果能够综合考虑上层应用和底层物理平台的特性，针对固定规模的虚拟集群设计出合理的虚拟集群拓扑架构，可以在不占用额外计算资源的前提下，进一步提升云平台上 MapReduce 作业的执行效率。

（一）虚拟集群构建方式及性能测量

1. 基于 OpenStack Neutron 的虚拟集群构建

OpenStack 迄今已发布了多个版本，在其 Folsom 版本中首次推出了 Quantum（之后更名为 Neutron）组件，并提出了"Network as a Service"的概念。Neutron 组件主要负责为云平台的虚拟机提供虚拟网络，实现虚拟机之间或虚拟机与物理设备之间的通信。Neutron 组件作为通信代理，使用具体插件（Open vSwitch、Linux Bridge、NEC Openflow 等）提供的虚拟网络资源，通过 GRE 隧道、VLAN 等网络模式完成虚拟网络的构建。通过 Neturon 组件，租户可以在自己的虚拟机之间构建虚拟网络，将分布在各个物理计算节点的虚拟机集成起来，形成能够执行大数据应用作业的虚拟集群。

在 OpenStack Folsom 之后的版本中，Neutron 组件先后提供了两种不同的虚拟网络部署模式——Single-host 模式和 Multi-host 模式。通过两种不同的虚拟网络构建模式，用户构建出虚拟集群的拓扑架构也是不同的。下面对两种部署方式进行详细介绍。

1）Single-host 虚拟网络部署模式

OpenStack 早期版本中，Neturon 网络组件仅提供基于 Single-host 模式的虚拟网络构建模式，如图 3-6 所示。

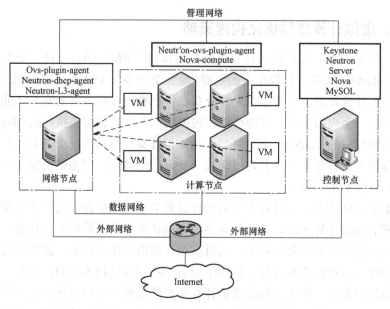

图 3 – 6　Neutron 组件 Single-host 虚拟网络构建模式

在 Single-host 部署模式下，Neutron 组件中负责创建内外部网关和虚拟路由的通信代理 L3 – agent 必须部署在单独的服务器上，命名为网络节点（Network Node）。在这种部署方式下，其他计算节点（Compute Node）上虚拟机的通信统一由网络节点上单独的通信代理来负责。基于 Single-host 构建策略的虚拟集群架构如图3 – 7所示，虚拟集群的通信性能和可靠性受到通信代理单点性能瓶颈的影响。

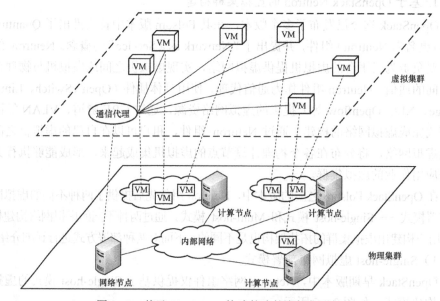

图 3 – 7　基于 Single-host 构建策略的虚拟集群架构

2）Multi-host 虚拟网络部署模式

为了解决 Single-host 部署方式下虚拟网络存在的单点性能瓶颈的问题，OpenStack 软件组在后续版本（Grizzly 版之后）推出了另一种 Multi-host 部署方式。Neutron 组件 Multi-host 虚拟网络构建模式，如图 3-8 所示。

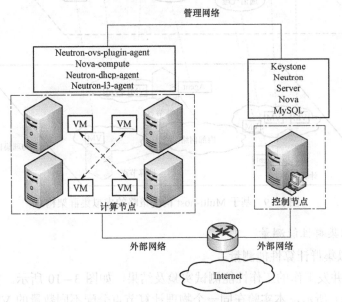

图 3-8　Neutron 组件 Multi-host 虚拟网络构建模式

采用 Multi-host 部署模式构建虚拟网络时，不需要额外的网络节点，负责 VM 通信的通信代理和相关插件可以部署在任何一个计算节点上。一旦某计算节点部署了通信代理，该节点上的 VM 可以通过本地代理直接与其他 VM 进行通信。相比 Single-host 模式，multi-host 部署模式使虚拟集群的拓扑架构更加多样化。

基于 Multi-host 构建策略的虚拟集群架构如图 3-9 所示。采用 Multi-host 部署方式，多个通信代理可以协同工作分担集群数据通信总量，提高集群通信性能；同时，VM 集成连接方式更加灵活，可以构建出各种不同拓扑的虚拟集群，以满足不同应用对集群性能的需求。

在 Neutron 组件 Multi-host 部署方式的基础上，结合 MapReduce 作业的特性，进一步研究如何根据 MapReduce 作业的特性，在固定规模的虚拟集群上优化通信代理的部署数目、通信代理的部署位置以及通信代理和 VM 之间的映射关系，构建出最优的虚拟集群拓扑架构，提升虚拟集群中运行的 MapReduce 大数据应用的性能。

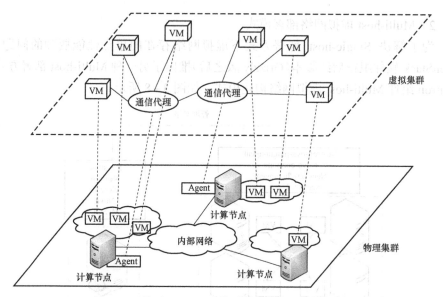

图 3-9　基于 Multi-host 构建策略的虚拟集群架构

2. 虚拟集群性能测量

1）虚拟集群计算性能测量

虚拟机并发工作的工作性能测试实验及结果，如图 3-10 所示。实验场景如图 3-10（a）所示，本实验在同一个物理计算节点分配不同数量的 VM，并部署 Hadoop 环境执行 MapReduce 数据处理应用，处理相同的大数据文件，在 VM 并发工作的场景中考察 VM 平均计算性能的变化。实验结果如图 3-10（b）所示，随着物理计算节点上并发工作 VM 数量的增多，节点负载逐渐加重，同时 VM 的平均计算性能会呈现近似线性的下降趋势；当该节点上同时部署通信代理（l3 agent）并行工作时，VM 的平均计算性能会出现进一步的衰退。具体原因是执行相同的计算任务时，计算节点上所有虚拟机在同一时刻对不同计算资源（CPU，I/O）的需求状况是完全相同的，此时过高的 VM 并发程度会导致同一物理机上有限的计算资源无法满足所有 VM 对计算能力的需求，从而引发虚拟机对瓶颈资源的竞争，进而导致虚拟机平均计算能力的下降。

根据虚拟集群计算性能测试的实验结果分析，如果以优化集群计算性能为目标，需要尽可能将 VM 分散部署到各个物理节点上，同时避免虚拟机与通信代理并发工作的情况，从而避免作业执行时由于 VM 对计算资源的竞争而出现的计算性能衰退现象。

2）虚拟集群通信性能测量

完成虚拟集群计算性能测量之后，设计了实验对不同部署方式下虚拟机之间的通信性能进行了测试。

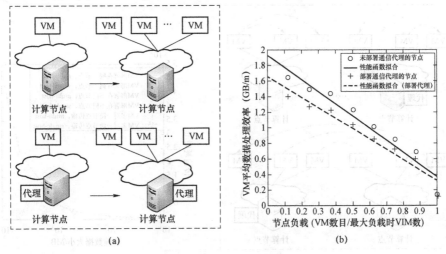

图 3-10 虚拟机并发工作的平均性能测试实验及结果

(a) 实验场景；(b) 实验结果

不同部署位置和方式下虚拟机通信性能测试实验及结果如图 3-11 所示，其中图 3-11（a）为所示的实验场景。本实验在虚拟机上安装了分布式流量生成工具 D-ITG（Distributed Internet Traffic Generator），之后在不同 VM 之间传输不同规模的数据。本实验不断变化 VM 的部署位置以及虚拟网络构建方式，对同一物理节点中 VM 通信场景、跨物理节点 VM 通信场景、Single-host 及 Multi-host 虚拟网络部署方式下，VM 对之间的通信性能进行了全方位的考察，具体实验结果如图 3-11（b）所示。可以发现当 VM 对部署在同一个物理节点时，不同 VM 之间数据传输的性能会比 VM 对跨物理节点部署时的通信性能高出很多；同时当 VM 跨物理节点传输数据时，采用 Multi-host 的部署模式，由多个通信代理分担数据传输量，会使虚拟集群的整体通信性能有所提升。

根据虚拟集群通信性能测试的实验结果分析可知，如果以优化集群通信性能为目标，需要尽可能将 VM 集中部署到同一个物理节点上，尽量避免跨物理节点通信带来的开销；同时当集群内部 VM 通信量较大时，应尽量采用 Multi-host 部署方式，增加通信代理的数目，分担集群内部的通信量。

综合分析虚拟集群计算性能和通信性能测量的实验结果，可以发现集群计算性能和通信性能的优化存在着冲突：如果以优化虚拟集群计算性能为目标，需要将 VM 分散部署到各个物理节点上，避免 VM 并发执行计算任务时由于资源竞争造成的性能衰退，同时尽量避免 VM 与通信代理并发工作；相反的，如果以优化虚拟集群通信性能为目标，需要尽可能将 VM 部署到同一物理节点，避免跨物理节点的通信开销，同时尽可能增加通信代理的部署数目，分担跨节点的通信量。MapReduce 作业在执行过程中既涉及数据的计算（Map 阶段各 Slave 节点对数据

113

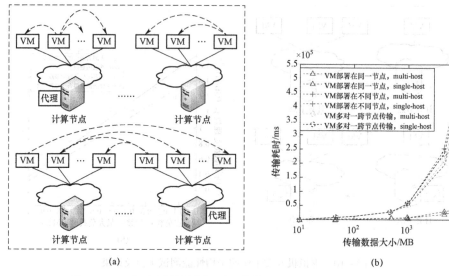

图 3-11　不同部署位置和方式下虚拟机通信性能测试实验及结果

（a）实验场景；（b）实验结果

块的处理，Reduce 阶段 Reducer 节点对 Map 阶段中间结果的处理，又涉及数据的通信（Map 阶段之间大数据文件向分布式文件系统 HDFS 的导入，Reduce 阶段中间结果向 Reducer 节点的汇总），是综合考虑集群计算性能与通信性能的应用。因此，在设计虚拟集群构建方案时，不能同之前的研究一样仅考虑计算性能或通信性能的优化，而需要综合考虑两种性能的变化，找到虚拟集群计算性能和通信性能的最佳平衡点，提升虚拟集群的整体性能。

（二）基于云平台的 MapReduce 作业性能建模

1. Map 阶段作业性能建模

在基于 OpenStack Multi-host 模式构建而成的虚拟集群上，基于 Map 阶段的任务执行流程。在 Map 阶段，输入文件会被切分成多个数据块并传输到虚拟集群的各个虚拟节点，存放到虚拟集群的 HDFS 环境中。之后各个虚拟机（Mapper 节点）会根据 Hadoop 调度模块的调度方法依次执行 Map 任务，生成中间结果并存入本地磁盘，等待 Reduce 阶段的进一步处理。由于重点对 MapReduce 作业的底层执行环境——虚拟集群的构建方式进行优化，而不关注 Hadoop 调度模块的任务调度方法，为了便于后续分析，假设 Hadoop 调度模块采用 FIFO 先入先出的调度方式。另外，重点研究了公有云平台对中小规模用户提供大数据应用的场景，此场景中用户需要处理的数据规模较小，不足以导致数据导入阶段的性能成为应用执行的瓶颈性能，大数据应用的整体执行效率由虚拟集群的计算性能和通信性能共同决定；如果用户的数据规模较大，最合适的方式是构建私有云平台而非租用公有云中的服务，因此不属于本书的讨论范畴。

2. Reduce 阶段作业性能建模

Reduce 任务执行阶段中，各个 Mapper 节点在 Map 阶段输出的数据处理中间结果首先会汇总到集群中的 Reducer 节点，在各 Reducer 节点上进行中间结果的聚合；之后 Reducer 节点会对汇聚之后的结果进行处理，生成最终结果。整个 Reduce 阶段中，数据通信操作主要发生在中间结果的聚合过程（通常又称为 Shuffle 阶段），此过程中空闲的 Reducer 节点会"拉取"Mapper 节点产出的中间结果，完成中间结果的聚合；数据处理操作主要发生在中间结果聚合之后，Reducer 节点对聚合结果的进一步处理。考察整个 Reduce 阶段的任务执行流程，虚拟网络拓扑架构更多地影响数据传输的性能（数据处理操作执行时，中间结果已完成汇聚，通信代理的工作已经结束，处理效率更多由 Reducer 节点性能决定，与集群拓扑架构关系不大），因此重点对 Reduce 阶段的数据传输过程进行建模。

Multi-host 虚拟集群上 Reduce 阶段数据传输流程如图 3−12 所示，Reduce 阶段的数据传输流程可以分为以下三个子阶段：

（1）Mapper 节点将 Map 阶段的中间结果数据传输给对应的通信代理；

（2）Mapper 节点的通信代理将数据进一步传输给 Reducer 节点的通信代理；

（3）Reducer 节点的通信代理将数据最终传递给 Reducer 节点，最终完成中间结果的聚合。

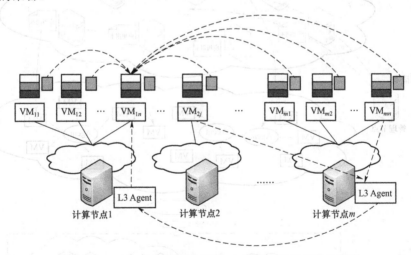

图 3−12　Multi-host 虚拟集群上 Reduce 阶段数据传输流程

受集群中 VM 和通信代理部署位置的影响，每个子阶段的数据传输可能是一次跨物理节点的传输，也可能是发生节点内部的传输，因此每一对 Mapper 和 Reducer 节点在 Reduce 阶段的数据传输耗时也会有所不同：最好情况下 Mapper 节点、Reducer 节点以及各自的通信代理部署在同一物理节点，此时三个子阶段的数据传输都发生在同一节点内部，数据传输性能最为理想，传输耗时几乎可以忽略；最坏情况下 Mapper 节点、Reducer 节点以及各自的通信代理部署分别部署在不同的计算节点上，此时三个阶段的数据通信均为跨物理节点的通信，传输耗时最长。

第三节　资源调度部署规划方案

一、研究场景与平台基础

（一）应用副本装载场景

存储平台中应用镜像的装载场景如图 3−13 所示。当租户向云计算平台提交应用请求之后，首先，云计算平台的资源层会使用之前设计的 TOMON 策略，在物理计算集群中完成虚拟计算集群的优化构建，为大数据应用的执行提供资源基础。其次，云计算平台的管理节点会根据用户需求的应用种类，在存放各类不同

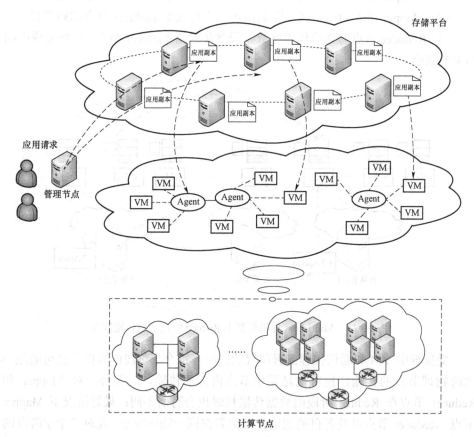

图 3−13　存储平台中应用镜像的装载场景

软件应用镜像的存储集群中，检索合适的应用副本（此场景中的应用指基于 Hadoop 环境开发而成的具体大数据分析处理的程序，如 WordCount、Grep 等；考虑到对应用并发访问的支持，通常每类应用会在存储集群中部署多个镜像副本），并将该应用镜像装载到虚拟集群中，实现计算资源与上层软件应用的整合，构成能够执行具体应用的平台。最后，虚拟平台会执行租户请求的应用并产出执行结果。

整个应用执行的过程中，虚拟集群需要对载有应用副本的存储文件进行实时的读写操作，出于该操作对高速 I/O 的功能需求，通常存储平台的底层基于块存储技术进行构建。分析应用的整体完成时间跨度，资源层虚拟集群的架构决定了应用的执行效率，而平台层应用副本的部署策略则决定了应用镜像的装载效率；因此，优化存储平台中应用副本的部署策略有助于进一步缩短大数据作业的完成时间跨度。

（二）基于 OpenStack Cinder 的块存储平台

OpenStack 开源软件组中，块存储服务主要由 Cinder 组件负责实现。基于 OpenStack 构建而成的云平台通过调用 Cinder 组件的功能，完成存储集群中的存储块到计算节点上 VM 的挂载过程，实现计算节点存储能力的动态扩展。Cinder 实现的块存储服务提供高速的 I/O 功能，支持计算资源对存储块的实时读写，便于实现平台计算资源与存储块中软件应用的快速整合；同时，Cinder 所管理的存储块在存储平台中持久存在，可以根据不同租户的需求随时挂载到租户拥有的 VM 当中，实现计算资源与应用镜像的松耦合。

OpenStack Cinder 组件的主要架构如图 3－14 所示。该组件主要由 3 个逻辑模块组成，分别为 API 节点（cinder-api）、Scheduler 节点（cinder-scheduler）以及 Volume 节点（cinder-volume）。

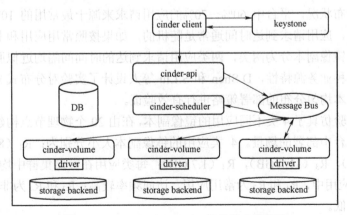

图 3－14　OpenStack Cinder 组件的主要架构

1. API 节点

该模块主要负责与外部通信，接受来自外部的存储块创建等请求，对请求进行合法性检查之后，将请求转入消息队列当中，交由其他模块处理。

2. Scheduler 节点

该模块主要对请求进行调度，检查当前平台中正常工作的 Volume 节点，并根据具体的调度策略将请求最终转发到对应的 Volume 节点上。在通常使用的简单调度策略下，请求会转发给当前负载最轻、剩余可用空间最大的 Volume 节点，均衡各 Volume 节点的负载。

3. Volume 节点

该模块运行在具体的存储节点中，负责对请求的最终处理。具体存储块的后端存储空间由后台的存储系统（Storage Backend）提供，不同的后台存储系统通过相关驱动（Driver）实现与 Volume 节点的协同工作。Cinder 通过不断对驱动进行添加完善，实现与不同存储系统的整合，如本地存储、分布式文件系统等。

然而，Cinder 组件虽然实现了块存储对象的创建、挂载等功能，但是并不提供存储对象的分布、复制等部署策略。因此重点对 OpenStack Cinder 后端的存储集群中，应用副本的优化部署策略进行相关研究；研究的部署方案与 Cinder 组件提供的存储对象管理功能相互结合，共同实现对云平台中应用镜像副本的全面管理。

二、平台与应用特性分析

（一）应用副本特性分析

D. Shen 和 S. Liu 等人在各自的研究中，分别对云存储平台中应用副本的访问频率进行了测量，并得出了相似的结论：通常存储平台中不同应用的请求呈现不均匀的分布状况，平台中 60%～70%的应用请求来源于最常用的 10%～30%的应用；同时，应用请求到达时间通常是随机的，如果按照常用应用和非常用应用将平台中的镜像副本分为两类，两类应用请求到达的时间间隔均近似服从指数分布。针对这种业务源特性，D.Shen 和 S.Liu 等人设计了实验对分布式文件系统常用的镜像副本均匀分布的部署策略进行有效验证。

通过实验仿真了 4 类不同应用的镜像副本，在由 20 个物理节点构建而成的分布式存储平台中部署的场景。4 类应用的镜像副本大小分别为：R_1（8.64 GB），R_2（2.4 GB），R_3（11.8 GB），R_4（1.7 GB）；每类应用在存储集群中均部署 5 个副本。4 类应用中，R_1 和 R_2 为常用应用，访问频率较高；R_3 和 R_4 为非常用应用，访问频率较低。

根据 4 种应用的访问频率，模拟了 4 个不同强度的泊松请求到达序列，考察在均匀部署策略下不同应用的整体装载效率。

均匀部署策略下，4 类应用的平均装载速率以及累积请求完成率的变化趋势，如图 3-15 所示。从图 3-15（a）中可以看出，不同应用副本的平均装载速率与镜像文件大小的关系并不明显，而与应用镜像的访问频率关系较为密切：在副本均匀分布的部署策略下，访问频率高的常用应用副本装载速率相对较低。图 3-15（b）中，4 类任务的请求完成率也显示出相同的变化趋势：常用应用副本的请求完成率相对较低。因此，采用分布式文件系统默认的均匀部署策略，会出现租户对于常用镜像副本的过度访问现象，使常用镜像负载过重，导致整个存储平台的并行性和整体性能并不理想。

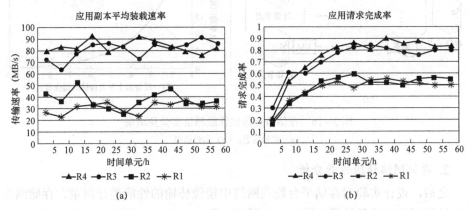

图 3-15　均匀部署策略下不同副本装载性能变化趋势
（a）应用副本平均装载速率；（b）应用请求完成率

根据应用副本特性分析的实验结果，各应用特性中对副本装载性能影响最大的是应用的访问频率。因此，进行应用副本部署策略的设计时，需要重点针对不同应用的访问频率，优化各类应用部署的副本数目，均衡不同应用副本的请求负载，从而优化平台的整体性能。

（二）存储平台性能分析

应用特性分析完成之后，设计了实验，对不同镜像放置方式下镜像副本的单位装载速率进行测量；进一步分析存储平台特性对副本装载效率的影响。

1. 存储节点传输性能分析

首先，设计实验对存储平台中物理节点镜像装载的 I/O 性能进行测量。存储节点传输性能测量实验及结果如图 3-16 所示，图 3-16（a）所示为实验场景。本实验在同一个物理存储节点上分配不同数量的相同应用副本，并向不同计算节点上的 VM 并发执行镜像副本的装载操作；随着同一存储节点上并发装载的镜像副本数目的增多，考察镜像副本在物理节点的平均 I/O 速率变化。具体实验结果如图 3-16（b）所示，可以发现，随着并发传输的镜像副本的数目增多，同一存储节点上镜像平均传输速率逐渐衰退，衰退趋势可以用指数函数来近似拟合。因此，选择镜像副本的部署位置时，需要根据当前存储节点负载，考虑副本 I/O 传输性能可能出现的变化情况。

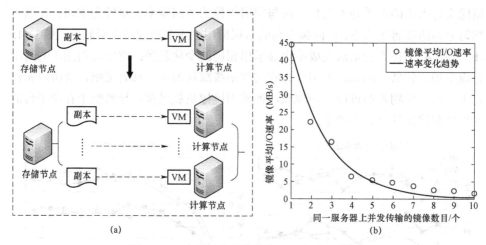

图 3-16 存储节点传输性能测量实验及结果

(a) 实验场景；(b) 实验结果

2. 存储网络传输性能分析

之后，设计实验对存储平台物理网络中镜像传输的性能进行测量。存储网络传输性能测量实验及结果如图 3-17 所示，图 3-17（a）所示为实验场景。本实验在不同存储节点与计算节点之间进行一对一并发的镜像副本装载操作；不断增加镜像传输节点对（存储节点与计算节点组成的节点对）的数目，并调整存储网络的物理配置，考察不同场景下镜像副本装载时间的变化情况。具体实验结果如图 3-17（b）所示，可以发现，随着存储网络中并发传输的镜像副本数目的增加，在不同配置的存储网络中，镜像装载时间的变化趋势大体相同：当执行镜像副本装载操作的节点对数目较少时，镜像副本装载操作的耗时几乎保持在相对固定的数值；当镜像传输节点对的数目达到一定规模后，副本装载操作的执行时间逐渐出现近似线性的增长趋势。当平台存储网络配置增强之后，装载操作完成时间出现增长趋势的时间点会对应推迟。

由于本实验中，每个存储节点只部署了一个镜像副本，存储节点上不会出现因镜像并发装载所导致的 I/O 性能下降状况，因此，本实验中镜像副本装载性能的变化更多是由网络传输性能引起的。当存储网络中并发传输的镜像副本数目较少时，网络传输性能没有被完全利用，此时镜像副本的装载速率主要受存储节点 I/O 速率的限制，因此镜像装载操作的执行时间几乎是固定的。而随着存储网络中并发传输的镜像副本数目逐渐增多，每个副本分摊到的网络传输速率会逐渐下降，相比于存储节点的 I/O 速率，网络传输速率逐渐成为镜像装载的瓶颈性能，此时镜像副本的平均传输速率会随着网络中并发传输的镜像数目增多而下降，因此出现了镜像装载操作执行时间的上升趋势。

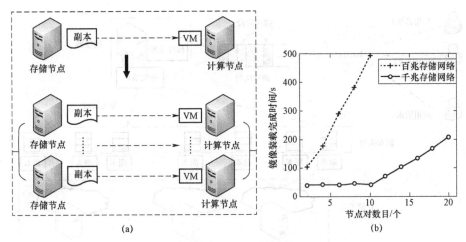

图 3-17　存储网络传输性能测量实验及结果

(a) 实验场景；(b) 实验结果

　　根据平台性能测量实验的分析结果，在选择副本部署位置时，需要对当前平台存储节点以及存储网络的负载进行综合考虑。一方面，需要根据存储节点的负载状况，对镜像部署之后平均 I/O 性能的衰退情况进行分析；另一方面，需要综合考虑存储网络的负载状况，分析当前平台中应用副本传输的瓶颈性能，避免网络或节点 I/O 性能的过度浪费。

第四节　资源调度的规划与设计方案验证

　　多租户作业调度场景下，不同租户向云计算平台提交了应用执行请求之后，如果当前平台正在执行其他应用，没有闲置的计算资源可以执行用户请求的应用，那么未被处理的请求会被暂时存储在一个等待队列当中，等待其他作业执行完毕。平台的作业调度器会根据特定的调度算法决定队列中应用请求执行的先后顺序，并将请求分配给特定的应用副本。当平台中有闲置的计算资源时，继续完成应用副本装载和作业执行的过程。在单作业执行性能固定的情况下，作业流的整体性能将由作业请求的调度策略决定。下面对云平台上作业请求的两阶段调度流程和常用的调度策略进行整理与总结。

（一）两阶段作业调度流程

　　多租户场景下，应用请求在云平台的调度流程如图 3-18 所示。当租户们提交应用请求之后，作业调度器会根据预先设定的调度策略对积压在调度队列中的请求进行调度。整个作业请求的调度过程分为两个子阶段：作业排序阶段与作业分配阶段。

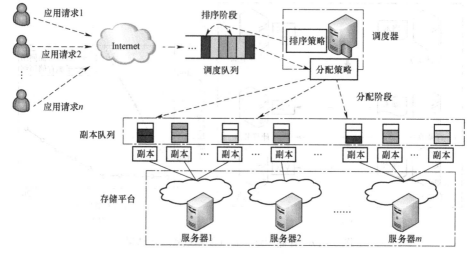

图 3-18　两阶段作业调度流程示意

1. 作业排序阶段

作业排序阶段中，调度器根据具体的排序算法，并结合具体应用的业务源特性，决定调度队列中作业请求执行的先后顺序。在云计算平台多租户服务调用模式下，不同租户服务功能需求的多样性较为明显，同时不同应用的作业请求强度也各不相同。在应用请求并发性和突发性明显的调度阶段，容易出现由于平台计算资源满负载而作业请求积压的状况。此时，合理的作业排序策略能够减缓调度队列中作业请求的积压状况，避免由于作业请求峰值到来而造成平台吞吐率大幅下降，进而提高作业流的处理效率。

2. 作业分配阶段

作业排序阶段结束之后，调度器决定了具体需要被执行的作业请求，之后该作业的调度进入作业分配阶段。该调度阶段，作业请求会被分配到具体的应用副本上进行处理。当副本资源被其他请求占用时，暂时不能被处理的请求会被积压在逻辑的副本队列当中，等待副本资源的释放。出于对应用性能和可用性的需求，通常同一应用在平台上会部署有多个镜像副本，此时调度器会根据具体的作业分配策略决定处理该作业请求的镜像副本。由于不同应用副本的请求队列积压程度、所在存储节点的性能存在差异，因此相同的作业请求在不同的副本分配策略下，可能会经历不同的处理耗时。合理的作业分配策略将决定作业请求的合理分流状况，进一步优化请求作业流的处理效率。

两阶段作业调度结束之后，作业请求被定位到了具体的应用副本上，后续将执行资源层和平台层描述的虚拟集群构建、应用镜像装载的过程，最终完成大数据作业的执行。

（二）作业排序策略

作业排序策略决定了调度队列中作业请求处理的先后顺序，合理的排序策略能够优化请求的积压量，提升平台的吞吐率。重点考察的学术界和工业界常用的典型排序策略如下。

（1）随机排序策略（Random Ordering Policy，ROP）：该策略随机选取一种应用请求进行调度。在此排序策略下各类应用的请求有相同的概率被调度，是一种对于各类应用相对公平的排序策略。

（2）先入先出排序策略（First In First Out Policy，FIFO）：该策略按照请求到达的顺序依次调度每个作业请求。作为运用最广泛的排序策略之一，在此策略下不同应用请求的调度概率正比于请求到达的频率。

（3）最短完成时间优先排序策略（Shortest Remaining Time First，SRTF）：该排序策略优先调度预计完成时间最短的作业请求。当平台作业负载较重时，调度队列中会出现请求大量积压的状况，此时使用 SRTF 排序策略可以在固定时间内调度更多的作业请求，缓解调度队列的请求积压状况。

（4）最长完成时间优先排序策略（Longest Remaining Time First，LRTF）：与 SRTF 策略的调度优先级相反，LRTF 策略优先调度预计完成时间最长的作业请求。当平台处于轻负载状态时，优先处理大计算量作业的 LRTF 策略，可以在不影响作业流性能的前提下最大化计算资源的利用率。

（5）最大权值优先排序策略（Myopic Max Weight Policy，MMWP）：该排序策略针对 SRTF 排序与 LRTF 排序可能出现的作业请求无限积压的状况而提出。SRTF 与 LRTF 策略每次确定性地调度计算量最小或最大的作业，导致当调度队列中积压了多于两个作业请求时，最大计算量（在 SRTF 策略下）或最小计算量（在 LRTF 策略下）的作业请求会一直处于等待状况，直至队列中的其他请求被完全处理。因此，使用这两种调度策略可能会出现最大或最小计算量的作业请求处于无限等待的状况，无法保证相应的服务质量。针对应用请求积压的问题，Myopic Max Weight 策略在 SRTF 和 LRTF 策略的基础上综合考虑了请求的积压时间，以作业计算量（针对 LRTF 策略）或作业执行效率（针对 SRTF 策略）与该作业请求的等待时间之积为权值，优先调度权值最大的作业请求，使积压时间长的作业请求获得更大的被调度的可能，避免了作业请求无限等待的情况出现。

（三）作业分配策略

作业分配策略决定了作业请求具体被分配到哪个应用副本来执行。合理的分配策略可以优化作业请求的分流，均衡各作业副本的负载，提高整体服务性能。重点考察的学术界和工业界常用的典型分配策略如下。

（1）随机分配策略（Random Routing Policy，RR）：该策略将作业请求随机分配到其中一个应用副本来处理。在 RR 策略下，调度过程的各时间点上，同一应用各个副本被分配作业请求的概率是相同的，对同一应用的各个服务副本来说是一种相对公平的分配策略。

（2）最短等待队列优先分配策略（Join The Shortest Queue Policy，JSQ）：该策略根据不同副本队列的请求积压状况来分配作业请求，将作业请求分配给当前请求积压最少的应用副本来处理。在 JSQ 策略下，调度过程的各时间点上，同一应用各个副本的请求积压量是大致相同的，对同一应用的各个副本来说是一种负载相对均衡的分配策略。

（3）最短期望等待时间优先分配策略（Minimum Expected Delay Routing Policy，MEDR）：该策略根据请求的预估等待时间来分配作业请求，将作业请求分配到预计等待时间最短的应用副本来处理。在 MEDR 策略下，调度过程的各时间点上，被调度请求的等待时间是相对较短的。

（4）最短期望等待总时间优先分配策略（Overall Shortest Expected Delay Routing Policy，OSEDR）：该策略在 MEDR 策略的基础上，进一步考虑了每个副本对应的逻辑队列的排队时间，将作业请求分配到相应的应用副本，使所有副本逻辑队列所积压的请求执行总时间最短。相比 MEDR 对单作业请求的局部性能优化，OSEDR 进一步考虑了全局副本的请求积压状况。

第四章

云计算数据中心网络安全的规划与设计

第一节　云计算数据中心存在网络安全问题分析

一、云计算服务中基于 MB-tree 的数据完整性保护问题研究

云计算技术以其强大的数据处理能力、廉价的组织形式、以软件形式进行服务提供等优势，逐步将现有的数据中心进行整合，构建大规模的计算服务资源池。同时伴随高带宽网络环境的构造以及方便快捷的网络接入模式，数据用户能够轻松地定制远程数据中心的数据存储服务及其他相关业务。以往数据用户的数据存储大部分是以个人设备存储管理为主，将数据转移到云计算环境下的模式带来了很多便利，比如：构建存储基础设施、不需要管理存储基础设施、不需要关注数据存储的各种功耗以及后期维护等。但是鉴于云计算服务对数据用户的透明特性，此时对存储数据的管理和维护均是由云计算服务提供商全权负责，数据用户只能享受服务而无法了解服务是如何提供的。同时如果云计算服务提供商的存储基础设施出现安全问题，数据用户也是无法知晓的。

如何保障云计算环境中用户数据的完整性和可利用性的问题，成为云存储应用服务能否得到推广的关键，解决这一问题反过来也能够大幅提高云存储应用服务的服务质量。由于云存储模式下数据用户自身不再保留原始数据的副本，因此对云计算服务正确性的检验过程就不能涉及数据文件的详细信息，直接采用原始的数据加密形式进行数据完整性检查的方法就变得不可行。从另一个方面来看，存储于云计算环境中的数据会被用于频繁的动态操作，比如插入、删除、更改、增补等，那么在存储数据正确性检验的同时也应该支持对存储数据动态特性的验证。

（一）现有的数据完整性保护机制

1. 消息认证码技术（MACs）

传统的保护数据完整性的方法主要是采用基于密码学原理的机制，使用指定的加密算法将原始数据信息进行各种形式的代换或变换，从而得到完全随机

的字符串序列，然后对该序列应用对应的解密算法进行还原得到原始数据信息。消息认证码就是应用最为广泛的、用于验证数据信息完整性的一种机制或服务。

使用消息认证的方法，能够使数据信息接收者确认自己接收到的数据信息与发送时是一致的（即没有被修改、插入、删除或重放），并且数据信息发送者声称的身份是真实有效的。消息认证码 MACs 利用密钥生成固定长度的数据信息摘要块，并将该摘要块附加于数据信息之后，随信息一起发送至数据信息接收者；数据信息接收者使用对应的密钥重新计算所接收数据信息的 MAC 值，计算所得出的新 MAC 值用于与接收到的原始 MAC 值进行比较，如果二者相等则有以下几种情况。

（1）数据信息接收者确认其接收的数据信息没有被修改。由于假定数据信息截获者仅截获数据信息而无法获取相关密钥，那么截获者就无法去构造新的 MAC 值来与他们修改后的数据信息相匹配。于是数据信息截获者即便改变了原始数据信息的内容，也不能改变对应的 MAC 值，对数据信息接收者而言其计算得到的新的 MAC 值显然和接收到的原始 MAC 值不相等。

（2）数据信息接收者确认数据信息来自正确的发送者。同样还是基于数据信息截获者对密钥不可获得的假设，其不可能构造包含正确 MAC 值的数据信息包。

（3）若数据信息是批量发送的，那么数据信息接收者可以确认接收的顺序性，这是因为数据信息截获者无法改变批量数据信息传递的序列号。

2. 可检索证明模型（POR）

POR 模型在加密数据文件分块的同时，还在数据文件中的任意位置随机地插入特别设计的探针块。探针块构造过程的加密性和值域的随机性，使探针块与数据文件分块之间是难以分辨的，这样就可以很好地屏蔽真实数据文件分块与探针块的差别，便于后续文件检验操作。如果数据文件被修改则有可能会涉及对探针块的修改，于是在验证过程中，若验证者指定检验部分探针块之间的数据文件内容的完整性，并要求返回指定探针块的具体数值时，验证者有可能无法得到预期的检验结果。

（二）基于 MB-tree 的数据完整性保护

我们可以了解到云存储应用服务的服务模式，即数据用户首先将数据信息文件上传至云服务提供商，然后提供商代表数据信息文件拥有者向数据用户提供服务接口。鉴于云存储应用服务的远程存储特性以及云计算服务提供商潜在的信任度问题，需要制定一套完善的机制，来使数据用户能够检验云计算服务提供商对数据信息文件的持有性，同时能够对返回的数据信息文件的真实性和完整性做出判断。

查询认证（Query Authentication）就是云计算服务供给系统需要具备的一项基本功能。对存储于云计算服务提供商处的数据信息文件进行查询认证，有两个方面的问题需要得到妥善解决：一是需要快速定位被检验的数据信息文件分块，二是采用高效的方法检验数据信息文件分块的真实性和完整性，同时还要展现其动态特性。

（三）基于 MB-tree 的数据动态性支持

实际应用场景中，存储于云的数据信息文件除被频繁访问之外，还可能因应用需求的变化而被更改。于是云存储服务的另一个重要需求，即是对数据动态操作的支持以及数据动态变化后的完整性检验保障。树形认证方法的技术特点就是在数据动态性支持方面颇具优势。

对数据信息文件进行的动态操作主要指的是修改、插入和删除，这三种操作均可以抽象为 MB-tree 树形结构上的修改、插入和删除操作，通过树形结构的变化以及树形认证方法来直观地呈现。从实际应用的角度考虑，"修改"操作的频度最高，而"插入"和"删除"的情形较少出现，于是我们主要以"修改"操作为例研究基于 MB-tree 树形结构的数据动态性支持问题。

二、多级混合云面临的数据安全问题

多级混合云是由多种不同安全等级、不同管理域的云组成，这种云服务模式势必带来跨云、跨级、跨域等安全问题，同时由于云服务模式本身的特点，使这些安全问题更为复杂。

（一）数据访问权限面临的主要问题

授权管理工作在多级混合云中由单一管理机构进行管理显然是行不通的，需要将管理对象范围划分，将大量的管理对象划分到不同的管理域中，由各域分别负责本域授权管理工作。划分管理域后，各管理域内的授权工作量要明显减小，对于域内管理员应是可接受的。为此，多级混合云中的多级授权管理主要面临以下三个方面的问题。

1. 多级混合云的跨级授权问题

传统多级授权管理模式，通常只能依赖于管理员的谨慎操作来保证管理权限委托的安全性，难以防止权限泄露。故在向下委托管理权限时，首先应当保证委托方自身具有足够的管理权限，其次应当保证委托的管理权限仍在管理范围内，最后还应当支持管理权限的安全回收，即可收回已经委托的管理范围，并重新获得该管理范围的管理权限。

传统多级授权管理模式下，将管理对象划分为不同的管理范围，分别指派给不同的管理角色，再将管理角色进一步指派给不同的用户，从而实现分布式的授权管理。这种管理模式，实现了用户与角色、角色与权限的静态映射，授权及权限撤销时都需要进行配置，管理负担繁重，并且只能通过管理员的认真负责来保证授权的正确性。而且在传统模型中，管理策略将用户是否属于某些角色的成员，或是否属于某一个管理范围作为先决条件，表达能力较弱，难以支持根据主客体的属性进行授权，或根据实时的上下文因素进行授权。

2. 跨域授权的动态性问题

在多级混合云中，由于存在大量的域间互操作需求，域间需要动态地进行数据或服务交换，传统授权管理模型中角色之间的静态映射方式已无法满足该需求。原因主要有两点：一是角色的数量巨大，静态映射方式需要各域的管理员进行协商后手工配置，建立与撤销映射关系需要大量的授权管理操作，负担十分繁重；二是仅凭跨域角色映射关系实施访问控制，无法根据时间、空间、访问历史、主客体属性等信息动态调整用户的权限，难以满足复杂管理策略的需要。因此，需要引入属性、条件等动态因素，实现基于规则的跨域授权管理与访问控制。

3. 跨域授权的安全性问题

多级混合云中的域间互操作虽然实现了域间资源和服务的共享，但如何保证域内管理对象的安全，即如何安全地实现域间互操作主客体信息的共享，制定访问控制策略并严格执行访问检查，是一个亟待解决的重要问题。

对采用角色映射方式实现域间互操作，现有的研究是在传统授权管理模型基础上通过扩展来完成，域间的角色映射使不同域中的角色建立了关联关系。自治域内的角色关联到外域之后，有可能改变本域内角色之间的职责分离关系，同时域间角色映射关系的传递性也容易造成域穿梭、隐蔽提升等安全隐患。

多级混合云中的域间互操作实现了域间资源和服务的共享，但这种安全的互操作应遵循两个原则：一是自治性原则，要求能够在域间互操作过程中允许域内允许的操作；二是安全性原则，要求能够在域间互操作过程中禁止域内禁止的操作。如此安全地实现域间互操作主客体信息的共享，并依据所制定的访问控制策略，严格执行访问检查，以此确保域内管理对象的安全。

（二）数据访问控制面临的主要问题

1. 云服务商的非法访问问题

多级混合云中的用户十分看重自身任务和数据的机密性。当任务和机密的数据提供给云计算服务提供商后，就无法再掌握这部分任务和数据，但云计算服务拥有对任务和数据的访问权。云计算服务商的 IT 管理员和其他员工可能会私自利用或泄露机密数据，给用户造成无可挽回的损失，特别是高等级云中的数据更是可能涉及企业机密、政策、银行账户等数据，一旦泄露或被非法篡改，后果不堪设想。因此，在多级混合云中必须建立一套用户可信赖的访问控制机制，使云服务商无法访问用户的数据。

2. 跨级、跨云数据泄露问题

在多级混合云环境中，数据的访问者可能来自不同等级的云系统。不同等级云的访问控制方法存在差异，这势必会造成针对同一数据的访问控制策略和强度不一致的问题。并且目前的访问控制策略和方法通常只针对本地，不同云系统在进行信息共享时，无法实施某云或多云的安全策略，对用户的访问行为进行联合控制。此外，更严重的是当低等级云中用户访问高等级云资源的时候，由于低等级云中的访问控制强度低于高等级云，会造成高等级云资源的保护强度降低。

因此，这就要求多级混合云系统必须根据数据共享时不同等级云的安全要求，调整访问控制策略，使整个云系统的访问控制策略统一。

3. 数据间接泄密问题

在多级混合云中，访问控制策略通常只针对用户的单次访问行为，恶意用户间可以通过多次访问造成违法安全策略的数据流动，这种恶意行为在高等级（四级及以上）的云系统中要求必须进行防范。由于多级混合云中必然存在低等级的云，这给数据间接泄密的防护带来了巨大困难。恶意用户可以通过低等级云用户轻易地绕开高等级云的安全措施。特别是在云环境中，由于有云服务商直接访问的可能性存在，使这种威胁进一步加大。

因此，多级混合云中必须建立一套完整的防护机制，避免数据间接泄密行为的发生。

（三）数据安全存储面临的主要问题

1. 数据明文存储造成的数据泄露

多级混合云中用户数据的安全存储、访问控制机制由云服务商提供。即使云服务商建立了一套完善的访问控制机制，使云服务商的管理员无法访问用户数据，但是，云服务商总能通过卸下硬盘直接拷贝的方式得到用户数据。因此对于重要的用户数据，用户需要通过自身密码机制对其进行加密，防止云服务商的非法访问和篡改。

2. 开放环境下的多级密文共享问题

在现有的密码技术中，无论是对称密码体制还是非对称密码体制，加密一方必须知道解密方的共享密钥或公钥。但是在多级混合云这种开放环境中，用户数据托管时，并不可能事先得到解密方的信息，即使知道，也只能进行一对一的数据加密，无法做到解密用户身份不确定的一对多加/解密。

基于属性的密码体制提供了一种方法，可以实现根据用户的身份属性进行加/解密，从而实现一对多的数据安全共享。但是，在多级混合云环境中，通常要求低等级云用户对高等级云中的密文数据进行解密。

第二节　云计算数据中心网络安全平台的设计过程

一、系统需求分析与整体设计

（一）系统需求分析

1. 系统功能需求

随着网络的发展步入云计算时代，复杂的虚拟化环境对安全管理提出了更新的要求。资源虚拟化、动态迁移、新一代网络部署等变化趋势，使其对安全管理平台有了更多要求，如对虚拟资源感知、状态检测；虚拟机安全策略自动处理；日常业务安全保障管理；IPv4/6 的混合数据流的处理；SDN 部署标准 API 接口开放；业务数据取证等。云安全管理平台通过身份、数据、业务的关联分析，安全事件响应的级别更加明确，实现对安全事件处理过程全程跟踪和反馈，能够做到主动的响应：平台能够与传统网络设备、安全防护设备进行联动，并将安全策略和配置自动进行管理，提供实时的快速安全响应。云数据中心安全管理平台需求与满足数据中心的变化如图 4-1 所示，包括以下几点：

（1）计算存储资源的虚拟化，其主要体现在虚拟设备的识别感知、状态检测、数据安全、节点动态扩展；

（2）虚拟资源动态迁移，其主要体现在虚拟设备数据可控性、网络设备安全策略的自动配置与软件定义网络接口互动；

（3）数据中心数据流向变化，其主要体现在数据中心流量提升到 40 G 甚至更高，同时要求节点快速动态扩展；

（4）下一代网络的部署实施，其主要体现在 IPv4/6 混合流量的监管，与软件定义网络的安全处理等。

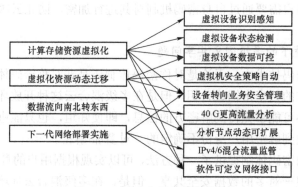

图 4-1　云安全管理平台需求

为了有效解决这些潜在的问题，为云计算网络提供完善的安全保障，云安全管理平台需要重点关注以下几方面。

第一，资源的虚拟化管理。云数据中心与传统的局域广域网络环境差别较大，在云数据中心的虚拟化环境下，数据网络、计算、存储设备整体虚化成包含多个虚拟单元的资源池为用户提供服务，同时安全设备也成为资源池的一部分。云数据中心安全管理平台，需要基于虚拟化设备单元进行配置管理、安全日志分析、数据流量分析等。用户及设备的网络权限也将从实体网络转变为虚拟化网络资源，其权限管理细化到虚拟网络和虚拟资源。用户虚拟化资源在初始化时完成分配和绑定，管理员基于用户进行虚拟资源的安全管理及数据保障。

第二，管理平台集中与开放。在云数据中心网络安全建设过程中，将同时采用不同厂商的安全设备、网络设备进行处理，需要解决厂商之间配置方法上的差异性，多类型安全设备的日志采集管理及与事件关联分析。平台需要集成多类型安全设备的集中配置管理和事件分析功能，对主流厂商的安全日志全面支持；通过开放接口，云安全管理平台作为中间层，完成具有第三方安全管理平台或者安全网络设备的安全处理的配置处理，并进行安全事件的统一上报，为数据中心的统一安全管理提供支撑。

第三，安全策略的自动迁移调整。云数据中心虚拟化环境的虚拟机存在自动迁移的可能，必须满足虚拟机的迁移过程和安全策略的自动迁移，为业务系统自身安全及数据流的安全提供保障。云数据中心安全管理平台必须具备如下功能：与虚拟机管理平台建立联系，及时感知虚拟机的迁移，并能与虚拟机迁移过程进行实时联系，感知虚拟机的迁移动作；建立起虚拟机迁移过程的数据流路径规划，对于路径过程的网络位置精确感知，实现虚拟机迁移过程数据流的安全策略的实施变迁；网络及安全设备能够接受安全策略的配置管理。

云数据中心安全管理平台主要功能需求包括：

（1）支持 IPv6/4 混合数据流监控；

（2）系统安全管理、用户准入管理、固定资产管理、安全事件管理、网络脆弱性管理、网络风险管理、安全策略管理、事件响应管理、安全预警管理、安全知识管理、事件报表管理等；

（3）实现虚拟机的识别、感知部署和迁移，并根据预设置的安全策略库规则向网络设备自动下放安全策略；

（4）交换设备实现安全策略规则，并与虚拟机实现互动，确保虚拟交换数据准确、可靠地达到目的虚拟机，并需要对虚拟机接入安全认证处理，保证数据高性能、低延迟处理；

（5）安全模块实现安全策略规则，对于经过核心的数据交换能够进行安全检测，在虚拟机迁移时实现安全规则的变化处理；

（6）通过信息采集、数据取证对信息系统进行安全分析、评估、告警；

（7）利用多源异构系统对物理设备、软件系统、数据库、业务应用系统的运行状态进行采集、整理与分析，实现安全事件的展示、告警、定位、处置、反馈的统一管理；

（8）实现对预警或通报回执单的自动或人工审核，实现安全事件、安全专项系统状态的本级实时监控与处置，支持符合逐级审核模式，安全事件处理策略的统一。

2. 系统性能需求

云数据中心安全管理平台应用于云数据中心，其性能要求主要集中在设备的多样性、数据流巨大、虚拟网络数量多等特点，其主要性能指标包括：

（1）支持网络设备、主机服务器、数据库、中间件、应用系统等不少于1 000种（虚拟）设备状态检测及设备管理；

（2）单系统支持40 G流量实时分析；

（3）支持虚拟网络不少于1 000个；

（4）支持用户管理、设备管理、虚拟化管理等15个组件。

（二）平台总体设计

1. 平台设计思路及原则

平台设计以信息安全技术与规范化管理相结合为原则，注重实用性、可靠性、兼容性和扩展性，为信息与网络安全管理工作提供管理和技术支撑；云安全管理平台体现以人为核心、以管理为手段、以技术为保障，全面落实云计算时代信息安全管理制度，实现安全管理工作的信息化、规范化，对安全专项系统的技术和管理提供支撑。

云数据中心安全管理平台系统的设计过程中，遵循三统一、一体化、先进性、经济性和易用性的原则。

1）"三统一"原则

云安全管理平台建设参照ISO27001的要求，依据国家标准GB/T 18336—2015《信息技术　安全技术　信息技术安全性评估准则》相关要求和 GB/T 22239—2008中关于信息系统安全保护要求，建设"统一规划、统一标准、统一组织实施"的原则，以保证项目建设高效、顺利地完成。

2）"一体化"原则

以信息安全综合监管平台为基础，充分利用平台统一的流程和知识库引擎，规范信息安全流程，实现信息安全知识共享。并通过平台，实现对安全专项系统的实时监控和级联展现。

3）"先进性"原则

基于业界通用开放性标准，采用先进成熟的技术，遵循优先采用国产化自主知识产权的技术和解决方案，使系统能够满足信息安全业务管理需求，同时适应未来业务需求及发展变化的需要。

4）"经济性"原则

严格遵照实用、经济的原则，尽量利用现有资源，坚持在先进、高性能前提下合理投资，保证在成本最佳的前提下获得最大的经济效益和社会效益。

5）"易用性"原则

采用模块化设计，界面友好、易用，便于管理人员进行直观的操作和管理。

2. 云数据中心安全管理平台架构

云数据中心安全管理平台技术架构支持面向服务体系结构，具备跨平台、可伸缩和高可靠的特性。重点研究基于构件化的新一代云计算安全管理平台，通过接入安全管理组件、服务运维组件，实现 IPv6/4 混合数据流监控、虚拟设备状态检测及管理、网络数据内容取证、虚拟操作系统识别、感知部署和迁移等功能。云数据中心安全管理平台的基础网络层包括网络安全、物理设备安全、虚拟化网络设备安全等，用于采集被监控资源各项指标的数据，并上传至数据层；数据层可以对采集的日志信息、数据流量信息、数据取证进行处理，是平台的核心关键部件；业务应用层用于构建业务拓扑、业务雷达等，是平台从业务视角进行安全管理的关键，实现基于用户业务安全保障的核心；展现层通过可视化管理，从用户业务角度出发，实现安全管理；统一的身份及访问管理贯穿平台，从用户及设备接入，保障设备安全性、网络权限授权等，实现基于用户及设备的网络权限精细控制管理。

云数据中心安全管理平台从用户身份/访问管理，到基础网络安全、数据安全、业务应用安全，全面满足当前云计算数据中心的接入、传输和应用等方面的安全管理需求，并通过可视化界面将系统状态、性能、指标值等信息进行实时展现。该平台在基础网络层支持网络虚拟化、计算虚拟化、存储虚拟化、安全设备虚拟化，实现从传统的计算存储到网络安全设备的对于云数据中心虚拟化的全面支持；重点在虚拟化设备的安全管理，包括虚拟机的识别与感知，虚拟设备的状态监测，在虚拟机迁移过程中确保数据流的安全处理。对于统一的身份及访问库，支持多种认证方式，同时支持针对接入设备强制安全检查，确保接入网络设备可靠，并根据其状态进行网络权限的分配。该平台主要用于云数据中心业务和网络的安全保障以及运维管理，按照组网方式不同可分为两种：一种是单一数据中心安全管理，该方式下将云安全管理平台部署在数据中心机房；另一种是采用一套云安全管理平台管理多个分布式云数据中心，该方式下将云安全管理平台部署在云端，保证 IP 可达。通过利用云安全管理平台，可实现整个云数据中心从业务层面到网络层面的可运维、可管理，实时监控云数据中心承载的各个业务系统的运行状况，以及网络健康状况。在出现问题时，能及时预警和告警，全方位保障云数据中心的可靠性和健壮性，在安全方面，云安全管理平台实施全局性安全防护策略，从接入端到通信端实现立体化安全防护。

云数据中心实现各种安全事件、告警信息的汇总、整理与分析；实现全网安全专项系统运行状态信息和主要业务信息的自动采集、整理与分析；实现工作方式与内容的统一。实现签到、巡检、签收、响应处理、通报告警、审核等工作的标准化和自动化处理；实现综合的人员管理；实现安全管理相关人员的注册、审批、权限管理等；记录安全管理人员的签到等工作完成情况，按照考核要求实现对人员或单位的考核；实现平台管理人员的操作行为的记录与审计；实现本级处理与上下级督导的协同；实现重要安全事件处理和重要工作的多级协同，支持分布式部署，实现云安全管理平台的分级部署；实现数据的分级管理；实现对交互对象数据接口格式、类别等的管理；实现管理数据与策略数据自上而下分发，事件与状态数据逐级上报与处理；实现安全事件与业务处理的综合分析；实现全网的各类安全事件的统一预处理、分析；实现对全网安全业务处理的跟踪、记录、分析；提供综合的处置管理；实现对全网各种安全威胁事件提供告警的响应方式，且可以按实际使用需要对告警方式进行配置；实现云安全平台信息安全、值班等系统的告警协同；提供各类通报信息的统一发布；提供应急预案管理；提供处置策略管理等；实现安全法规、案例、安全服务信息等知识的发布与管理；实现安全管理组织机构的信息展示与维护；实现应急响应预案的信息展示与维护。

二、系统关键模块设计与实现

（一）身份及访问安全模块设计与实现

1. 身份及访问安全模块功能分析

身份是安全网络的前提，用以实现网络有限资源的再分配及网络访问权限控制。用户通过认证进入系统，系统确认用户身份后，根据用户身份进行资源分配，同时配置相应的安全策略，网络资源得以有效使用和管理规范、安全运行。本模块实现接入认证安全，通过接入层准入认证、汇聚层准入认证、出口准出认证方式，实现对用户身份认证，主机健康性、上网权限控制，安全域控制；对TACACS＋设备操作认证和权限控制，以及网络通信安全性等方面的管理。本模块从网络接入者的身份、接入主机的健康性以及网络通信的安全性方面，为云计算数据中心应用构建全局性安全防护网络，保障支持具备可动态部署和迁移的虚拟化操作系统的云数据中心的业务安全和网络安全。

2. 身份及访问安全模块设计实现流程

本模块实现流程如图3-1所示，通过多种认证方式实现接入认证；基于认证结果对用户及其登录设备进行绑定；再进行登录主机设备的安全检查，确保主机设备的安全可靠性；如主机设备本身存在漏洞将强制进行修复处理；根据其用户、设备的状态授权在网络中的行为；正常网络行为将进行日常日志的采集，为后续安全分析提供基础。本模块支持基于 802.1 X 认证、Web 认证、短信认证、无感知认证、二维码访客接入；基于用户身份的网络访问权限控制体系；基于包括用户名、密码、IP 地址、MAC 地址、认证交换机 IP、认证交换机端口号、主机硬盘序列号、IMSI/手机号、SSID 等在内的元素灵活绑定，保障用户身份正确性；用户短消息、修复程序自动下发功能；用户上下线日志功能；用户黑名单功能；基于 Web 的认证功能；基于无线的身份认证功能；第三方厂商交换机联动功能。

用户登录网络首先完成身份认证，并对登录主机进行相关安全性检测，检测内容主要针对设备的健康度，包括主机运行安装软件、当前用户进程、当前用户后台、用户设备的注册表、操作系统自身的补丁、安全病毒软件运行及安装情况，关键用户检测系统外设连接（光驱、软驱、USB 接口等）。通过对登录设备的健康度检测，确保设备主机的健康性，避免问题设备主机带毒进入网络，及时补全设备主机的基础漏洞，避免用户主机入网后内网被主机的异常攻击攻陷。设备主机健康情况检测完成后，根据制定的安全策略对用户进行强制修复，使用户设备主机能够入网完成安全保障。本模块目前支持 Windows 等操作系统的补丁强制更新功能、杀毒软件联动功能、用户端软件安装黑白名单功能、用户端注册表关键值检测及修复功能、用户端后台服务检测及修复功能、用户端进程检测及强制开启/关闭功能、违规用户自动隔离功能、MAC 地址防篡改功能、非法外连检测功能。

用户在完成身份认证和主机端点防护之后接入网络，用户在网络中的行为受到本模块的管理和规范。本模块在主机与云数据中心之间通信时，提供完整的通信防护功能，与 IDS、IPS 等网络安全产品联动，分析用户的实时网络流量及内容，确保网络安全事件得以及时地检测和上报。依赖于内置的丰富的安全事件库，实现安全事件准确地监测，并收集记录形成日志信息，还能辅助决策形成相关安全策略；通过后台服务器、网关设备、接入设备与客户端的多重联动，实现 ARP 攻击三重立体防御；并基于网络攻击进行自动隔离、阻断，对攻击行为形成日志和报表。本模块还提供管理辅助功能：客户机进程列表获取，逐级硬件变动日志，用户端软硬件信息学习、统计等。

（二）业务安全度量模块功能分析

基于业务安全性建模模块，通过实现业务层次结构的自动发现与手动调整，通过基础架构之间的关联关系，对业务支撑状态进行自动判断，对指定业务数据流通路包含设备、服务器、中间件、数据库、虚拟化平台等支撑网元进行归类。对于同一业务的支撑网元，将在业务视图上提供分层次拓扑显示，便于运维人员在业务定期巡检与故障排查时进行系统分析。根据业务在信息系统中的重要程度、业务影响范围等因素，提供业务优先级模型。用户可结合实际运维场景对业务配置不同的优先级，并对不同优先级的业务采用不同评价和保障策略，实现针对业务的服务水平区分。

对于数据的采集，一直存在采集周期与数据量之间的矛盾。若采集周期短，能够更好地掌控业务的实时情况，故障出现时能够更快地发现，更快地响应，保障业务的稳定运行。但采集周期短也意味着单位时间内采集次数多、数据量大，将给监控系统带来更大的负荷和压力。若采集周期长，则监控系统负荷小，但采集间隔时间长，对于重要业务的问题发现与响应有所不利。针对这样的矛盾，依据服务质量标准要求，根据优先级采取与之重要程度相适应的采集周期策略，即针对重点业务提供监控资源的重点保障，短周期采集实时监测，而对相对一般业务，采取与之优先级相匹配的采集周期，从而实现重点业务的重点保障，以及整体负载的有效控制。

（三）虚拟机识别迁移模块设计与实现

1. 虚拟机识别迁移模块功能分析

虚拟化支持就是在交换机端针对虚拟化特殊需求，发现虚拟机和虚拟机迁移、对虚拟机实施策略和支持虚拟机报文转发的反射口功能；网络安全设备需要将安全策略进行路径全面配置处理，适应虚拟机迁移过程的处理。为方便用户部署虚拟机，虚拟化平台都支持在虚拟机所提供服务不间断的情况下，将虚拟机根据用户需要事先在不同物理宿主机进行迁移。当虚拟机在数据中心内迁移时，与之相关的网络层策略、安全策略随之实施移动，确保网络资源、数据流安全。虚拟机从一台物理服务器迁移至另一台物理宿主机上时，在进行数据交互之前，网络设备、安全设备的网络及安全策略需要完成相关工作，以满足安全需求；同时跟踪虚拟机的迁移，不需要变更以太网数据包。

2. 虚拟机识别迁移模块设计实现流程

对于数据中心，其中关键一点是虚拟机迁移过程中安全策略随之移动，确保虚拟机数据交换过程的安全可靠。虚拟机识别迁移模块从接收到虚拟机管理软件的 API 通告，到发现虚拟机即将进行迁移开始进行处理；虚拟机迁移到新的宿主设备，对外发送属于自己的通告 MAC 地址，接入设备收到该通告 MAC 地址，上报到安全管理平台；安全管理平台基于新旧网络位置信息，计算虚拟机网络路径相关设备，将相关网络设备安全策略进行重新配置处理；基于迁移过程的设备关联性，安全管理平台将虚拟机相关的安全策略进行重新下发；网络设备及相关设备将安全策略生效后，虚拟机的数据通道开放实现数据交换处理。

（四）数据安全模块设计与实现

1. 数据安全模块功能分析

数据安全包括事前扫描、事中分析、事后审计。事前扫描评估，通过建立安全数据库，保障用户信息的可用性、保密性和完整性；通过数据流量分析，帮助用户在网络规划、网络监控、网络维护、故障处理、性能优化等方面做出准确的判断和决策；审计作为事后追溯的最有效依据，不仅是合规的要求，也是内部自身安全运维管理的推动，在满足合规的同时，能够弥补组织安全策略的不足，快速提升审计能力和水平。云计算安全管理平台提供全面的数据流量分析管理，从设备、终端、应用、会话、IP 分组、MPLS VPN 等多种分组角度去详细展示网络中的流量情况，支持流量分析数据查询和导出功能，为管理者提供网络流量信息统计和分析功能；对 Windows 日志和 syslog 日志的监控管理，接收相关日志信息，进行存储、分析并告警，以满足用户对日志管理的需求。

2. 数据安全模块关键实现流程

数据安全模块实现流程主要从网络设备的接口进行流量采集、从网络设备的 IPFIX 进行会话信息采集，集中在数据库进行存储；基于网络拓扑在流量信息采集基础上实现流量拓扑的实时绘制；基于五元组乃至应用的会话实时流量信息绘制，为管理者通过网络整体数据流提供安全可视化管理；基于用户业务为具体业务提供安全分析管理；基于会话的流量分析管理为深度业务提供安全保障。本模块处理的关键在海量数据流量特别是会话流量内容的分析。

流量拓扑绘制：流量拓扑展示网络中各设备和关键链路的互连情况以及流量信息。流量拓扑中添加设备直接进行资源发现，支持流量拓扑编辑功能，提供全局设置，配置监控指标、警戒阈值及颜色，提供用户自定义图片的添加导入。用户可以将符合自己应用和习惯的图片导入系统中，在流量拓扑中进行呈现，让拓扑更直观、便捷。

接口流量统计：通过采集接口流量管理，根据运维管理需求和业务开展情况展现接口流量走势，支持自定义接口组来灵活关注设备接口流量信息，用于展示每个接口的进出流量速率、掉包率、带宽占用率三个指标情况。用户对组内不同的接口流量情况进行分析比较。用户设定要查询的时间段，从速率和带宽占用率两个方面来比较。基于设备接口，从终端、应用、会话和 IP 分组维度分析通过该接口的流量信息。用户可以选择了解在不同时间段内，上述维度流量排行是前五或前十的项目，每个项目可以提供出入速率、转发包数等数据。

流量分析处理：从网络设备、应用类型、终端、会话、IP 分组和 MPLS VPN 等视角来查看相应的流量情况，从终端、会话、应用、IP 分组维度了解具体的流量使用情况，提供了 TOPN 排名展现功能，可视化网络流量行为与趋势，识别用户、应用程序等多个维度的消耗带宽的排名，同时提供数据下载功能，查看每条数据的详细流量构成。基于应用使用的端口号来确定应用类型，从应用角度为用户提供流量分析。用户可以定义关注应用列表，方便了解关注应用在某一时间段内的出入速率、包数和带宽占比情况。同时用户也可以从 RIIL 中看见使用该应用的终端和会话连接的流量排行。支持根据会话情况进行流量分析，支持用户自定义了解任意接口排行前十的会话情况，对于每条会话的流量情况，用户可以知道在每一次采集记录周期内，该会话在流入流出方向总共产生的流量和包数，以及带宽占比。MPLS VPN 内流量情况的需求也越来越迫切，从终端、应用排行了解VPN 内的流量详细信息也变得越来越重要。

实时数据分析：支持为用户提供实时查看与分析数据的功能。当用户需要在当前时刻查看或者对比某些具体指标时，可以通过实时数据分析的功能将多个指标以心跳图的方式展示出来，使实时数据快速、直观地呈现。用户还可以根据需要自定义并保存视图，以方便在任何需要的时刻点击查看实时视图。

日志监控：通过添加参数来接收所要关注主机的日志信息，并可按照关键字检索。检索结果会按照关键字内容将相关日志信息高亮显示，可对照日志告警的分类自动识别告警信息，并在页面中进行列表显示，以便于用户直接在系统中查看相关级别的日志告警信息，不需要再远程登录主机操作。

（五）资源监控模块设计与实现

1. 资源监控模块功能分析概述

物理资源监控管理，通过分布式数据采集和调度引擎采集物理设备中的关键数据，运用先进的拓扑计算分析引擎，自动发现物理设备之间的拓扑连接，以及相互之间的影响关联，帮助管理员能够对全网物理设备的物理逻辑关系一目了然。通过 7×24 小时监测系统的关键性能指标，接收海量的事件日志分析，运用智能可靠的事件关联分析引擎和根本原因分析引擎，分析设备的各种潜在风险和问题故障，深入洞察和分析故障的根本原因，以帮助管理员能够快速解决故障问题。对网络设备的监控管理，能够及时发现网络中存在的各种潜在性能风险和性能瓶颈，及时预测网络风险。提供系统高度简单、灵活和人性化的管理界面，以直观的图形化方式展现性能指标，给用户呈现各种性能视图。

2. 资源监控模块设计实现流程

资源监控模块实现对于设备资源、虚拟资源进行监控，并可根据用户需求来定义监测指标，监测关键性能。

设备监控包括设备的 CPU 负载、内存利用率、各接口的 I/O 流量，进行 bit/s、byte/s 和 Packs/s 统计，区分入流量及出流量；设备接口到对端的丢包率和网络延迟；设备接口的利用率；设备的端口流量。对主机设备的监控管理，对于主机服务器来说，支持对 Windows、Linux、IBM AIX、HP-UX、SUN Solaris、SCO Unix 等操作系统进行监控，包括服务器状态；磁盘使用大小及使用率、磁盘读写速率等指标；物理内存及缓存的使用大小及使用率。对于文件系统：文件系统的利用率，如 root 文件系统、var 文件系统、tmp 文件系统、应用文件系统等；虚拟内存的总量、利用率等；重要的进程的启动、停止和状态改变情况；网卡连接及流量、网络端口的丢包率、利用率、发送速率等指标；监控 UNIX 系统的 syslog 日志和 Windows 的 Event Log。其他能够监测操作系统中的应用服务、进程及系统日志、文件、目录、磁盘 I/O、网络流量等信息。

系统通过提供对存储设备的监控管理功能，监控存储设备的基础信息，包括设备信息、位置、型号；监控存储设备的 SNMP 状态，包括 SNMP 代理程序版本；监控存储设备的性能，包括共享内存状态、电池状态、环境状态、风扇状态、固件版本、电源状态；监控存储设备的控制器，包括控制器总线、控制器高速缓存、控制器处理器、控制器序列号；监控存储器的磁盘，包括磁盘单元驱动器状态、磁盘单元环境状态、磁盘单元风扇状态、磁盘单元电源状态、磁盘单元序列号、磁盘 I/O 利用率。对存储设备进行监控管理，能监控文件、文件系统或数据库对存储空间的使用，可按用户的需求定义阈值，超过阈值时可提供多种方式的报警；能提供全面的报表以反映数据存储的情况。对存储运行进行优化管理，能够监控存储需求量的增加速度，考虑适时提高每年的生产能力；能够监控数据读取的响应速度；能够监控确保系统安全的存储整合管理。

虚拟资源监控管理模块，对云计算中心各种虚拟资源进行集中全方位的监控，涉及的虚拟资源的各种关键性能指标，包括 CPU、内存、磁盘、磁盘 I/O、流量、文件系统、事件和日志等。能够支持虚拟资源中各种常用的操作系统，包括 Windows 系列、Linux 系列、UNIX 系列、AIX 系列等产品。及时发现各种潜在性能风险，以防止和杜绝各种潜在问题。生成应用和逻辑连接到物理基础架构的映射关系，提供物理和虚拟架构之间端到端的视图；采集监测虚拟服务器运行情况，包括资源利用情况、可用性以及健康状况。全面监测虚拟机中运行实例的可用性、CPU 利用率、内存利用率、磁盘利用率、磁盘 I/O、服务进程运行情况、网络状况等数十种性能指标；支持设定各种阈值配置，当性能指标超过阈值时，实时生成告警；系统 CPU 负载；系统内存使用情况；系统磁盘使用情况；系统网络流量使用情况；系统 I/O 情况；系统可用性：提供各种实时、历史运行报表。

通过适配器的 API 完成虚拟机的创建、启动、停止、删除、迁移等操作；获得主机或虚拟机的状态。虚拟机应支持备份和恢复；备份和恢复可采取快照、镜像或代理等模式。在虚拟机进行备份时，应保证虚拟机的硬盘文件和内存数据的一致性，应能够支持数据库、应用服务器等繁忙业务的一致性备份和恢复。在备份中，建议能够将多台虚拟机所构成的整体业务环境进行统一备份，备份应保证多台虚拟机的时间点一致性和数据一致性。启动虚拟机：在虚拟化监控模块中启动虚拟机。停止虚拟机：在虚拟化监控模块中关闭虚拟机。重启虚拟机：在虚拟化监控模块中重启虚拟机。虚拟机迁移：在虚拟化监控模块中将虚拟机在物理主机间迁移。虚拟机快照：针对虚拟在运行过程中的变化，采用虚拟机快照的方式可以很方便地保存虚拟机的状态。虚拟机导出/导入配置信息维护：主要内容包括机器名称、IP 地址、处理器类型、处理器数量、内存等。

第三节　云计算数据中心传输与存储安全设计探究

一、云用户数据传输和存储安全的关键技术

随着云计算技术的不断发展及相关应用需求的不断变化，云计算安全，特别是数据安全方面的问题越来越突出。

（一）数据传输和存储安全的应用场景

随着云计算的不断发展，各企业、政府机构开始自建专有的云计算服务平台。然而随其应用越广，带来的安全问题越多。

云计算提供商会提供可信的云计算服务，它所提供的硬件资源都是值得信赖的，并且会提供尽量全面和完备的安全机制，例如对数据中心进行摄像监控和全程安保等。但是随着云计算用户的增多，相关机密信息和敏感数据的交互需求也相应增多，又由于用户对于云计算的内部机制完全不了解，所以用户无法将数据放心地放在云环境中。在这里，我们在云计算服务器中加入 TPM 可信芯片，假定没有人员替换或者篡改云计算的基础硬件设施，并且在运行的过程中，也没有利用硬件探测设备连接到服务器上进行攻击。

云服务器的威胁模型如图 4-2 所示。用户的任务在用户的个人虚拟机中运行，白色的框代表系统中不可信的部分，灰色的框代表系统中可信的部分。其中，云环境中云服务器的硬件，TPM、VMM 以及用户进程是可信的；用户操作系统内核以及普通程序不可信。从图中能够发现数据在网络传输或者是磁盘上存储时，有可能被中间人攻击，因此我们需要一些安全机制来保证数据的保密性和完整性。在此基础上，我们引入了安全芯片、智能卡，以及可信第三方来保证用户数据传输和存储的安全。

（二）数据传输和存储安全的关键问题分析

由数据传输和存储安全的场景分析可知，基于安全芯片的数据传输和存储，必须解决用户与云服务器的双向身份认证问题、用户数据传输和存储安全问题。

1. 用户与云服务器的双向身份认证问题

一般情况下，验证用户的身份有三种方法：

（1）基于用户知道的秘密；

（2）用户本身的特征，比如指纹、虹膜认证；

（3）用户所拥有的绝无仅有的物品。

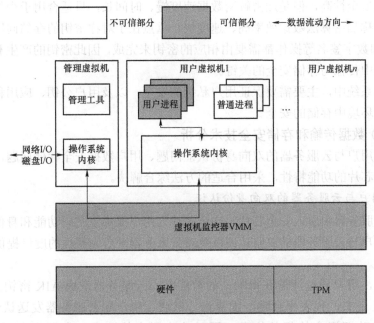

图 4-2　云服务器的威胁模型

当前，智能卡认证以及口令认证等是基于以上方法中的一种常见认证方式；网上银行使用到的用户口令加电子口令卡或者用户口令加 USB KEY 方式是基于多个因素而构成的认证策略，即双因素或多因素认证。

基于智能卡和口令的双因子认证机制共同使用第一种和第二种认证方法。在登录系统的过程中，用户只需要输入正确的 ID 和口令，同时使用服务器给用户发放的独一无二的智能卡，就可以通过认证，进入系统，成功使用系统提供的服务。但是，在该过程当中智能卡用户仅仅认证了服务器的身份，并没有对服务平台的可信性进行验证，从而不能确定服务器的状态是否安全可信，对用户信息缺少有效保护，很可能对用户个人隐私造成丢失或者泄露，所以在双向身份验证的过程中应该加入对服务器平台的完整性验证。

2. 用户数据传输和存储安全问题

一般情况下，用户的一些秘密数据都会保存在用户端，比如：用户密码、账号或者私人相关信息等。在云计算环境中，用户将需要处理的数据传输到云服务器中进行相应的操作，主要存在以下问题：在传输过程中，如何确保用户数据不被中间人窃取；如何确保服务商收到用户数据之后，不盗用或者损坏数据。

在云计算环境中，首先我们需要保证数据在传输过程中不被非法分子获取，其次就是针对用户上传到云环境中的应用程序和数据进行加密存储，保证用户数据在计算和运行过程中的安全。数据加/解密是保证数据安全的一般方式，非对称加密算法安全性高，但是加密解密数据速度慢、时间长，只适合用于少量数据的加密；对称加密算法数据效率高、速度快，重点在于对称密钥的存储问题。由于加/解密和数字签名等操作都需要由相应的密钥来完成，因此密钥的产生和存储成为云环境中传输与存储安全的关键。

在本系统中，主要需要保证用户私钥的安全，以及用户公钥、应用程序公钥在云计算环境中存储的安全。

（三）数据传输和存储安全技术分析

针对用户与云服务器的双向身份认证问题、用户数据安全存储问题，需充分利用安全芯片的功能特性，采用合适的方法综合解决。

1. 用户与云服务器的双向身份认证

在云服务器中引入安全芯片，安全芯片为用户提供了密码功能和身份认证功能，为用户与云服务器的双向认证以及对云服务器平台完整性的度量提供了更可靠的条件。

首先，用户通过注册获得唯一的智能卡，云服务器生成 AIK 密钥并向 CA 申请 AIK 证书，代表平台唯一的身份。然后，用户向云服务器发送认证请求，云服务器验证用户的相关信息，同时响应用户的请求，向用户发送由 AIK 证书签名的信息；用户收到信息后，通过 CA 验证 AIK 证书的有效性，再利用 AIK 公钥验证数据的真实性，从而确认对方平台身份的可信，同时根据度量日志确定平台状态的可信性，最后获得通信密钥。这样就完成了用户与云服务器双向认证，用于保证数据传输的安全性，同时也对可信云计算平台进行了完整性度量。

2. 用户数据传输和存储安全

在用户与云服务器完成身份验证之后会获得通信的密钥，该密钥主要用于数据传输过程中的加密，从而保证了用户数据传输的安全。

用户在上传数据之前需要先将数据加密，在本安全模型中，针对的是应用程序以及相关的数据。用户为每个应用程序都生成一对 RSA 非对称密钥 PK_{app}/SK_{app} 以及一个对称 AES 密钥。首先，用户需要向虚拟机管理器提交程序注册的请求，请求信息包含：使用会话密钥 K_{us} 加密用户 ID、命令（程序注册）、主程序名称、PK_{app}。然后用户使用模型提供的加密工具对程序和数据文件进行加密，同时使用 SK_{app} 对 AES 密钥进行加密，并将加密后的文件和密钥传送到服务器端。由于会话密钥只有用户和云服务器知道，之前的双向身份认证保证了会话密钥的安全，后续的一些控制命令都会使用该密钥加密，从而保证数据传输的安全。

在这些过程当中，密钥的存储至关重要。首先，用户的私钥保存在智能卡中，这个安全性很高，不容易被其他用户窃取；其次，用户的私钥以及应用程序的私钥都会保存在 VMM 的内存中，这部分内存不能被其他 OS 以及应用程序访问，从而保证了密钥存储的安全。

用户数据上传到云服务器中之后，在云服务器中会以密文的形式保存，考虑到维护成本以及一些灾害的发生，云服务器将会备份数据，此外，恶意的内部人员也可能非法保留用户的相关信息和数据。然而由于数据是以加密形式存储的，这些合法或非法的数据拷贝并不会造成数据隐私性的威胁。

二、云用户数据传输和存储安全方案

（一）云用户数据传输和存储安全方案

提出一种以基于安全芯片的云用户数据传输和存储安全关键技术为核心的方案。

本方案以 TPM 的可信度量根为起点对平台组件进行完整性度量，在启动过程中，为了保证云计算平台的可信，云服务器需要使用可信计算相关技术对启动的软件进行度量。为了实现平台身份的完整性保护以证明身份，云服务器将 TPM 的可信报告根作为平台身份可信的唯一标识；利用 TPM 的可信存储根，实现密钥管理以及云计算环境中数据的安全传输与存储。

基于安全芯片的云用户数据传输和存储安全系统，包括可信 CA 服务器、客户端和可信云服务器三部分功能实体，可信云服务器中装有 TPM 安全芯片，利用 TPM 的安全功能特性来构建一个可信的云计算环境。用户数据传输和存储安全总体方案如图 4-3 所示。

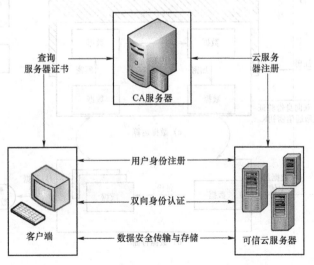

图 4-3　用户数据传输和存储安全总体方案

可信 CA 服务器作为可信第三方，内置 TPM 芯片。CA 负责签发、校验及撤销管理证书的操作。云服务器中的虚拟机生成身份证明密钥 AIK，之后向 CA 注册，经过 CA 服务器的审核，签发 AIK 身份证书给云服务器。

客户端，用户在访问云服务器之前，应该在云平台中完成注册，完成之后会得到一个唯一的智能卡，登录的时候使用该智能卡。在该过程中，除了完成与可信云服务器的双向认证，同时也验证了云服务平台的完整性。验证完毕之后获得双方的通信密钥，然后对交互信息和上传数据进行处理，防止非法用户的窃取和访问。

可信云服务器，内置 TPM 芯片，通过 vTPM 技术，每个虚拟机实例的操作系统都可以直接调用 TPM 的加密、安全存储和身份认证、完整性报告功能。可信云服务器在 CA 中心注册获得 AIK 身份证书，并为用户提供相关服务，只有与客户端进行双向的身份认证后，客户端才能正常访问相应的云计算服务。

（二）云用户数据传输和存储流程

云用户数据传输和存储流程如图 4-4 所示。首先用户需要在云平台中完成注册；然后完成和云服务器之间的双向认证，获得通信密钥；继而使用该通信密钥对通信消息进行加密，同时按照设计的数据协议对应用程序和数据进行处理；最后上传到云环境中之后，VMM 会对相应的密钥进行管理。用户也可以删除其存在于云中的应用程序或者数据。

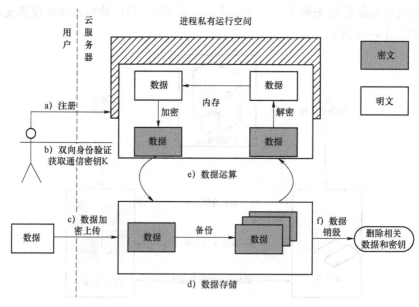

图 4-4　云用户数据传输和存储流程

（三）可信 CA 服务器

1. 可信 CA 服务器根密钥和根证书的生成

在进行可信 CA 的相关操作前，可信 CA 服务器需要生成可信 CA 服务器根密钥、可信 CA 服务器根证书。

可信 CA 服务器根密钥的产生。可信 CA 服务器由安全芯片产生，并用于签名和验证的非对称密钥，作为根密钥，用于所有用户身份证书的签发和验证。

可信 CA 服务器根证书的生成。可信 CA 服务器使用可信 CA 服务器根密钥自签证书，作为可信 CA 服务器的根证书。可信 CA 服务器根证书，主要字段包括可信 CA 服务器根证书序列号、可信 CA 服务器根证书有效期、可信 CA 服务器标识、可信 CA 服务器公钥、可信 CA 服务器自签名等字段。

2. 可信云服务器注册

可信云服务器注册到 CA 服务器后，需要通过 CA 服务器的认证与授权，签发 AIK 身份证书。在 CA 服务器中，会根据 TPM 申请 AIK 证书，记录该 TPM 的 EK 以及上次申请的时间。同时系统会设置一个固定的时间值，申请间隔如果在这段时间内，则接受申请，否则拒绝。

AIK 身份证书，由可信云计算服务器在 CA 注册时签发，是用户 VM 的唯一合法身份证明，用于用户在访问云计算服务时，云服务器证明自身身份；AIK 身份证书包括证书主体、AIK 公钥、TPM 标识、证书序列号、证书有效期、CA 服务器认证签名等字段。

可信服务器会产生身份密钥 AIK，在 CA 中心注册获得 AIK 证书，生成过程如下：TPM 提交申请 AIK 证书，CA 收到请求后，查询申请表，判断是否符合要求，如果不符合，CA 拒绝签发证书；否则，给 TPM 签发 AIK 证书，并经过 TPM 解密得到 AIK 证书且激活 AIK 证书。AIK 证书申请过程如图 4-5 所示。

（1）TPM 产生 AIK 公私钥对，SRK 将私人密钥加密，然后存储在 TPM 芯片中，使用 EK 对 AIK 公钥部分的哈希值进行签名，然后用户将该签名、AIK 公钥以及 EK 公钥发送给可信 CA。

（2）CA 服务器首先使用 EK 公钥解密获得 h（AIK 公钥），然后本地根据接收到的 AIK 公钥计算 h（AIK 公钥），看两者是否相等，如果相等则进行下一步，否则证书申请失败。

（3）CA 用 RSA 签名算法，根据 AIK 公钥以及 TPM 的相关信息，利用 CA 根证书签发 AIK 身份证书给 TPM。

（4）CA 生成一个会话密钥 $K_{session}$（对称密钥），并使用该密钥对 AIK 证书进行加密。

（5）CA 利用 EK 公钥加密 h（AIK 公钥）、$K_{session}$，并给 TPM 发送该加密值和加密的 AIK 证书。

（6）TPM 利用 EK 私钥解密，得到 h（AIK 公钥）、K$_{session}$。

（7）TPM 计算 AIK 的哈希值，并且跟解密得到的 h（AIK 公钥）作对比，若相等则进行下一步，否则证书申请失败。

（8）TPM 利用解密出的 K$_{session}$、解密 A1K 证书的密文得到 AIK 证书，AIK 证书被激活。

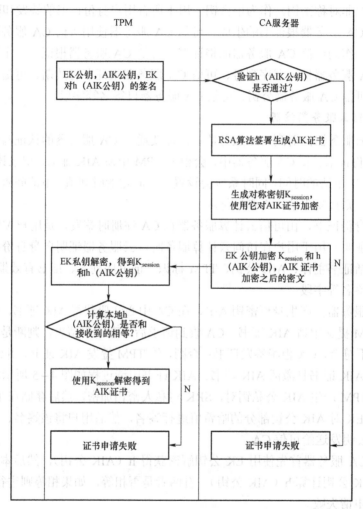

图 4-5 AIK 证书申请过程

CA 服务器将注册成功的用户虚拟机，与其安全芯片的发行证书和唯一标识、EK 证书、AIK 身份证书进行关联后，由 CA 服务器的安全芯片使用存储密钥加密存储上述信息。

3. 可信云服务器注销

可信云服务器首先向可信 CA 服务器发起注销请求,请求消息由申请者的 EK 私钥签名,同时向可信 CA 服务器提供安全芯片的基本信息,包括 EK 证书、芯片发行证书和唯一标识等。AIK 证书注销过程如图 4-6 所示。

可信 CA 服务器审核请求者提供的芯片发行证书和唯一标识、EK 证书等,与该申请者在 CA 注册时的基本信息进行比较;比较一致后使用其 EK 公钥对注销请求消息进行签名验证。

验证成功后,可信 CA 服务器向注销请求者发出移除命令,注销请求者收到后,销毁其存储的可信 CA 服务器根证书、AIK 身份证书,并向可信 CA 服务器发送移除成功的反馈;收到移除成功的反馈后,可信 CA 服务器删除该注销申请者的注册唯一标识、安全芯片的发行证书和唯一标识、EK 证书、AIK 身份证书,完成可信云服务器的注销。

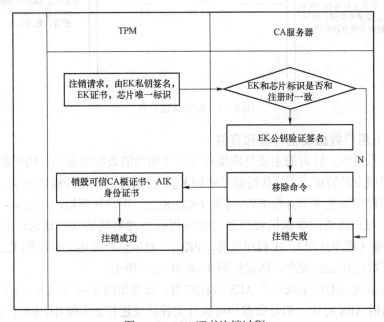

图 4-6　AIK 证书注销过程

4. 可信云服务器信息维护

可信云服务器信息维护,是指随着可信云服务器的注册和注销,可信 CA 服务器更新和维护相关信息,特别是可信云服务器列表。

(四)双向身份认证

用户和云服务器,在交互数据前,必须获得通信密钥。因此,双方必须进行双向身份认证。

用户只有与云服务器上的虚拟监控器建立安全的通信，才可以放心地把个人信息以及私密数据上传到云服务器中。身份认证过程如图4-7所示。通信双方能够交换一个只有双方知道的会话密钥，从而保证了数据存储和传输的安全。

用户U使用智能卡登录，输入用户ID以及PW。首先，智能卡检查ID的格式是否有效，如果ID无效，则智能卡拒绝U的认证请求。

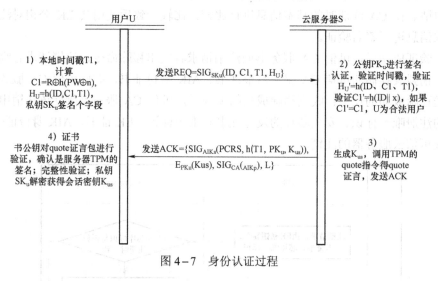

图4-7 身份认证过程

（五）用户数据安全传输和存储

在本系统中，针对的主要是应用程序以及相关的数据的安全。用户和可信云服务器完成身份验证之后，获得通信密钥K_{us}，用来保证数据传输的安全。系统为每个应用程序都生成了身份密钥对，即PK_{app}/SK_{app}。用户数据协议如图4-8所示。

首先用户需要向虚拟机管理器提交应用程序注册的请求，请求信息包含：PK_u、命令（程序注册）、主程序名称、PK_{app}，对该信息使用会话密钥K_{us}进行加密，保证数据传输的安全，格式如图4-8中（a）所示。

然后系统为用户生成一个AES对称密钥，按照如图4-8中（b）（c）所示的格式，利用AES对称密钥对数据和可执行文件正文进行加密操作，同时为了保证AES密钥的安全，使用SK_{app}将AES密钥加密之后附在应用程序末尾，将加密后的文件和密钥传送到服务器端。

用户数据以密文的形式上传到云的存储服务器中，因为系统维修、升级以及灾害等情况的发生，需要对数据进行多次的备份。此外，不怀好意的内部工作人员也可能非法保留用户的相关信息和数据，从而导致用户私密信息的泄露。但由于在云环境中，数据是以密文的形式存在，所以系统中的一些操作不会对数据的隐私性造成威胁。

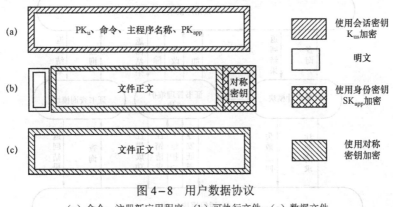

图4-8　用户数据协议

（a）命令：注册新应用程序；（b）可执行文件；（c）数据文件

在应用程序执行的过程当中，其他进程和 OS 不能访问该应用程序私有运行空间的内存。VMM 在这个过程当中，充当 OS 和用户进程沟通的桥梁，在将数据从 OS 系统中 copy 到用户程序私密的内存空间时，VMM 会对数据进行解密操作；在将数据从用户程序的内存空间 copy 到 OS 时，比如在向磁盘写数据时，VMM 会利用程序的对称密钥对数据进行加密处理。用户数据都是以密文的形式保存在磁盘上，从而保证了用户数据存储的安全。

三、云用户数据传输和存储安全原型设计与实现

（一）设计与实现目标

基于安全芯片的云用户数据传输和存储安全原型，功能实体包括可信 CA 服务器、可信云服务器、用户主机。针对基于安全芯片的用户数据传输和存储关键问题，根据本章的解决方法来设计与实现用户数据传输和存储安全原型。在可信 CA 服务器初始化后，可信云服务器可以在 CA 中心注册得到 AIK 身份证书，可信 CA 服务器存储云服务器相关信息；用户在可信云服务器中注册，得到唯一的智能卡用于后续登录；用户通过和可信云服务器的双向认证，获得通信密钥；然后按照设计的用户数据协议上传数据到可信云服务器中，通信过程使用通讯密钥加密，同时用户可以通过指令来删除可信服务器中的数据；可信云服务器可以在可信 CA 中注销，同时可信 CA 服务器能够维护云服务器的信息。

（二）原型系统的功能结构

1. CA 服务器的功能模块

可信 CA 服务器按功能划分，主要分为五个模块：通信模块、注册审计模块、证书管理维护模块、证书查询模块以及 CA 数据库模块。如图4-9所示。

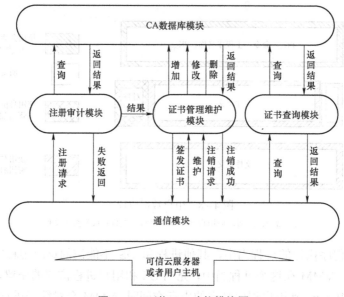

图4-9 可信CA功能模块图

1）通信模块

本模块是可信CA服务器内部各模块与可信云计算服务器、用户主机的通信连接接口，负责将各模块的请求和交互消息、数据等信息转换为可信云计算服务器、用户主机接口可以识别的数据流并发送；接收来自可信云计算服务器、用户主机的数据流，转换成可信CA服务器内部各模块能够识别的数据格式，并且分别发送到相应模块。

2）注册审计模块

注册审计模块主要接受可信云服务器的注册请求，收到注册信息之后首先向CA数据模块查询该请求是否合法，如果不合法，那么返回请求失败的结果；如果合法，那么将用户的请求信息交给证书管理维护模块。

3）证书管理维护模块

证书管理维护模块给用户颁发证书，维护用户的身份证书以及主要请求。

4）证书查询模块

证书查询模块主要为用户在身份认证过程中使用，通过CA数据库模块验证对方服务器是否合法，进而判断对方的身份，并且利用证书的公钥对平台完整性进行验证。

5）CA数据库模块

CA数据库模块主要保存颁发证书的相关信息，和注册审计模块、证书管理维护模块、证书查询模块都有交互，在证书管理维护模块中主要用于用户证书相关信息的更新。

2. 可信云服务器的功能模块

可信云服务器是内嵌安全芯片的云服务器,在 Xen 架构的基础上,使用 vTPM 技术为每个用户实例虚拟出一个与 TPM 芯片具有相同功能的安全芯片,用于数据加密、身份认证和平台完整性度量。

在 Xen 框架中,有一个特权虚拟机,主要为管理员提供接口;用户虚拟机主要用于运行用户的任务,受保护的进程能够和普通进程同时存储,并且相互不受影响;虚拟机监视器为上层的虚拟机 VM 抽象底层的硬件资源,并为其提供虚拟资源。在 Xen 虚拟机监控中加入了五个模块,包含通信模块、可信平台管理模块、用户注册模块、密钥管理模块及身份认证模块,如图 4-10 所示。

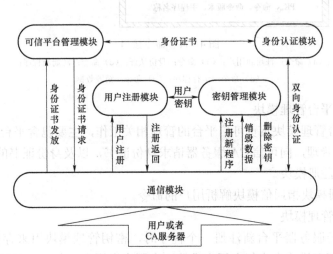

图 4-10 可信云计算服务器功能框图

1)通信模块

通信模块主要负责与 CA 服务器或者用户的通信,分析用户的命令,并且避免伪造命令的攻击。通信模块支持 5 种用户命令,除了介绍的新程序注册命令,另外 4 个命令分别是用户注册、身份认证、程序运行以及销毁指定数据的命令,命令格式如图 4-11 所示。

注册新程序、运行程序、销毁数据命令在传输过程中都需要使用通信密钥 K_{us} 加密,同时为了防备中间人的攻击,将命令版本号都加入了这些命令中。同时所有的命令都有一定的前后关系,用户生成与维护这个命令版本号,它是一个 128 位宽的递增的序号,所有任意的两个命令都不会存在相同的版本号。可信云服务器接收到命令以后会判断之前的版本号是否比当前的要小,如果比当前要小,则系统不会响应这条命令。

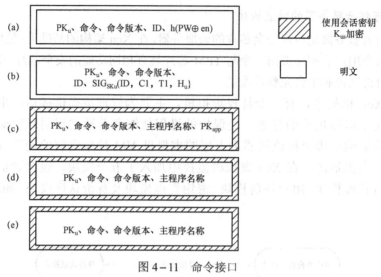

图 4-11 命令接口

(a) 命令：注册新用户；(b) 命令：身份认证；(c) 命令：注册新程序；
(d) 命令：运行程序；(e) 命令：销毁数据

2）可信平台管理模块

可信平台管理模块负责可信平台的管理相关工作，主要包含平台各个实例虚拟机 TPM 的管理，向可信 CA 服务器请求身份证书，以及身份证书的激活。

3）用户注册模块

用户注册模块指通信模块解析用户的命令。

4）密钥管理模块

用户在云服务器平台新注册一个程序时，密钥管理模块用来存储程序公钥 PK_{app}。密钥管理模块会为每个用户维护一个程序密钥表，表项为应用程序名字和对应的程序公钥 PK_{app}；密钥管理模块会为每个应用程序使用 PK_u，为用户解密得到数据存储的对称密钥 AES。所有的 AES 密钥以及程序公钥都存储在 VMM 的内存中，而不会在硬盘或者其他存储设备中保存。

在接收到用户的销毁命令时，密钥管理模块会将对应程序的身份密钥 PK_{app} 以及数据加密的对称密钥销毁，同时终止用户程序，然后删除相关程序和数据。在数据没有删除的情况下，由于这些数据是加密存储的，其解密密钥已经被销毁，所以不会造成数据的泄露。

5）身份认证模块

本模块负责用户与可信服务器的双向认证。

双向身份认证时，本模块首先接受用户的请求，验证时间戳以及用户是否为合法用户；验证通过之后，会生成一个会话密钥 K_{us}。本模块会向可信平台管理模块请求用户的身份证书。

3. 用户端的功能模块

首先，用户端在可信云服务器完成注册，然后在登录的时候进行双向身份认证，同时对可信云服务器进行平台完整性度量。完成之后获得通信密钥，用户可以按照设计的数据协议将应用程序或者数据上传到可信云服务器中保存，同时可以向可信云服务器发送运行应用程序以及删除数据等命令。

用户端包含的模块如下：通信模块、用户注册模块、身份认证模块、数据处理模块、密钥管理模块。如图 4-12 所示。

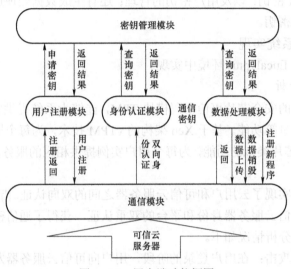

图 4-12 用户端功能框图

1）通信模块

本模块是用户主机内部各模块与可信 CA 服务器、可信云服务器的通信连接接口，负责将各模块的请求消息和数据等信息转换为可信 CA 服务器、用户云服务器可以识别的数据流格式并发送；同时接收来自可信 CA 服务器、可信云服务器的数据流，转换成用户端内各模块能够识别的数据格式，发送至相应模块。

2）用户注册模块

用户注册模块主要是实现用户在可信云服务器中注册的功能，通过注册，用户会得到一张唯一的智能卡用于登录系统，获得通信密钥，进而对数据进行处理。

3）身份认证模块

本模块负责完成与可信服务器的双向认证。

双向身份认证时，本模块首先向可信云服务器发送登录请求；可信云服务器验证用户的身份，虚拟机监控器将会话密钥 K_{us} 用户公钥加密，加上 quote 证言包、可信云服务器的身份证书、度量日志 L 一起发送给用户。用户接收到之后首先在可信 CA 服务器中验证可信云服务器的身份证书有效性，然后使用该证书对平台完整性进行验证。

4）数据处理模块

本模块主要是对用户需要上传的应用程序和数据，按照用户数据协议进行处理，然后上传到可信云服务器中。

5）密钥管理模块

密钥管理模块主要用于客户端身份密钥的生成，在用户向可信云服务器注册时生成一对 RSA 密钥；以及用户密钥的管理；还有生成数据处理过程中的应用程序密钥以及对称密钥。

（三）原型系统实现

原型系统在 Eucalyptus 环境中实现。

1. 可行性分析

原型系统中的安全芯片可信密码模块 TPM，能够为系统提供安全存储、身份认证和完整性度量等功能。基于 Xen 架构的 vTPM 技术，为每个用户虚拟出来一个具有跟 TPM 芯片类似的功能，为每个用户实例提供相应的服务，保证各个虚拟机环境的可信。

在本系统中实现了云用户和可信云服务器之间的双向认证。借助 TPM 提供的服务实现了对可信云服务器身份和平台的双重认证，获得了通信密钥。本系统能抵抗的常见攻击分析情况如下。

（1）抗重放攻击：在用户登录的阶段，用户向可信云服务器发送的消息包含时间戳 T1，采用时间戳可以有效地防范重放攻击；在可信云服务器发送命令并加入命令版本号，用户生成和维护本命令的版本，它是一个 128 位的增加数。

（2）抗云平台内部人员攻击：用户在注册过程中，用 h（PW⊕n）来代替 PW 提交给可信云服务器，可信云服务器的内部人员不能直接得到用户的密码 PW；并且用户产生的随机数 n 没有泄露给可信云服务器，同时其内部人员也不能通过对 h（PW⊕n）进行猜测攻击得到 PW；在用户的应用程序和数据传送到可信云服务器中时，信息都是通过加密的，并且加密的密钥都保存在 VMM 的内存中，不会交换到磁盘或者其他设备，从而保证数据存储的安全。

（3）抗拒绝服务攻击：在登录过程中，用户需要提供注册之后获得的智能卡，同时输入正确的用户名和密码，用户对可信云服务器进行身份验证和完整性度量之后，才能够访问云平台提供的服务；若攻击者首先不能通过验证，则不能发动抗拒绝服务攻击。

（4）抗平台假冒攻击：如果攻击者拥有两台服务器，一个可信，一个不可信，那么他可以利用不可信的服务器来欺骗用户，从而发动假冒攻击。

2. 硬件平台及其组成

在一个小型局域网中，模拟整个云环境的搭建，局域网中使用了七台主机。其中一台作为云管理员，在机器上安装 Eucalyptus 的中件间 Euca2ools，完成对整个平台的管理和控制；一台作为客户端；一台作为云计算平台的 portal，在这台机器上安装 CLC 组件和 Walrus；一台用来管理和配置集群，在这台机器上安装 CC 组件和存储控制组件；后端两台作为节点服务器，一台是计算服务，运行若干虚拟机实例，一台是用来存储；还有一台作为第三方可信服务器。

3. 软件平台及其组成

在硬件平台上，将软件环境搭建如下：整个云服务器平台的基础软件环境将使用 Linux，为服务器搭建 Ant 环境和 Java 环境，安装 Java 软件运行所需要的 Java 虚拟机、Apache-Ant、Java JDK、MySOL 和 Apache-Tomcat。两台节点服务器需要 Xen 虚拟环境，分别在这两台主机上安装和配置使用 Xen 内核的 Xen 环境，同时安装和配置 vTPM，并且在节点服务器上安装 Windows 虚拟机。其 CPU 必须支持虚拟化技术，能够在 BIOS 中设置。

4. 设计与实现

1）原型系统中的通信方式

可信 CA 服务器、可信云服务器以及用户之间都是通过互联网来相互访问，在访问过程中为了保证通信的安全，采用 HTTPS 的通信方式，使用 SSL 协议来保证安全。

2）原型系统中的证书结构

原型系统中使用自定义的证书结构，对证书结构及各字段内容做了简化处理。可信 CA 根证书由可信 CA 服务器生成和签署，证书的序列号、有效期由可信 CA 服务器生成，证书主体为可信 CA 服务器本身，根证书公钥字段填充可信 CA 服务器根密钥的公钥，证书主体唯一标识和颁发者唯一标识相同，都是可信 CA 服务器标识。各字段填充完成，由可信 CA 服务器根密钥的私钥对证书签名后填充证书签名字段。

可信云服务器身份证书由可信 CA 服务器组成，根据可信云服务器的身份标识和公钥等信息，使用可信 CA 服务器根密钥的私钥签署。证书中的序列号、有效期由可信 CA 服务器生成，证书主体公钥是由证书主体产生并提交 RSA 公钥，颁发者唯一标识为可信 CA 服务器标识，即为可信云服务器的唯一标识。各字段填充完成后，由可信 CA 服务器根密钥的私钥签名，签名值填入证书相应字段，完成证书的生成。

第四节　云计算数据软件安全规划研究

一、相关技术简介

（一）云环境中的隐私风险

"隐私"一词最早是由美国法学家沃伦和布兰蒂斯提出的，后来逐渐得到全世界范围内的认同。我们通常所指的隐私是指个人在生活中不愿被他人所知的秘密。在云环境下用户的隐私数据可以分为两种：个人基本信息和敏感信息。个人基本信息指类似电话号码、通信地址、身份证号等可用来辨别或定位个人的信息；敏感信息指类似个人的健康报告、银行卡号、财务状况信息、历史访问记录、服务端记录日志等具有潜在利用价值的信息。随着云计算的出现带动了大数据应用的发展，在大数据环境下由于各种数据挖掘和分析技术的使用，导致个人大量无害信息的泄露。通过对多项实际案例的分析表明，即使对个人无害的数据被大量收集后，也会暴露个人隐私。由于云计算的固有特点，在云计算环境下，用户的隐私数据将通过互联网传递到数据中心进行处理，云中隐私数据在传输和存储过程中面临着被窃取和泄露的威胁。

1. 网络传输的安全

网络的安全主要指数据在网络传输中的安全性，以确保数据在传输过程中不会被拦截、篡改和替换。我们使用的互联网是基于 TCP/IP 协议，其数据格式和协议内容都是公开的。因此，数据在传输过程中很容易被截获，甚至在一些应用程序中数据还使用明文格式进行传输。随着互联网中应用程序的种类越来越丰富，网上支付等涉及敏感信息业务的发展，网络传输的安全得到了新的重视。通过使用安全传输协议（SSL），能够保护数据在网络中传输的安全性。此外，一些服务提供商采用特殊的加密方式或者安全的客户端，来实现更高的安全需求。目前，采用 HTTPS 协议、基于加密的 TCP/IP 协议或者使用网络安全设备等方式，都可以有效地保证数据在网络传输中的安全性。

2. 数据存储的安全

数据存储安全是指数据在存储介质上的安全性，在云环境中，这种安全威胁主要来自云服务提供商。在云计算中，用户租用云服务提供商的计算或存储资源，即将数据外包储存在云端。外包于云端的隐私数据完全脱离其拥有者的直接物理控制，云服务提供商可以直接对用户的隐私数据进行侵犯或者通过对用户数据的检索和分析，从而挖掘出对其有利的信息。虽然使用数据加密技术可以在一定程度上保护隐私数据在静态存储时的安全性，但是在程序实际运行时，隐私数据往往需要频繁地进行加/解密操作，而解密后的隐私数据仍然可能短暂地停留于内存或磁盘缓存等介质中，从而造成用户隐私泄露。并且，在大多数情况下，对云环境中数据的操作不仅仅局限于存储，还涉及对数据的共享、计算、搜索、完整性验证和删除等各种处理。

（二）基于加密技术的隐私保护方案

1. 加密层次选择

数据加密有三个不同的层次可供选择，这三个层次分别为：操作系统层（OS层）、DBMS内核层和DBMS外层。

OS层上的实现方式需要对整个数据库文件进行加/解密，存在着太多缺陷和问题，所以通常不予考虑。

DBMS内核层实现方式需要对DBMS做出相应修改，但是我们很难得到数据库厂商的支持，而且该方式通用性较差。如果软件项目更换数据库，则需要重新修改DBMS，所以一般也不采用这种方式。

比较实际的做法是采用DBMS外层加密，这种做法将数据库加密系统做成DBMS的外侧工具，实现了数据和密钥分离，能有效地防御外部攻击，并且该方式实现的数据库加密系统不会受限于数据库和原始项目。但是这种实现方式对云平台提供商没有很好的防范措施，很难防范内部管理员监守自盗，并且该方式会影响DBMS的部分功能。

由于不同的系统对数据安全性和查询效率的需求是不同的，所以，只要数据加密方案设计合理，就可以既满足一定的数据安全性，又能在一定程度上不影响DBMS的性能和功能。

2. 加密粒度选择

加密粒度的等级分为四种：数据表级别、字段级别、数据行级别和数据项级别。

数据表级别的粒度需要对整张数据表进行加/解密操作。虽然表级加密实现比较简单，但操作耗时且不利于数据库操作。

字段级别的粒度可以只针对隐私数据进行加/解密操作，同时对于不需要访问的数据，不会进行任何处理，能够有效地提高加密系统的效率。但是该方式会破坏数据的有序性。

数据行级别是以行为加密单位，加密时会对整行数据进行操作，各行之间使用不同的密钥，安全性较高。但是由于加/解密会操作整行数据，对无害的数据也会进行处理，影响加密系统性能。

数据项级别加密是最小的加密粒度，每个数据项都有且仅有一个密钥与之相对应。该方式具有最高的灵活性，但是需要使用大量的数据密钥，将会给密钥管理带来更大的负担。

通常一个大型项目所存储的信息种类繁多，信息量庞大，并不能单纯地采用一种加密粒度。一种普遍的做法是根据具体需求采用混合式的加密粒度。

3. 加密算法选择

作为数据加密的核心，加密算法关系着数据安全以及系统性能。通常加密算法分为三类，对称加密算法、非对称加密算法以及消息摘要算法。由于对称加密算法比非对称加密算法运算速度要快出很多，而且消息摘要算法主要应用于消息验证，无法还原出明文，所以一般选用对称加密算法。

在对称加密算法中，AES加密算法以其更高的安全性逐渐取代了DES，所以在一般的加密系统中，我们通常选择AES加密算法。但是，对称加密算法的安全性是以密钥绝对安全为前提，虽然加密系统可以做到数据和密钥分离，但是数据库管理员仍然有可能窃取到密钥，一旦密钥有失，数据的安全性则无从谈起。

针对这一问题，可采用一种类似于洋葱的加密方式，即对原始数据进行多层加密。每层使用不同的加密算法或不同的密钥，解密时像剥洋葱一样，一层一层地剥去外皮（解密），最终得到明文数据。这种方式虽然不能从根本上解决管理员窃取密钥的问题，却增加了窃取密钥的难度，分摊了密钥被破解的风险。但这种做法会带来另一个问题，每层使用不同的密钥会使密钥的数量成倍增长，进一步增加了密钥管理的难度。

二、隐私数据保护软件的需求与设计

随着云计算服务的日趋成熟，越来越多的企业选择将应用系统向云计算平台进行迁移，企业在享受云服务带来的种种好处的同时，也面临着隐私数据被窥视、窃取的风险。如何保障隐私数据的安全成为迁移过程中的首要问题。

（一）软件设计目标

1. 数据表映射功能

我们使用的关系型数据库是建立在关系模型基础上的，一个数据库包括一张或多张数据表，每张表都表示一个关系。数据表是以行和列的形式组织起来的数据的集合，每列都包含特定类型的信息，例如商品的名称。而每行则包含商品的全部信息，例如商品的价格、生产日期等。我们在设计数据库的时候，通常会为表、列冠名以有意义的名称，例如"商品表命名为Product、商品价格列命名为Price"。这种命名方式清晰明了，让人一目了然，为开发人员带来很大好处。但是，这种有意义的表名和列名会暴露隐私数据的特征，使攻击者可以快速定位到用户隐私数据，进而窃取数据。

一种简单而又有效的做法是对数据表结构进行加密，加密后的表结构将不会暴露任何信息，但是这样会导致Hibernate等ORM框架的映射功能失效，所以本软件需要提供一种数据表映射功能，使结构加密后的数据表可以正常使用。

2. 数据加/解密功能

数据的加/解密是本软件中的核心功能，也是使用最为频繁的功能，它涉及加密层次、加密粒度以及加密算法的选择。由于本软件主要适用于基于 SSH 框架开发的应用系统，因此在加密层次方面必须选择 DBMS 外层加密。而对于加密粒度和加密算法，本系统需要实现以下目标。

（1）加密粒度要适中。加密粒度过大会影响数据安全，粒度太小会增加密钥管理的复杂度，所以并不能单纯地采用一种加密粒度，要根据具体需求采用混合式加密粒度。

（2）加密算法应当安全可靠，加密运算应尽量迅速，同时应当实现密文环境下的关键字检索功能以及数值排序功能。

3. 密钥管理功能

密钥管理作为一门综合性技术，涉及密钥的整个生命周期。下面对密钥生命周期中最为重要的分配和更新方面进行考虑和分析。

在密钥的分配上，如果选择小范围密钥，会使密钥管理变得更加复杂，并且需要更多空间来存储密钥。而在选择大范围密钥时，虽然管理起来十分简单，但是大大降低了灵活性和安全性。所以要根据所加密信息的实际情况做出合理的设计。

在密钥更新方面，为了确保密钥的安全，数据密钥必须定期更换。但是，如果密钥更新周期太长，会影响密钥乃至敏感数据的安全；周期太短，又会造成不必要的系统开销，影响系统性能。不同的数据对密钥更新周期的要求也不相同，无法整齐划一，并且多数情况下开发人员或系统管理员事先并不清楚密钥需要多久更新一次，很难预先设定更新周期。所以需要在应用程序运行期间，根据密钥的具体情况，动态设置密钥更新周期。

4. 快速部署功能

通常而言，为应用系统增加隐私数据加密功能有两种选择：一种是购买企业级的数据库加密系统；另一种是在软件的设计初期就加入隐私数据保护的需求，并实现在软件的内部。第一种做法加密强度高、数据安全性高、加/解密速度快，然而企业级的加密系统往往价格不菲，对于大型应用系统来讲是必不可少，但对于中小型应用系统则性价比不高，甚至购买加密系统的经费有可能比应用系统的开发预算还要高。第二种选择比较容易实现，并且不会增加额外的预算，但是需要开发人员掌握数据加密技术，在开发的过程中要额外地关注隐私数据的安全问题，而且需要对已有的应用系统进行二次开发，这对于结构设计和编码非常差的系统来讲，代价将十分昂贵。

综上所述，无论是处于开发阶段或者已经投入使用的应用系统，增加隐私数据加密功能都将耗费大量时间和人力。针对这一问题，本软件需要提供一种快速部署功能，让开发人员可以简单迅速地将本软件部署到应用系统中。

5. 非功能性需求

下面将从通用性和响应时间两个方面对软件的非功能性需求做出分析。

软件的通用性有两层含义，一是纵向通用性，即软件能适应一种业务在不同时期变化的需求；二是横向通用性，即软件能够满足不同种相似业务的不同需求。软件旨在适用于所有基于 SSH 框架开发的应用系统。

从用户的角度来看，系统响应时间是衡量软件性能的主要指标之一。响应时间指的是从用户发起请求到服务器做出响应，并将结果呈现出来的这个过程所需要的时间。通常而言，响应时间可以分为三个部分：系统处理时间、数据传输时间和结果呈现时间。由于本软件多数时间都在处理数据的加密和解密，所以响应时间主要集中在系统处理时间上，为了使用户可以顺畅地使用本软件的应用系统，其响应时间不应超过 5 s。

（二）软件详细设计

本软件主要包括以下几个部分：元数据和密钥管理服务器、元数据和密钥库、密文数据库和加/解密引擎。其中加/解密引擎位于应用程序所属服务器中，负责隐私数据的加/解密，并且通过 SSL 安全链路与元数据和密钥管理服务器进行通信。元数据和密钥管理服务器负责处理应用系统对元数据和密钥的请求。密钥库用于存储元数据和密钥。密文数据库则代替原始数据库保存用户数据。

整个系统的具体工作流程为：用户通过互联网登录到应用系统并发出请求。应用系统服务器根据用户所请求内容判断是否涉及隐私数据，如果是，则访问元数据和密钥管理服务器，获取元数据和数据密钥，然后使用本地加/解密引擎对隐私数据进行加/解密操作，将最终结果呈现给用户；否则直接查询密文数据库并返回结果。

1. 数据表映射设计

为了保障隐私数据在关系型数据库中存储的安全，必须要对数据表进行转换，转换的过程如图 4-13 所示。

首先将数据表名使用安全性较强的算法加密，由于在本设计中不需要对表名进行解密，而是采用保存"明文表名——密文表名"对应关系的做法，所以可以使用例如 MD5、SHA 等哈希算法，使攻击者无法破译出明文表名。然后随机生成数据列名，这样即使在不同的表中包含有相同的列名，但是在安全表中它们的列名通常是不同的。

我们将数据表通过上述方法进行转换后，无法通过解密的手段还原出表结构。所以，本软件使用元数据来保存明文密文表结构的映射关系。其中元数据分为两种：表元数据和列元数据。

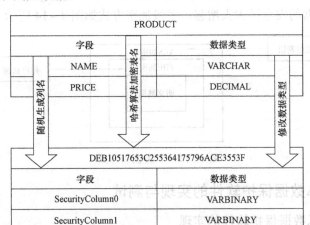

图 4-13　数据表转换过程

表元数据由三部分组成：明文数据表名、密文数据表名以及列元数据集合。由于数据表名称是使用不可逆的哈希算法加密，所以通过查询表元数据，获取其中保存的"明文表名——密文表名"的映射关系，是获得原始数据表名称的唯一途径。

列元数据不仅保存着映射关系，还关联着数据加密所需的密钥，以及该数据列的加密方式。列元数据包括明文列名、密文列名、加密方式、列密钥族和行范围组。其中加密方式描述该列数据采用何种算法、何种方式进行加密。加密方式包括四种类型：随机性加密、确定性加密、模糊检索类型以及保序性加密。

元数据保存着安全数据表的全部信息，为了保证元数据的安全，表元数据和列元数据均由系统主密钥加密后储存在相应的元数据表中。由于隐私数据的加/解密使用到元数据中的信息，每次加/解密操作都需要查询数据库获取元数据，这样势必会影响系统效率和响应时间。为了解决这一问题，加密系统启动时就将所有密文状态的元数据读取到内存之中，采用缓存技术存储。

2. 加/解密模块设计

当前对密文检索技术的研究都集中在同态加密技术。经由同态加密后的数据，可对其密文进行算数运算，并且与明文运算具有相同的效果。由于同态加密技术仍然处于理论阶段，只能实现部分同态，且计算开销大，并不适用于实际应用中。

本软件采用多级加密方式，对明文进行多次加密。外层采用 AES 加密算法，加密强度高；内层采用 PBE 加密算法，由于 PBE 算法可以使用用户登录密码作为密钥，实际上并没有增加密钥的数量，不会加重密钥管理的难度。同时，即使数据密钥和某用户密码同时被窃取，也只会泄露该用户隐私数据，而不影响到其他数据，使数据的安全性大大增强。多级加密方式如图4-14所示。

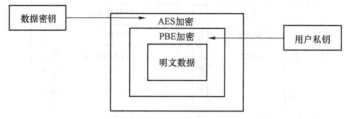

图4-14　多级加密方式

三、隐私数据保护软件的实现与测试

（一）隐私数据保护软件的实现

1. 元数据和密钥管理模块的实现

元数据和密钥管理模块是本软件最核心的部分，其中包括了对元数据和密钥的所有操作，是获取数据密钥的唯一途径。无论是数据加/解密或是与数据库的接口都依赖于该模块，同时它也是元数据和密钥管理服务器与应用程序服务器之间通信的唯一接口。

在元数据和密钥管理模块中，主要通过 Metadata And Key Service Impl 服务类处理元数据和密钥的请求。

2. 加/解密引擎的实现

加/解密引擎是本软件中的主要功能部分，所有涉及加/解密的操作均由此部分完成。加/解密引擎驻留在内存中，通过内部接口与元数据和密钥管理服务器、应用系统服务器通讯。加/解密引擎在后台运行，没有操作界面，在需要时由加密系统自动加载。加/解密引擎主要由三部分组成：加/解密模块、语法分析器、数据库接口模块。本节将分别阐述三个部分的具体实现方式。

1）加/解密模块

其中主要类的说明如下。

（1）AES Encrypted Helper 类。加/解密工具类。该类中封装了所有加/解密的方法，是加/解密模块唯一对外开放的接口，其他任何模块使用加/解密功能均通过此工具类实现。

（2）AES Encryptor Pool Manager 类。加密池管理类。该类采用单例模式实现，程序中只有唯一实例，负责对软件中的加密池进行统一管理，涉及加密池自创建、使用到销毁的整个生命周期。

（3）加密池类。在本模块中采用加密池的方式保存加密器，其核心是 Java 的对象池技术。该方式在程序启动时会创建一定数量的加密器，并放入加密池中。

当需要进行加/解密时，首先查看加密池中是否有空闲加密器实例，如果存在空闲实例，直接从加密池中取出一个加密器实例进行操作，并将该实例标记为正在使用。如果池中没有空闲实例，则查看池中实例数是否已经到达最大值，如果没有达到就创建一个新的加密器实例；如果达到了就进行等待，直到获得一个空闲实例为止。操作完毕后，则归还加密器实例到加密池中，并设置实例状态为空闲。这种方式保证了加密器的有效复用，避免频繁地创建、回收实例所带来的系统开销。

（4）加密器类。在本软件中，加密器采用 Jave 提供的密码扩展（JCE）中的加密引擎实现。自 JDKI.1 开始，JCE 就作为 Java 的扩展包为 Java 提供加/解密功能 API，其中也包括我们选用的 AES 加密算法。本软件对 JCE 加/解密功能进行了封装，创建了四种加密器分别为：Standard AESByte Encryptor 字节型加密器、Standard AESString Encryptor 字符型加密器、Standard AESInteger Encryptor 数值型加密器和 Standard PBEString Encryptor 口令加密器。其中字符型、数值型加密器实际上是由字节型加密器组成，其加/解密操作均由内部的字节型加密器完成。

2）数据库接口模块和语法分析器

数据库接口模块主要负责处理数据表映射和数据的转换。语法分析器用于分析和修改 SQL 语句。

（二）隐私数据保护软件的测试

1. 测试环境搭建

为了测试隐私数据保护本软件的各项功能，首先要将本软件部署到已有应用系统中。本节将以"量表系统——产科模块"为例，该项目采用了 SSH2 开发框架，主要包括孕产妇信息管理、孕产妇个案报告、抢救病历以及上级医院诊治经过及反馈等几个模块，其中包含了大量用户隐私数据，符合测试要求。软件部署过程如下：

1）转换数据库

首先我们使用快速部署工具对"产科模块"的数据库进行转换，转换后的数据库结构将不会暴露任何有用的信息。

2）添加 Jar 包

在"产科模块"项目中添加隐私数据保护软件包 encryptedsun－0.0.1－SNAPSHOT jar 的引用。

3）替换映射文件

在第一步中，转换数据库的同时会生成实体映射文件，我们用其替换掉项目中的映射文件。在生成的映射文件中，会自动加入自定义数据类型。

4）修改配置文件

最后，我们修改 Spring 的配置文件，在 Hibernate 的 sessionFactory 节点加入

动态表名映射和自定义拦截器，然后加入其他必要配置，例如：中文分词器、保序加密算法类和 RMI 服务类等。

经过以上四个步骤，就成功地将本软件部署到"产科模块"中。接下来根据系统总体架构图来搭建测试平台。平台分为元数据、密钥管理服务器和应用系统服务器。

2. 功能测试

1）加/解密功能测试

加/解密引擎是本软件的核心部分，也是使用频率最高的部分。围绕此功能，我们主要测试数据的加/解密操作以及密文检索操作。

（1）数据加/解密。由于"产科模块"拥有自己的访问控制模块，未经授权用户无法互相访问他人数据。为了使测试效果更加明显，我们绕过系统的访问控制，使未经授权用户之间可以互相访问私有数据。

测试流程：首先使用一个账号正常登录系统，添加一条数据并查看添加后的结果。然后使用另一账号登录，突破访问限制，直接访问上一账号所创建的数据并查看结果。

（2）密文检索。测试流程：通过输入关键字执行查询，观察检索是否成功。

2）密钥管理测试

针对密钥管理模块，我们主要测试密钥的分配以及更新。

（1）行范围划分。由于大多数密钥在元数据和密钥库创建时就已经生成了，所以，对于分配操作，主要测试使用行范围划分方式的数据列是否可以正常创建新的密钥族。

测试流程：首先定义一个行范围值，以 100 为例，然后不停地向数据库中插入数据，观察数据量每超过 100 时是否会启用新的密钥族对数据进行加密。

（2）热度分析。对于密钥更新功能，主要测试密钥族达到一定使用热度后是否正常更新。

测试流程：首先定义密钥更新热度阈值，以 100 为例，然后不停地对某列数据执行查询操作，观察每次密钥的使用热度超过 100 时，能否正常生成新密钥。

第五章

网络系统

第一节　网络设计原则

在云计算背景下，互联网的数据量呈现出指数级的增长状态。而从互联网数据中心运营角度进行观察，运营管理是最核心的部分，在数据量极大增长的背景下，业务量也在持续扩张，对数据中心管理工作提出了更高的要求。而构架全新的数据中心基本原则就是保障设备的可控性，在设计数据中心时首先需要着重完善监控系统和机房管理维护系统，尽量启用智能化设备对系统软件进行优化，使数据中心的运作处于可控状态。其次是扩展性原则，互联网数据中心的架构要具备升级优化的潜质。

由于在大数据背景下，每日互联网上的数据量都在大量增加，为保障数据中心的运营管理效率能够跟得上时代发展需求，使数据中心随时能够进行维护和扩展更新，应当采用模块化设计和层次化设计对互联网数据中心技术进行优化，一方面保障数据中心能够同时接受多种格式的信息数据，另一方面使网络中心保持技术先进性，节省后续运维成本。

最后是实效性原则，在云计算背景下，数据的整合要满足多种网络渠道和高速传输的技术需求，因此在选择数据传输标准时要尽量选择通用性强和技术先进的设备作为载体，这样才能保障互联网数据中心架构的功能符合实际需求，提升发展潜力。此外，在进行架构设计时要严格遵循工信部等相关部门颁布的技术标准和执行标准，保障数据的无差异传输，提升数据中心通用性。

第二节　网络整体设计思路

以云计算为基础，要采用计算机存储虚拟技术，或者采用静态设计的方式，从而实现动态的需求。传统的数据中心主要是外部网络访问服务器产生的，而云计算要想让内部与节点间的访问更加频繁，就要不断加大业务量，或者让流量模型从传统的纵向转变为横向，或者直接采用树形的结构，如果在横向流量比较多的情况下，就不能够充分地满足模型需求。在流量传输速度方面，多租户的设计也会带来一定的难度，传统的网络都是通过 VLAN 来进行隔离的，因此扩展性不能得到满足。在硬件交换机方面，都是采用虚拟技术，这是相对封闭、网络软件无法进行管理的，而且虚拟机在不同的服务器之间是无法进行转移的。

第三节　总体网络架构

一、云计算数据中心总体架构

云计算架构分为服务和管理两大部分。在服务方面，主要以提供用户基于云的各种服务为主，共包含 3 个层次：基础设施即服务（IaaS）、平台即服务（PaaS）、软件即服务（SaaS）。在管理方面，主要以云的管理层为主，它的功能是确保整个云计算中心能够安全、稳定地运行，并且能够被有效管理。

二、云计算机房结构

为满足云计算服务弹性的需要，云计算机房采用标准化、模块化的机房设计架构。模块化机房包括集装箱模块化机房和楼宇模块化机房。

集装箱模块化机房在室外无机房场景下应用，减轻了建设方在机房选址方面的压力，帮助建设方将原来半年的建设周期缩短到两个月，而能耗仅为传统机房的 50%，可适应沙漠炎热干旱地区和极地严寒地区的极端恶劣环境。楼宇模块化机房采用冷热风道隔离、精确送风、室外冷源等领先制冷技术，可适用于大中型数据中心的积木化建设和扩展。

三、云计算网络系统架构

网络系统总体结构规划应坚持区域化、层次化、模块化的设计理念，使网络层次更加清楚、功能更加明确。数据中心网络根据业务性质或网络设备的作用进行区域划分，可从以下几方面的内容进行规划。

（1）按照传送数据业务性质和面向用户的不同，网络系统可以划分为内部核心网、远程业务专网、公众服务网等区域。

（2）从网络服务的数据应用业务的独立性、各业务的互访关系及业务的安全隔离需求综合考虑，网络系统在逻辑上可以划分为存储区、应用业务区、前置区、系统管理区、托管区、外联网络接入区、内部网络接入区等。

此外，还有一种 Fabric 的网络架构。在数据中心部署云计算之后，传统的网络结构有可能使网络延时问题成为一大瓶颈，这就使低延迟的服务器间通信和更高的双向带宽变得更加迫切。因此需要网络架构向扁平化方向发展，最终的目标是在任意两点之间尽量减少网络架构的数目。

Fabric 网络结构的关键之一就是消除网络层级的概念，Fabric 网络架构可以利用阵列技术来扁平化网络，可以将传统的三层结构压缩为两层，并最终转变为一层，通过实现任意点之间的连接来消除复杂性和网络延迟。不过，Fabric 这个新技术依然未有统一的标准，其推广应用还有待更多的实践。

第四节 详细网络设计

一、扁平化网络设计

针对流量模型改变来说，采用扁平化的网络设计，应该将原来的两层架构与汇聚层、接入层进行合并，将接入层的上行带宽变大，那么链路的带宽也会变大。采用大容量的交换机，能够提供更多的网络端口，或者利用交换机自身的宽带。其主要的网络拓扑结构是：将每台交换机都通过上行链路链接到核心层交换机，有几个核心交换机就有几个上行链路，能够做到流量均衡的效果，这也就是胖树组网。

二、采用边缘虚拟桥技术

为了解决虚拟化环境的虚拟机与网络间的问题，就出现了 EVB 技术，这种技术主要是由 801.1Qbg 标准定义的，为了能够实现更多的功能，可以同时定义虚拟感知和发现协议。如果一个虚拟机上线，那么他们就可以通过 VDP 来与连接的物理交换机进行通告，这样物理交换机也能够感知到虚拟机上线，或者直接将网络的策略进行下发。在进行设备选型的时候，需要选择支持 EVB 和 VDP 协议的交换机，这样就能够实现自动感知以及自动跟随的效果。为了能够让数据中心的服务更多地服务于用户，可以打破传统的 VLAN 个数限制，提高用户的概念。假如有一个租户能够拥有两个虚拟机，那么可以在不同的物理交换机上，同时发送 VM1 和 VM2 报文。对于映射以及隧道的管理来说，都是分为自发学习以及控制信令的方式，这也突破了二层以太网 VLAN 的隔离租户数量限制。

三、运用多路径冗余备份技术

为了解决 STP 协议带来的不利影响，首先应该解决的是多条等价路径的转发，同时要避免出现拥塞的现象。对于支持大规模二层网络的协议来说必须能够取代 STP 协议，这两种都是基于三层路由思想，然后有效避免了相应的缺点。采用 TRILL 协议，主要的特点是避免环路、支持多租户、高效转发、部署方便，其他的参数也可以进行随意地配置，很多配置都是可以自动生成的。这样一来，如果不是适合于本专业的人才，或者对于本专业没有一定了解的人是无法进行后期维护工作的，这样维护的工作难度也会加大。云计算数据中心虚拟化在未来的发展中，将会得到大量的应用，虚拟化的对象不仅是局限在服务器、路由器以及安全系统方面，还可以扩大虚拟化的对象进行网络资源的进一步利用。当然这样也会面临很大安全问题，还需要不断地解决与研究，虚拟网络之间的安全策略也可能会互相影响，如果能够将该技术设计得足够完美也能够避免这种复杂性。

第六章

云计算数据中心规划与设计实践

第一节　基于云计算数据中心的数字城市

一、基础知识概述

（一）数字城市简介

目前，关于数字城市还没有一个统一的、明确的概念。数字城市又有"智慧城市""网络城市""信息城市"等各种名称。数字城市的概念，是随着新技术的进步、管理理论的演化、城市管理理论的突破和城市管理需求的变化而不断变化的。不管数字城市如何演进，城市数字有两层基本含义：一是基于网络来实现城市管理活动，将城市的自然资源、知识资源、信息资源和财富可数字化；二是运用量化管理技术，即管理的可计算性。

现阶段，学界认同数字城市有两层含义，即广义上的含义和狭义上的含义。广义的数字城市，即城市信息化，以地理信息系统、信息网络系统等为基础，整合可利用的各种信息资源，通过建设电子政务、商务，电子社区、学校、医院、智能楼宇等，使城市经济、教育、医疗等各个领域实现管理信息化。狭义的数字城市的服务对象为城市规划、建设和管理，通过信息化技术和手段，建设信息基础设施和应用信息系统，以满足政府、企业、公众等主体在参与城市生活中的各种需求为目标，运用到地理信息系统、全球定位系统、高速网络传输、遥感系统等技术，实现信息资源的深入开发挖掘与集成共享，最终实现城市经济、社会、环境的可持续发展。

从城市管理角度考察，数字城市和数字化城市管理所涵盖的内容和范围基本一致；从技术角度考察，前者是后者的技术基础，主要提供实现数字化城市管理的各种基础设施，同时推动数字化城市管理的创新发展。限于目前的科技水平及数字化城市的起步推广，现阶段的数字城市基本上限于狭义概念。但是，随着科技的发展和社会经济的不断进步，数字城市的建设将由狭义的概念向广义的概念演进。下文所探讨的数字城市，是基于狭义的概念；同时，根据现有的技术，又不局限于狭义的概念，系统框架可以集成多个应用系统，实现广义的数字城市。

（二）数字城市建设现状

1. 国外建设现状

数字城市的概念来源于"数字地球"，所谓"数字地球"就是数字化的地球，由美国前副总统戈尔于 1998 年提出。在此之前，发达国家已经开始了政府管理重塑的改革运动，旨在以电子政务为基础来提高公共服务的质量和效率。这场声势浩大的改革持续至今并向其他国家蔓延，而数字城市的提出与兴起为政府在城市公共服务领域的改革与城市管理方式的创新提供了一个崭新的平台，开辟了一个更广阔的天地。

作为走在全球数字城市建设前沿的国家之一，美国在 1994 年颁布了 NSDI，即国家空间数据基础设施计划，开始对地理空间数据进行收集整理，随后分别对公众服务、城市警务与道路交通等领域进行了数字化管理。其中最有代表性的成果是"第一政府"网站。它集成了整个美国的电子政府，根据用户的需求引导用户获得不同的服务，减少政府对用户需求的反应时间，提供全面、高效、快捷的服务。"第一政府"汇聚全美各地、各级政府的所有资源，面向公众、企业、各级政府与政府工作人员以及其他机构，提供"一站式"的全方位的服务。它的服务项目设计得有条不紊，信息组织和编排简洁有序，极大地便利了用户的搜索和使用；同时按照服务对象不同，网站分为四大板块，充分体现了"用户至上"的服务理念。对致力于建设新型电子政务、改善政府管理模式、推行数字化公众服务的其他各国政府而言，集服务与管理职能于一身的"第一政府"无疑是一个极好的模板。

新加坡也是全球范围内电子政务发展较为成熟的国家之一。新加坡建设的"电子公民中心"整合政府工作中所有能够以数字化方式提供的服务，实现各种应用的无缝隙集成，为公众提供轻松便捷的服务，充分体现"以公民为中心"的原则，是迄今为止发展最为成熟的电子政务服务模式，受到了众多国家的推崇。"电子公民中心"的服务包括商业贸易、家庭、就业、教育、医疗、住房、交通运输等领域，涵盖了一个人一生的历程，用户可以在每个生活阶段中找到与政府相关的业务与服务。新加坡的智慧交通系统实现了多部门联动，严密监控全国一千多个交叉路口，能够在交通事故等突发事件发生的第一时间迅速作出响应。

除美国和新加坡外，日本和韩国的数字城市建设同样备受关注。日本的"e 日本"战略致力于软硬兼施打造"电子国家"，韩国则提出了"U-CITY"建设计划。

2. 国内建设现状

在"十五"计划中，我国政府对信息技术与信息化给予高度重视。数字城市建设作为信息化应用的一个重要领域，在 20 世纪后获得了长足发展。早在 1999 年，全国就掀起了一场以"政府上网"为名的政府信息化普及运动，其后各项政策法规与指导意见纷纷出台，极大地推动了我国的电子政务与数字城市建设，数字城市试点工作也如火如荼地在全国范围内展开。我国数字城市建设起步晚，数字城市的综合集成还处在研发阶段，政府、企业互联互通刚起步，但通信基础设施建设和信息系统建设进展快速。各地在住房和城乡建设部的统一安排下，进行三批试点建设。部分地市由于财政较为宽裕，参照住房和城乡建设部的标准进行建设，数字城市建设呈现井喷之状。在已经建立的数字城市项目中，比较受到推崇的是北京东城区、杭州、成都、扬州、昆明五华区等。

2004 年，北京市"东城区网格化城市管理信息平台"正式上线，通过运用"万米单元网格管理法"和"城市部件管理法"实现了城市管理精细化，通过城市监督中心和指挥中心创建了监督与指挥相分离的城市治理体制。从系统的运行情况看，平台有效地克服了传统城市管理中的一些弊端，诸如对管理部门责任权限划分不清、出现问题互相推诿责任、反应迟缓、效率低下等。新模式一方面提高了城市管理效率与运行效率，另一方面极大地降低了城市管理成本，使城市管理体系更加科学合理，是我国数字城市建设领域的重要成果之一。

杭州市的数字城市建设是在原有的数字城管基础上进行扩展，现阶段的数字城市建设的主要内容可以概括为"突出三大服务功能，构建五大基础平台，实施八个应用系统"。三大服务功能是指突出为改善民生服务、为决策分析服务、为行业监督管理服务；五大基础平台是指构建基础视频服务、统一 GIS、应用系统支撑、数据资源整合、服务器整合和网络管理五大平台；"实施八个应用系统"是指数字城管、行业监管、防汛决策、停车收费、办公自动化、权利阳光、综合统计和决策支持、市民互动八大应用系统。

成都市的数字城市覆盖全部中心城区，建成快速调度指挥系统和城市管理服务热线系统，配套专业的数字化城市技术支撑机构，将已有的信息网络和设施设备进行了整合利用，在充分节约建设资金的同时有效地实现资源共享。在管理体制与运行模式方面，参照住房和城乡建设部的相关要求，建立监督和指挥两个轴心。系统的投入运行使城市管理问题更易被发现，处理时间也大幅缩短，应对突发事件作用明显。

3. 国内建设模式与产业化情况

当前数字城市的建设主要有以下几种模式：

（1）政府自建，软硬件及系统集成商共同合作开发的模式；

（2）电信运营商承包建设、运营，政府租用的模式；

（3）政府与大型企业共建的模式。

由于数字城市涉及硬件、软件、新技术融合等，需要投入的资金都较多，一般一个区级系统的投资都在千万元以上。为缓解资金压力，除部分发达城市是采用第一种和第三种模式进行之外，欠发达地区的建设多采用第二种模式。如重庆高新区的数字城市系统是由重庆移动运营商出资建设，投资 2 000 万人民币，由高新区政府租用的模式。重庆高新区模式运营效果良好，得到了学界的一致认可，已经在整个重庆市进行推广。目前，无锡电信、台州电信、济南移动等电信运营商在本地的数字城市建设中，都起着重要的作用。

在产业化方面，国内一批较早进入这一领域的公司，目前都发展较快。除各地电信运营商外，有代表性的系统解决方案集成商有北京数字政通科技股份有限公司、北京国研信息科技有限公司、浙江大学快威科技集团有限公司、上海城市地理信息系统发展有限公司等。其中，北京数字政通科技股份有限公司已经成功建设国内四十多个数字城管系统，同时还参与住房和城乡建设部五项数字城管标准化制定工作，目前实力相对较为雄厚。

但是，整个行业也存在着以下比较突出的问题：

（1）行业还处于较快发展中，由于门槛不高，随着市场的扩大，越来越多的企业进入这个行业，但是真正能够在数字城市管理系统的各个方面做得较好的集成商目前还没有；

（2）核心技术掌握得并不好，少数国内企业设计的 GIS 系统比起国外品牌，技术相差很远；

（3）建设效果不佳，各地在建设中出现建设速度缓慢、项目搁置、建设后使用不理想等情况。

因此，关于设计的数字城市系统建设方案，可以参照以下思路：以电信运营商为主要建设商，引入第三审计方，对项目规划、建设进行全方位监督，与资质较好的其他企业进行合作；系统建成后，由电信运营商运营系统，政府租赁；在后续的项目扩展建设中，可以兼顾租赁与自建两种方案。

（三）数字化城市管理的系统论、控制论基础

1. 数字化城市管理控制论基础

在闭环控制系统中，存在由输出端向输入端的信号前向通路，也包含由输出端向输入端的信号反馈通路。前向通路和反馈通路组成了闭环回路，可以抑制干扰偏差，产生控制作用，消除被控量偏离规定值的偏差。闭环（反馈）控制系统的示意图如图 6-1 所示。从管理流程来看，数字化城市管理是闭环执行模式，这主要体现在数字化城市管理的"七个阶段"，即信息采集阶段、案卷建立阶段、任务派遣阶段、任务处理阶段、任务反馈阶段、核查结案阶段、综合评价阶段。

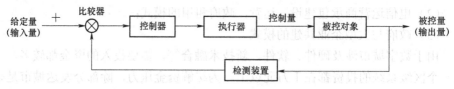

图 6-1 闭环（反馈）控制系统示意图

结合闭环控制系统特点，数字化城市管理的信息采集阶段、案卷建立阶段、任务派遣阶段、任务处理阶段可以作为控制系统的信息前向通路，核查反馈阶段和核查案件阶段可以作为控制系统的信息反馈通路。两条信息通路共同组成了闭环执行的控制系统。数字化城市管理闭环控制系统示意图如图 6-2 所示。

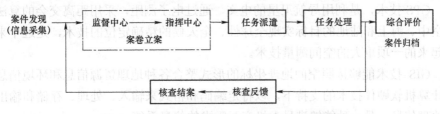

图 6-2　数字化城市管理闭环控制系统示意图

闭环控制的数字化城市管理模式，可以有效地解决城市管理问题中的管理执法力度不大、管理回访不重视、综合评价人为性等普遍问题，可以消除管理质量、管理效率、管理对象、管理评价等偏差，达到管理控制最优化、高效化的目的。

闭环控制系统要求数字城市的设计应该是能够反馈调节的。目前建设的数字化城市管理是闭环的控制系统，那么，在集成建设数字化城市其他应用系统，如交通管理系统、数字化城市应急系统、数字化城市医疗管理系统等时，为了与已有的数字城管进行集成，达到最优的管理效果，也应建立相应的闭环控制系统。

2. 数字化城市管理系统论基础

开放的复杂巨系统理论的处理方法是定性与定量相结合的综合集成方法。综合集成包含了三大方面的内容：一是各方面专家群体的集合，二是计算机、网络技术和数据、信息的有机结合，三是人的经验知识与各学科的科学理论的结合。在这三者的基础上，构建一个智能工程系统，形成一个可操作的平台，从而发挥智能系统的综合优势和整体优势。

数字城市具有开放的环境及广泛的联系、结构层级组合多样、系统多样性交叠性、自组织自适应性等特点。满足开放复杂巨系统的特点，可以用定性与定量相结合的综合集成方法来分析数字城市。

在设计数字城市时，根据定性与定量相结合的综合集成方法，需要将科学理论和经验知识结合起来，研究已经建成的数字城市和其他类似的较为复杂的信息系统的经验，结合管理理论、技术理论、城市现实需求等，大胆猜测，小心求证，敢于创新、突破，运用仿真技术进行验证。

（四）数字城市系统构架主要技术

数字城市系统架构是利用 3S 集成技术、监控技术、物联网技术等信息采集设施对城市空间数据、管理数据等进行采集，利用高速网络传输技术，将数据传输至数据中心进行管理。利用集成公共平台将数据和信息服务于应用层的集成系统，实现对城市三维的、实时的、动态的管理。

1. 3S 集成技术

3S 集成技术是全球定位技术（GPS）、地理信息系统（GIS）、遥感技术（RS）三种技术的简称。

GPS 技术，是利用导航卫星的电文，通过电子测距，采用距离交会的算法，对空中、海上和陆地的目标实现全球性、全天候的精确定位的技术，是近年来发展起来的一项重大的空间测量技术。

GIS 技术能够按照空间地理坐标的形式整合各种地理资源信息和环境信息，在计算机软硬件技术的支持下，以特定编码和格式来输入、处理、存储和输出相关地理信息，是一种能够满足人机交互需求的信息系统。

多分辨率的遥感技术，即 RS 技术，可以在远距离非接触的状态下，利用光、红外线、微波及电子学探测仪器等，通过摄影、扫描、物质感应等手段识别物质性质与运动状态信息的集成技术。

3S 集成技术可以克服各自技术的缺点，如 RS 受限于光谱，GPS 不能准确地给出物质属性信息（如温度、密度等），GIS 需要 GPS 的信息才能够建立坐标系等。3S 集成技术能够准确获取信息、快速进行空间定位以及实时的信息处理，可以实现数据的采集、更新与处理的快速、实时响应，能够完成信息的多元复合分析。3S 集成技术是数据获取的主要渠道，是城市地理空间数据的"第一采集器"。

2. 实时监控系统的集成技术

感知设施（如摄像监控、移动摄像监控、物联网等）在采集到数据后，数据通过网络上传至数据中心。这需要对感知设施建立综合的管理监控平台，用于管理数据采集后的上传以及采集设备。

目前比较成熟且使用的技术是"智能视频监控（Intelligent Video Surveillance，简称 IVS）"。综合管理监控平台还应该能处理智能手机、物联网等采集到的数据上传，有相应的数据接口。综合管理监控平台的开发首选是 SOA 技术。

3. 物联网技术

物联网就是人与物、物与物之间的信息传递与控制。物联网技术的发展，使城市管理者采集数据不仅仅是用"眼睛"单一的模式，城市信息的采集也可以靠"心灵感知"的方式来收集城市的温度、湿度等视频监控看不到的数据。

传感器技术，尤其是 RFID 标签的成熟发展，为大规模的物联网应用在数字城市中提供了可能。物联网在智能交通、食品溯源、数字家庭、智能城市等方面将会有越来越大的建树。

4. 网络传输技术

数字城市的数据需要实时更新，要求高速信息传输，而且要求有线数据和无线数据通道都是高速传输。信息高速公路是数据传输的有效保证，我国在 1995

年开始启动建设信息高速公路，现在已经迈向家庭 4 M 以上的传输速率。

目前，通信网、互联网和广播网正在逐步实现三网融合。三网融合不仅在数字城市的建设上有重要的数据传输支撑作用，而且在数字社区、数字家庭的建设上也有重要的意义。同时，通信网和互联网正在经历着较大的转变，无线通信网正向第四代网络演变，下一代核心通信网的平滑演进，以及下一代互联网的建设都为将来的高速网络信息传输奠定了坚实的基础。

5. SOA 技术

SOA，即面向服务的体系结构（Service-Oriented Architecture），是一种构架模型，它通过网络对松散耦合的服务（即应用程序不同的功能单元）进行分布式部署、组合和使用，运用接口（服务间的定义）将应用程序的不同服务联系起来。数字城市系统构架可以基于 SOA 技术进行开发。

总体来说，SOA 拥有灵活性、高度可复用性以及更好的扩展性、可用性的优势。它对业务功能进行封装，借助一些通信媒介使服务之间能进行交互和通信。这些服务既可以在单机上实现，也可以在局域网内实现。当采用因特网作为通信机制时，就是流行的 Web Service 技术。Web Service 是 SOA 的核心技术，它解决了发布桌面应用程序上的高成本问题。

（五）数字城市数据流转相关技术

数据是数字城市的"血液"，从数据采集到数据加工、整理，从数据分析、提炼，到最后应用层的信息应用，数据是按设定的流程进行流转。

数据的采集和传输，需要网络体系的支撑，运用到云计算、下一代互联网等新技术。在数据资源中，比较特殊的是城市空间信息基础数据资源，数字城市建立基础是三维空间信息资源，能够迅速地反映城市在空间维度、时间维度上的变化。城市空间基础数据资源是数字城市的时空维度上的"城市地图"。

在数字城市系统框架中，从底层至顶层分别是基础设施层、数据层、集成公共平台层、集成应用层和接入层。数据流转的主要节点是云计算数据中心，云计算数据中心的主要功能可以综合体现为数据采集、数据处理、数据加工、数据传输、数据应用、数据存储等，数据流转又可以从逻辑上分为三个小的层次：

（1）以数据管理为主要特征的数据获取与数据更新体系、数据组织管理与数据发布体系，是数据的初步整理；

（2）以数据加工为主要特征的数据处理与加工、信息管理、信息存储与提炼，是数据的进一步加工；

（3）以数据挖掘为主要特征的知识发现、模拟与预测、信息应用等，已经具备了初步的数据应用的能力。

云计算数据中心将数据和信息以 Web Service 服务于集成应用系统，以数据接口的形式服务于部署在云计算上的专用数据软件、专用数据应用模型。

从数据的流转来看，数字城市系统运用到多种技术。数字城市运用到数据采集与数据更新、数据处理、数据存储、数据整理与加工、数据传输、应用模型等多种技术。数据的流转就是建立在多种先进技术的综合集成中的。根据目前的技术水平，数据流转主要技术图谱如图 6-3 所示。

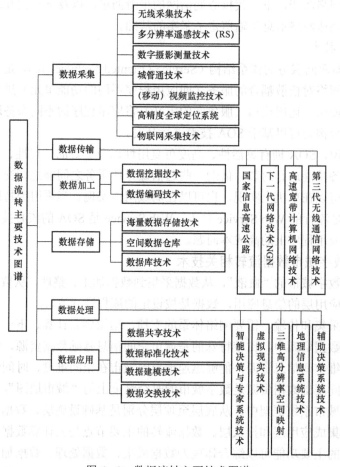

图 6-3 数据流转主要技术图谱

根据采集渠道不同，数据采集可以分为有线通道数据采集和无线通道数据采集，无线通道数据采集用到无线数据采集技术、城管通技术、物联网技术、移动视频监控技术等，有线通道数据采集用到视频监控技术、网络技术等。根据采集数据对象不同，数据采集可以分为空间数据和非空间数据的采集，空间数据的采集运用到多分辨率遥感技术（RS）、高精度全球定位技术等。

根据是否有线，数据传输渠道分为有线数据传输和无线数据传输，有线数据传输渠道运用到信息高速管理技术、下一代互联网技术、高速宽带计算机网络技术、VPN 技术，无线传输渠道运用到第三代无线通信网络技术等。

原始采集的数据必须经过一定的加工，进行初步的整理，才能够存储、使用，如对数据进行编码，形成元数据。数据的加工运用到数据挖掘、数据编码等技术。数字城市的数据量大，需要特定的存储技术，数据存储运用到海量数据存储、空间仓库、数据库等技术。

经加工后的数据必须进行深度的处理，从数据中挖掘出有用的信息，才能够服务部分特定的复杂的集成应用系统。数据加工应用到智能决策与专家系统、虚拟现实、三维高分辨率空间映射、地理信息系统、辅助决策系统等。

专用数据软件、数据应用模型或集成应用系统，在应用数据时，必须要有一定的技术支撑才能够实现。数据应用的相关技术有数据共享、数据交换、数据标准化、数据建模等。

二、数字城市系统框架设计

（一）数字城市总体需求分析

作为一类开放的复杂巨系统，数字城市是多种技术的综合集成，涉及公共治理、城市管理科学、信息化等相关学科理论，需要从多方面、多角度全面运筹。

数字城市要能达到预定的目标，需根据目标划分相应的实践，符合已有的理论。数字城市应该符合以下特点。

第一，数字城市的最终目的是改善城市生活水平，提高城市综合竞争力，实现城市可持续发展。数字城市的主要服务对象以及参与主体是政府、企业和个人，可以从健康城市、平安城市、便利城市、和谐城市、舒畅城市、绿色城市、富裕城市七个方面来综合实现最终目的。

第二，数字城市要建设系统的主体构架和丰富的集成应用系统。数字城市具有存储数据量大，用户数量多，同时并发任务多，要求访问和响应速度快、质量好等特点。这要求系统要有强大的数据中心，要有快速反应并提供高效信息服务的集成公共平台，能够根据具体应用系统的业务，快速地响应服务请求和系统扩展。数字城市系统框架可以分为主体构架和集成应用构架。

数字城市的主体构架包括基础设施、云计算数据中心的数据层和集成公共平台，在并发用户同时在线数量、系统软件平均无故障时间、单点故障切换平均时间、数据库空间数据吞吐率、C/S 和 B/S 响应效率等方面要有具体的要求。

数字城市要集成丰富的应用系统，根据系统服务的对象，可以将数字城市划分为数字政务、数字产业和数字民生三大主体应用系统。集成应用系统要能够快速搭建，根据业务的变化能够迅速地进行系统优化和二次开发，这要求将部分常用的功能下放到主体构架中，实现业务应用的"轻系统"。

第三，数字城市的建设要符合相关制度体系、标准体系、城市管理理论。数字城市应该以管理精细化、主体多元化、服务人本化作为指导原则。

管理精细化就是要改善传统的粗放型管理手段，运用程序化、信息化、标准化，通过数字化城市系统，把"精、准、细、严"四则要求贯彻到城市管理的每个角度去。主体多元化就是要改善传统的政府单一主体管理的模式，将政府、企事业单位、社区、市民紧密地联系起来，促进政府、市民、企业、社区之间进行互动，将市民、企业等纳入城市管理的主体中，分担部分政府管理的现有职能。

服务人本化要求政府改变传统管理流程，以服务对象为中心，优化组织结构，简化工作流程，整合信息资源，运用现代信息和通信技术，为企业、市民等城市生活主体提供快捷便利的信息服务。

（二）数字城市系统框架设计

为实现以上功能特点，综合考虑数字城市的理论基础、技术基础，在对以往建设的数字城市进行优化改进后，提出三个层面、五层体系、三方约束的数字化城市体系框架，如图6-4所示。三个层面，指的是理论层、实践层以及目标层；五层体系，包括基础设施层、数据层、集成公共平台层、应用层、接入层；三方约束分别指法律法规、标准规范体系、安全保障体系以及技术体系。

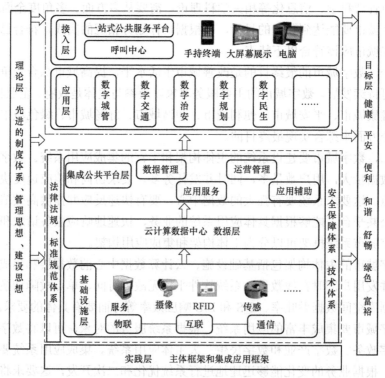

图6-4　数字化城市总体框架图

图6-4的数字化城市框架的思路是将原来在应用层实现的部分功能，如数据

交换和共享、监控服务等集成整合到云计算数据中心的数据层和集成公共平台层，使云计算数据中心以面向数据管理的服务和面向信息服务的特点共同支持应用系统，这有利于应用层根据业务和管理的需要，快速集成多个应用系统。

相比以往的数字城市系统，本系统有以下优势。

首先，虚拟化的云计算数据中心相对于以往的数据中心的优点，在于大量数据快速处理的能力，数据自动化管理、资源动态部署的能力，大大增强了数据管理的能力。同时，在之前已建设的系统中，数据交换和共享是在应用层实现的，考虑到系统的扩容，数据交换和共享将会更加频繁。作为数据中心的核心功能，如果将此功能在云计算数据中心实现，将带来更快的数据服务功能。

其次，集成公共平台是以面向数据管理服务为辅、面向信息服务为主的服务思想来构建的，这改善了以往系统只提供数据管理服务的平台服务。面向信息服务的集成，可以将应用集成对象（应用层常用信息服务功能）与开放的、灵活的 Web Service 集成在一起，提供抽象的接口来实现系统间的交互。集成公共平台将应用层的常用服务，如电子地图服务等，封装后以在线的方式提供给应用层，可以减少其他应用系统重复建设功能系统，对应用系统"减负"。

最后，本系统可以集成多个应用系统，最终实现广义上的数字城市。相比单一的数据库，强大的数据层可以并发处理海量数据，对数据进行自动化管理，实现资源的快速配置；相比仅对数据进行管理的服务层，集成公共平台层可以将信息服务封装后直接响应应用层的请求，实现快速、实时、高效、准确的服务。

在三个层面、五层体系、三方约束的数字城市框架中，五层体系是数字化城市建设的关键，下面将详细介绍基于云计算数据中心的数据层、集成公共平台层，并以数字城管为例，设计应用。

1. 数字城市框架分析

数字城市框架的主要部分在于实践层。数字城市的实践层框架可以分为主体框架和集成应用框架，主体框架包括基础设施层、数据层、集成公共平台层；集成应用框架包括应用层和接入层。

1）基础设施层

基础设施层有通信网、互联网和物联网等网络设施和相应的硬件平台，为数据层和集成公共平台层提供硬件环境和高速网络传输环境，为应用层提供支撑环境，为系统提供安全环境。基础设施层要能提供应用服务的中间件和业务逻辑组件，能够为 3S 集成技术的应用提供支撑平台，即基础设施层要有特定的应用平台支撑性。基础设施层可以建设感知设施，如视频监控、物联网、GIS 等，建设目的是避免应用系统的重复建设，避免资源浪费，可以建立统一数据感知设施。在之前已建设的数字城管系统中，在应用层要建设视频监控子系统。随着数字城市的项目扩展，建设其他系统时，也必须要在应用层建立独立的、专属的视频监控系统，如交通系统、治安系统等，为各个应用系统提供"城市的眼睛"的功能。建立统一的感知设施层，只需要将采集的数据放入专题应用数据库或者是基础数据库中，就可以区分采集数据的专用性和共享性问题。

2）数据层

数据层包括六大系统，即数据库系统、数据交换系统、数据共享系统、数据镜像系统、数据实时更新系统、数据管理系统。

数据层要有特定的云计算管理系统，云计算管理系统可以实现资源的动态分配、自动实现数据管理、实现数据交换与共享、集中化的灾难备份与灾难恢复等功能，大大提高数据的处理能力和管理能力。

3）集成公共平台层

集成公共平台层是云计算数据中心提供的可开发的平台，根据数字城市的业务，开发集成多种信息服务的公共平台。

集成公共平台可以利用数据接口管理快速调用数据层的数据，经数据加工、处理后，以在线的方式响应集成应用系统的信息服务请求。集成公共平台可以对应用层的数据进行初步的管理，以数据接口功能来将处理后的数据转到数据中心。集成公共平台可以实现数据管理、应用服务、应用辅助和系统运营管理功能。集成公共平台的系统扩容能力要强，随着数字城市的发展，数字城市系统框架将集成数字企业、数字社区、数字家庭等功能。业务主体不同，要求集成公共平台有强大的扩容能力和快速、高效的信息服务能力。

4）应用层

应用层能够集成多个应用系统，随着系统扩容，应用层将变得"庞大"，需要进行系统优化，将应用层常用的信息服务或数据管理功能由集成公共平台和数据层实现。应用层的业务流程设计要遵循管理精细化、主体多元化、服务人本化的特点。应用层要实现数字政务、数字产业和数字民生，随着应用系统的集成，应用层还需要集成建设无线城市、数字家庭、智能楼宇等。

5）接入层

接入层是系统与人互动的接口，接入层应建设一站式公共服务平台、呼叫中心、一卡通等接入系统，是主体多元化、服务人本化的集中体现。

2. 数字城市数据功能流程分析

数字城市的数据是按照设计好的过程进行流转的。从纵向来看，可以分为由顶层至底层的数据流转通路和由底层至顶层的数据流转通路。

1）应用层到数据层的数据流转过程

应用层调用平台层，将数据流转到数据层，数据功能流转如图6-5所示。

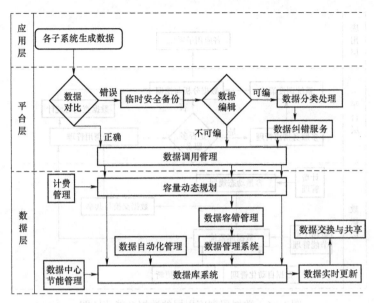

图6-5　应用层到数据层的数据功能流转图

应用层各子系统生成业务数据，交由平台层的数据对比系统，如数据未出错，直接交由数据调用管理，调用数据层的接口，然后由容量动态规划部署计算、存储资源，最后交由数据库系统。如数据出错，先进行临时备份，然后判断数据是否可编辑，如可以编辑，交由数据分类处理后，由数据纠错服务进行编辑，然后转至数据调用管理，最后存至数据库系统中。如数据不可编辑，同样转至数据层，由数据容错系统进行管理，然后由数据管理系统进行数据冗余管理和修正，最后仍存入数据库系统中。在数据库系统中，要对数据进行实时更新，以便应用层调用。最后将数据经数据交换与共享处理，以防止信息孤岛。

2）数据层到应用层的数据流转过程

数据层通过数据调用管理，利用集成公共平台层将数据流转至应用层，数据功能流转如图6-6所示。

数据库系统将数据交由数据交换与共享，利用数据调用管理来调用接口，判断系统环境是否多服务请求。如是多服务请求，由系统多服务请求管理处理，随后由系统调度策略进行处理，最后和数据查询与统计的结果一起，交由数据分析与挖掘服务。如不是多服务请求，直接将数据交由数据分析与挖掘。最后，数据分析与挖掘将所处理的数据交给各应用子系统。

还有一类数据流转过程是不需要数据分析和挖掘的。数据层利用数据库系统和数据交换与共享系统的服务，平台层利用数据调用管理的服务，直接将数据资源在线服务于应用层的各子系统。

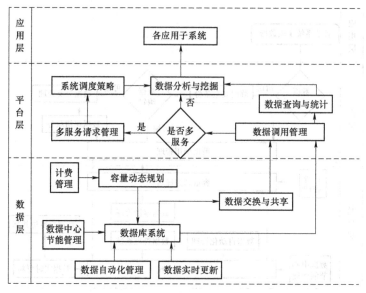

图 6-6　数据层到应用层的数据功能流转图

三、云计算数据中心数据层设计

（一）数据层框架设计

数字城市数据层的建设目的是便于对数据资源的采集、存储、安全备份和处理等进行集中管理，能够支撑集成公共平台层的调用，目的是为应用层提供数据资源支持。

传统的数据中心采用粗犷式的管理方式，业务分散，每个业务都独立地使用一套业务系统；经常出现部分资源闲置、部分资源紧张的情况，限于业务模式，资源间无法均衡调配；运维成本高，需要手动管理，不能够实现自动化管理；不能够有效地满足用户对负载均衡、灾难恢复、数据流分析、集中化安全管理、资源占用分析等方面的需求。

新一代的云计算数据中心可以通过虚拟化提高设备利用率，通过自动化管理实现数据的自动发现、IT流程自动化管理、业务数据流自动管理；通过集中化的灾难管理实现全数据中心的灾难备份、灾难恢复和容灾；通过资源的动态规划实现资源的快速调度和分配。

1. 数据层功能需求分析

由于数据层要实现海量数据存储及管理，是整个城市数据的"血液中心"，云计算数据中心数据层应该有以下特点。

（1）要能为用户提供高宽带、高效率、高安全、低时延的"三高一低"的服务。

（2）安全性要求高，系统要有高水平的系统安全解决方案；容错性良好，要有足够的物理冗余和良好的容错性；在发生灾难后能够快速实现灾难恢复。

（3）模块化的标准基础设施，对存储设备、网络构架、服务器等按照一定标准进行模块化配置设计，目的是简化和易扩充 IT 基础设施。

（4）扩展性与服务器间通信性能良好。物理结构可扩展、物理结构支持增量扩展以及通信协议设计可扩展是扩展性的三个方面的要求。保障高标准的 QoS，要求服务器间的通信性能良好。

（5）数据层要有技术标准化、管理自动化、管理集中化、能力服务化、资源弹性化、提供快速化等功能特点。

（6）数据量大，要易于管理，降低运营管理、维护的费用。

2. 数据层框架设计

云计算数据中心要构建标准的模块，利用模块化的软件实现数据中心的自动化 7×24 小时无人值守的计算能力与高效管理能力，提供共享的基础设施、信息与应用等 IT 服务。

云计算数据中心数据层的关键技术包括网络集成设计、网络构架设计、海量数据存储技术、基于分布式技术的多级异构数据技术、网络融合技术、安全技术、绿色节能技术等。

数据中心的网络集成技术是对数据库集群服务器之间和应用服务器、Web 服务器之间采用光纤连接，并引进存储区域网络（SAN）来进行集成。传统数据中心的网络架构是基于二叉树构建的树形网络结构，采用垂直扩展方式的拓扑结构；但是这对于云计算数据中心的网络架构并不合适，新的拓扑架构结构，如 Fat-Tree 等技术是较为匹配的。在分级存储和"SAN"的概念及技术成熟后，海量数据存储成为可能。而海量数据存储的两级数据管理理念、数据归档、数据迁移与回迁、数据备份与恢复、数据分级管理和 SAN 文件共享等技术，使海量数据存储成为现实。数字城市的数据来源多样，数据格式大不相同，利用分布式的技术，能够很好地处理多级异构空间数据之间不同格式数据的更新、管理、共享、集成等问题，真正实现数据共享与无缝集成。

根据数据层功能需求分析，设计数据层框架如图 6-7 所示。图 6-7 中，数据层包括虚拟层和数据管理层，数据层必须要有虚拟化的环境和虚拟化的设备支撑，虚拟化是适用于所有的云构架的一种技术。

建设数字化城市的数据中心需要较大投入，涉及场地建设、服务器购买、数据中心网络、安全与加密技术等。在云计算发展成熟的情况下，政府部门可以租用电信运营商建设的云计算数据中心，减少系统建设开支。数字城市的数据中心朝着集成的方向发展，电信运营商可以建立省级的云计算数据中心，各个城市以租用的方式按需使用，按所使用的资源计费。同时，云计算数据中心要提供可以快速开发的平台，开发适合数字城市业务的集成公共平台。

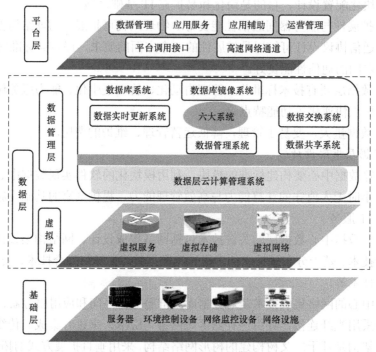

图6-7 云计算数据中心数据层框架

（二）数据层框架分析

1. 虚拟层

虚拟层是对物理层的硬件设施和相关软件、系统资源进行虚拟化，由此建立的既共享又可以按需分配的基础设施和分布式存储系统可以对大型数据中心的海量数据进行存储、访问。虚拟层要提供虚拟化的设备与虚拟化的环境，虚拟技术可以对操作系统、网络、应用程序、服务器、存储等资源进行虚拟化。

虚拟化、SOA技术、数据自动化管理，是数据层的三大关键性支撑技术。虚拟化的目的是让特定的硬件设施或应用软件不受限于基础设施，虚拟化的设备之间是松耦合的。虚拟化技术可以将一个物理基础设施虚拟化为多个虚拟资源（如将一台存储器虚拟化为多个独立的虚拟存储资源），也可以将多个资源虚拟化整合为一个虚拟资源（如将多台存储器虚拟化整合为一台虚拟存储器）。设备虚拟化后，就可以根据系统的需要生成资源分配策略，动态地分配虚拟的资源。作为物理资源封装的手段，虚拟化技术具有的优势如表6-1所示。

表 6-1　虚拟化技术具有的优势

虚拟化优势	
提高资源利用率	将工作负载封装，转移到空间或使用不足系统，整合现有资源，延迟或避免购买更多服务器、存取器等资源
整合 IT 资源	整合应用程序设施、数据库、接口、网络、桌面、系统构架，节约成本，提高系统效率
节约空间	解决服务器膨胀问题
灾难恢复	提供灾难恢复解决方案
降低运营成本	减轻管理工作负荷，降低运营成本

2. 数据管理层

数据管理层包括六大系统，即数据库系统、数据交换系统、数据共享系统、数据库镜像系统、数据实时更新系统、数据管理系统。

数据库系统是数据管理层的基础与核心。从数字城市的业务框架角度来看，数据库可以从逻辑上分为采集数据库、共享数据库与管理数据库。从数据库的数据特性角度来看，数据库系统又可以分为基础库、专题库、元数据库和数据仓库等。

数据交换系统和数据共享系统是数据管理层的核心，支撑信息资源进行高效、准确、快速的共享与交换，实现元数据目录的信息资源管理，是云计算数据中心的基础系统。数据交换和共享系统可以防止信息孤岛的形成，是在遵循 SOA 架构体系下，通过 XML 文件和 Web Service 服务的方式实现的。数据交换系统应提供数据接入、数据适配、数据传输、数据转换和路由、交换过程监控、平台配置管理、日志管理等功能。数据共享系统应能够实现身份认证、数据查找、数据配置、数据调用、共享过程监控、日志管理等功能。

数据库镜像系统可以提高数据库的可用性，强化数据的保护功能，提升数据库在升级期间的可用性。同时，在发生灾难时，在具有自动故障转移功能的高安全模式下，自动故障转移可以快速使数据库的备用副本联机。

数据管理系统可以完成数据的检查与清洗，对冗余数据进行排查和清除，对编码和归类有误的数据自动纠错，对冲突的数据进行核实并预报警，由此保证数据的正确性、格式的一致性。数据管理系统还可以管理元数据、空间数据、业务数据，可以维护数据转换、数据加工等功能。

（三）数据层云计算管理系统

数据层云计算管理系统，是在虚拟化的设备与虚拟化的环境中，通过 SOA 技术构架的方法，实现数据自动化管理、容量动态规划、灾难管理中心、计费管理、数据容错管理、系统安全管理以及数据中心节能管理等功能的综合管理系统。数据层云计算管理系统框架如图6-8所示。

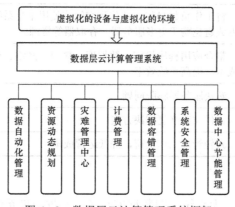

图6-8 数据层云计算管理系统框架

1. 数据自动化管理

数据自动化管理，是为了适应新一代数据中心的数据管理需要而构建的基础管理之一。传统数据中心是采用手动的管理方式，已经不适用超大数据容量为特点的新一代数据中心。云计算的实质是资源自动地作为，资源动态地作为，数据中心的自动化管理可以实现以前手工流程的数据管理自动化，可以节约大量人工成本和设备成本，可以实现安全、高效的无人值守的数据中心。数据自动化可以在系统运营协调、网络运载负荷、服务器自动化、存储自动化、虚拟设备自动化、策略优化设置等方面实现全面的自动化管理。数据中心的自动化管理具有实时的或者随需应变的基础设施管理能力，可以敏捷、高效、灵活地管理复杂的数据中心。数据自动化管理要能够实现对物理设备、虚拟化设备的管理，对有关业务的自动化管理等。数据自动化管理具有全面的可视性、自动控制执行、多层次无缝集成、综合和实时的报告以及全生命周期支持等特点。

2. 灾难管理中心

由于数据集中带来了风险集中，数据中心面临着人为、自然灾害及技术等风险，建立灾难恢复以保持业务连续是国家政策、城市管理不间断的要求。集中化的灾难管理中心可以实现灾难备份、灾难恢复和灾难容错技术，可以实现灾难的全方位管理与应急，灾难中心要确保关键基础数据、空间数据、业务数据等在发生灾难后的容灾、备份恢复技术，确保关键的数据管理系统、业务系统等在灾难发生后可快速恢复。

3. 资源动态规划

资源的动态规划能力是云计算的核心优势之一，云计算数据中心可以合理地配置整个网络内的计算资源，提高计算能力的利用率，降低成本、节能减排。云计算的资源动态规划部署能力包括对计算资源、存储资源和宽带资源的动态规划、调度和部署能力，这可以解决传统数据中心下的资源不能跨域使用的问题。这种动态的资源分配能力涉及的比较重要的技术就是资源调度策略问题。这种基于资源的动态分配策略要求计算、存储及网络等资源有松耦合性，由此用户可以单独地使用其中任意一项或两项资源，而不拘泥于类似的打包服务。

4. 系统安全管理

安全策略是云计算的重要保障技术，云计算的共享安全性及数据保密性都是必须要仔细考虑的问题。数据库系统的数据如何才能够不被外界所攻击、不丢失或被窃取等，都是安全策略要考虑的问题。云计算数据中心要建立全方位的、综合的系统安全解决方案。

5. 计费策略

云计算的优势之一是可以按需分配资源，按所使用的资源计费管理，可以降低数字城市的建设费用，只需要租用电信运营商的云计算数据中心即可。计费策略要求云计算数据中心能够自动化地计费，按照资源使用情况计费。

6. 数据容错管理

云计算数据中心很好地解决了传统数据中心的扩容能力，这主要是得益于其模块化的配置，使云计算数据中心具有模块化的扩展能力。网络扩容后，单独的服务器或者存储器的故障可能会比异常时发生的频率更高，这要求云计算数据中心要有较好的数据容错能力，有物理冗余和良好容错性。

7. 数据中心节能管理

对于有较大规模的数据中心，能源成本是其运营时节约的重要因素。在能耗及制冷方面有较大开销时，绿色节能管理必须予以主要考虑。三大电信运营商在内蒙古建立大型云计算数据中心项目，考虑的重要一方面就是当地气候寒冷、能源丰富。

四、云计算数据中心集成公共平台设计

（一）集成公共平台框架设计

云计算数据中心提供可开发的平台以及应用程序部署和管理服务。通过软件工具和开发语言，系统开发者可以基于数字城市业务的特点，上传程序代码和数据，集成业务的数据管理和信息服务，以在线服务的方式支持应用系统。

1. 集成公共平台功能需求分析

集成公共平台目的是实现数字城市的数据获取实时化、信息处理自动化、信息服务网络化以及信息应用（主要是应用层）通用化。基于云计算数据中心的集成公共平台应该具备以下功能特点。

（1）平台的兼容性。平台必须有对不同数据格式快速兼容并处理的能力，要

能够兼容三维信息服务系统，兼容 3S 集成系统，提供对属性信息、空间信息以及其他数据的处理能力。

（2）平台的数据处理能力和信息服务能力。平台要能够快速处理应用层的数据，对数据进行集中管理；能够根据应用层的需求，快速调用并处理数据中心的数据，将处理后的结果服务于应用层。

（3）平台层的信息服务支撑能力和系统运行维护能力。平台层要能够对信息服务功能提供相应的服务支撑，目的是快速响应信息服务。平台层还需要能够对整个数字城市的系统运营进行管理，能够实现系统多服务的调度策略（优先级）、系统安全管理、系统升级、系统监察与自动报警、系统维护、系统运行日志以及用户权限设置等功能。

（4）平台服务的接口管理。平台服务需要松耦合度，即服务请求者（应用层和数据中心的服务请求）与服务提供者之间（集成公共平台）只有接口上的通信，目的是能够在应用层集成多种应用系统以及快速响应服务请求，同时需要为数字城市其他功能的完善提供接口，为应用系统建设提供二次开发接口。

（5）平台的高宽带、低时延的要求。平台的服务是以在线服务的方式满足用户的需求，对网络传输的速率、时延、稳定性和安全性等提出高要求。

2. 集成公共平台框架设计

集成公共平台是依托网络及硬件服务器等基础设施、业务管理数据、地理空间数据和数据库等各种数据资源，基于云计算数据中心提供的可开发的平台，利用云计算数据中心数据层的资源，通过局域网、互联网、通信网等手段，以在线服务的方式，来满足政府部门、企事业单位以及公众对各种信息服务的基本需求，是能够实现各种服务功能的数据、软件以及支撑环境的总称。

集成公共平台丰富个性化应用的二次开发接口和弹性的可扩展的空间，给整个数字城市构架带来很大的方便。在设计数字城市集成公共平台时，应遵守通用性、可移植性、兼容性好与扩展性、灵活性、标准性强及高性能的设计原则。

为实现集成公共平台的需求分析，基于云计算数据中心提供的可开发平台，设计集成公共平台框架如图 6-9 所示。集成公共平台总体框架分为基础层、数据层、集成公共平台层、应用层。基础层是整个平台建设和运行的支撑，完成对硬件、软件环境的布局。

数据层可以向集成公共平台层提供初步加工、整理的数据资源，完成平台层对数据的调用；数据层还可以加工、处理、存储集成公共平台层处理后的数据资源。

集成公共平台层负责对数据中心层的数据进行整理，负责管理应用层操作后所传递的数据，并根据调度原则把数据交由数据层处理；对于应用层中的需求，实时地响应，从数据中心调用某个业务所需的数据。集成层本质上是一个管理控制体系，业务流程包括接受服务请求、公共平台调用、任务分配调度、任务处理、响应服务，最后对本次的服务进行记录和评价。其能够实现与数据层和应用层互动的集成，完成系统内部上下层间、应用层各个业务系统间的数据交换、整合、加工、管理与存储。

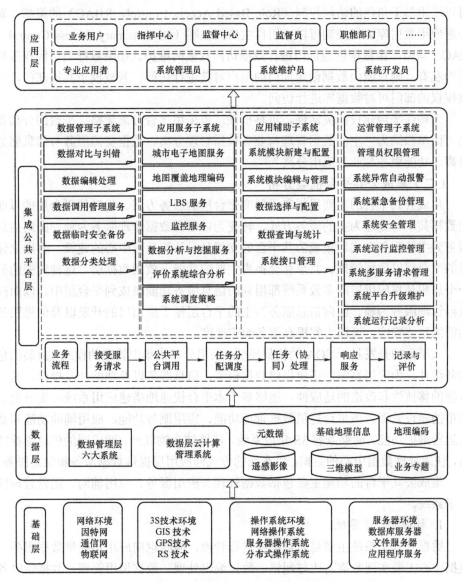

图6-9 云计算数据中心集成公共平台框架

用户包含专业用户和业务用户两大类，其中专业用户包括数据维护人员、系统管理人员以及利用平台层提供服务接口进行应用系统定制的开发人员；业务用户主要指相关业务应用部门，如城管部门、交通部门。

在技术构架上，集成公共平台可以采用 SOA 与 B/S、C/S 相混合的模式。主要采用 SOA 的框架方法来实现，以 Web Service 的方式提供在线服务。

集成公共平台的安全策略可以采用 BLP 多级安全模型，对基础数据访问控制可以采用基于角色的访问控制（Role Based Access Control，RBAC）的策略，对专题应用数据库访问控制可以采用自主访问控制（Discretionary Access Control，DAC）策略，由数据创建部门进行数据访问权限的维护。如果数据的访问权限被设为私有，则只能由数据创建部门的用户对其进行访问；若被授予其他部门，则被授权的部门可对数据库进行访问。

为确保平台建设的灵活性、可移植性，需采用平台分离策略。平台的分离策略可简单归纳为"空间数据管理与业务数据管理分离、数据资源服务与信息服务分离、功能服务与业务应用分离"。

（二）集成公共平台框架分析

集成公共平台的主要思想在于转变平台层的服务方式。将以往平台层的以面向数据共享与处理为主的服务方式，转变为以面向数据管理服务为辅、面向信息服务为主的服务方式。集成公共平台的支撑是云计算数据中心的建设，将原来建设的平台层以数据管理、共享和交换为主要的功能下放到数据层。这种转变的另一个思想是将应用层的多数系统都用到的信息服务功能集成到平台层中。以面向数据管理服务为辅、面向信息服务为主的平台层便于应用层的开发以及信息服务功能的快速响应，可以大幅提高服务响应速度。

该平台的开发基于 SOA 的构架模型，采用分布式集中管理的模式，封装信息服务组件，为应用系统的搭建提供数据资源、信息服务以及功能开发接口，具有方便的移植性和改造的适应性，能够基于本平台快速地搭建应用系统，提升数字城市的建设效率。该平台提供数据管理功能、应用服务功能、应用辅助功能和系统运营维护功能，能够兼容 3S 集成系统，能够综合物联网、通信网的信息支撑能力，快速处理数据中心的数据，以在线的方式向应用层提供数据服务和信息服务。

集成公共平台的功能主要包括数据管理、应用服务、应用辅助、运营管理四个子系统。

1. 数据管理子系统

数据管理子系统主要是对数据层进行管理，同时也向应用层提供数据服务。数据中心主要实现数据对比与纠错、数据编辑处理、数据调用管理、数据临时备份、数据分类处理等功能。

数据对比与纠错系统可以自动实现采集库中的数据与业务库中的数据的对比，能够完成出错的采集库数据不变转换，自动完成数据格式的比对与整理，设置相应的人工数据比对工作流程，可以输出相关的日志，并输出比对结果。

数据调用管理服务可以实现对系统数据接口的管理、生成系统的数据调用策略。

2. 应用服务子系统

应用服务子系统将基础性的常用服务功能进行封装，以 Web Service 的形式向应用层提供各种信息服务。该子系统可以实现城市电子地图服务、地图覆盖地理编码服务、LBS、监控服务、数据分析与挖掘服务、系统调度策略。

地图覆盖地理编码服务，主要实现对城市电子地图所覆盖的区域中的城市部件进行地理编码，并将编码标在电子地图上。

LBS（Location Based Service，基于地理位置的服务）可以获取移动终端用户的地理信息（地理坐标或大地坐标），结合电子地图和地理编码技术，快速地将移动终端用户地理信息定位在城市电子地图上。LBS 的技术原理是利用无线通信网络和外部定位相关技术（如 GPS 技术），获取用户地理信息。

监控服务功能是监控系统的管理平台，可以实现对摄像头的管理、对摄像日志和历史的管理、对移动摄像的管理等功能。

数据分析和挖掘主要是对数据库中的数据进行分析统计、纵向和横向的挖掘，可以对数据进行分类、估计及预测。

评价系统综合与分析，主要实现对数据查询、统计、分析、挖掘之后，对各评价部门或人员（指挥中心、职能部门、监督员等）进行单独评价（外评价、资料分析内评价、人为内评价），按照一定的权值或影响因子进行综合评价，给出综合评价结果。系统调度策略主要功能是在平台服务请求繁忙时，由相应的调度策略来安排服务请求的响应时间和顺序，主要应用在协同工作子系统中。

3. 应用辅助子系统

应用辅助子系统主要是为应用服务子系统服务，同时为整个平台层的服务而服务。具体包括模块的新建、配置、编辑和管理，同时还可以根据模块所需，实现与模板相关的数据的选择与配置。

数据查询与统计功能主要是对数据中心中的数据进行初步的查询和统计，以便数据分析与挖掘。系统接口管理可以对接口进行调度、删减、交互等。

4. 运营管理子系统

运营管理子系统的主要功能是实现对整个数字城市系统的管理、控制和优化。可以实现管理员权限管理、系统安全管理、系统运行监控管理、系统多服务请求管理、系统平台升级维护管理、系统异常自动报警管理、系统紧急备份管理系统运行记录分析管理等功能。系统运营管理结构如图 6-10 所示。

管理员权限管理可以输出管理员权限分配策略，系统多服务请求管理能够生成系统服务资源分配策略，系统安全管理能够生成系统安全防护策略。系统在运行过程中，运行监控管理发现系统运行异常后，系统进行自动报警。在紧急备份后，对系统进行平台维护、升级的优化，最后记录运行情况，可以从平台运行记录中对系统进行优化。

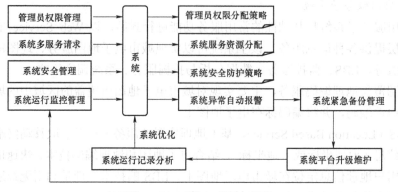

图 6-10 系统运营管理结构

五、数字城管应用集成设计

（一）数字城管概述

1. 数字化城市管理新模式

数字化城市管理新模式是指建立指挥中心与监督中心的"监管分离"的两轴心，运用万米单元网格管理法和城市事件部件管理法相结合，建立监督员队伍，研发供监督员使用的"城管通"，建立七个阶段的管理流程，应用、整合多项数字城市的新技术，再造城市管理流程，达到城市管理的管理精细化、主体多元化、服务人本化。数字化城市管理又简称数字城管。

2. 万米单元网格管理法

万米单元网格管理法，即运用网格地图的技术将城区划分为相等面积（$100 \times 100 \ \mathrm{m}^2$）的网格状单元。建立城市管理监督员队伍，由监督员对所属万米网格单元区域进行巡查、监控和管理，发现问题后利用"城管通"立即上报监督中心。监督员还要负责上报案件处理后的情况，并对案件处理情况进行初步评价。

3. 城市部件、事件管理法

城市部件管理法，是指把城市基础设施（如路灯、摄像头、下水井盖等）这类物化的管理对象，作为城市的部件进行管理，将城市的部件按照类别进行地理编码，建立每个部件的"身份证"，同时输入数据库中，并定位到万米单元网格地图上，编制城市部件分类编码表，按照不同部件来明确相关责任单位和管理单位的管理方法。

城市事件管理法，是指把人为原因或者自然原因引起的市政、市容环境遭受的影响或破坏的事件作为城市事件，按照类别（如环境卫生、非法张贴小广告、施工扰民、机动车乱停放等），编制城市事件分类编码表，并按照不同的事件来明确相关责任单位和处置对象的管理方法。

4. 两个轴心的管理体制

"两个轴心"，即监督中心和指挥中心。

监督中心主要职责是对城市管理中出现的问题进行信息采集（城管员、摄像头、市民热线电话等），在立案之后将案件报送指挥中心；负责进行全方位、全时段的监控；负责对城市管理的职能部门进行评价、对城市管理进行监督。

指挥中心主要职责是对监督中心报送来的案件进行派遣，督办案件处理；在派遣部门解决问题后，进行核对，并向监督中心反馈。同时，面对多部门作业流程，要协调各方快速反应处置问题。

5. 数字城管的信息采集体系

数字城管的信息采集体系包括无线数据采集、视频实时监控采集、语音服务热线采集、公众网站采集、领导交办采集、媒体传播采集等。

无线数据采集途径是以专门研发的"城管通"为主要采集途径的，还包括市民通过手机短信、声音、录像、图片等方式的采集途径。监督员使用"城管通"在第一时间、第一现场发现问题，以视频、图片、信息等多媒体方式上报监督中心，监督中心在立案后通知指挥中心，指挥中心第一时间派遣相应的责任部门处置问题，从而做到第一时间解决问题。

（二）数字城管流程设计

1. 数字城管功能需求分析

（1）组织机构需求。需要建立城市管理监督中心和城市管理指挥中心，建立监督员队伍。

（2）管理流程需求。流程管理要求闭环操作，实现七步流程：信息收集、案卷建立、任务派遣、任务处理、任务反馈、核查结案、综合评价。

（3）数据需求。数字城管需要处理大量的空间数据、城市部件数据和事件数据，海量异构数据的管理和调用对数字城管系统的效用至关重要，需要强大的数据中心，数据的调用要求灵活的公共集成平台层。

（4）系统总体开发需求。系统总体开发基于分布式技术，利用 SOA 构架技术。

（5）系统安全需求。在平台层和数据层都有自己的安全策略，系统安全要求物理层的安全、场地的安全、应用层的安全等。

（6）终端的需求。监督员需要配置相应的信息采集移动终端，可以自行开发基于 4G 技术的城管通，有条件的地区可以使用 5G 移动终端。终端系统的采集应注意市民在运用终端举报城市事件、部件的案件时，需要数据无缝链接。

2. 数字城管管理流程

数字城管管理流程主要是以下七个阶段。

（1）信息收集阶段。城市管理监督员在自己巡查的区域发现问题后，利用"城管通"将问题上报监督中心；监督中心整合来自市民电话、网络、手持终端等渠道的城市管理问题的举报，通知相关区域的城市管理监督员进行问题核实，若问题属实即转向下一阶段。

（2）案卷建立阶段。监督中心在收到案情后，对案件审核，如果达到立案标准，建立案卷，将案卷转交指挥中心。

（3）任务派遣阶段。指挥中心接到案卷后，判断相关的责任所属部门，并派遣责任部门迅速处理。

（4）任务处理阶段。相关责任所属部门按照指挥中心指示第一时间处理案情，并将处理结果反馈至指挥中心。

（5）任务反馈阶段。指挥中心收到责任部门的处理结果后，记录案情处理时间、地点、过程等信息，保留案情处理记录，并将案卷处理信息反馈至监督中心。

（6）核查结案阶段。监督中心核查指挥中心反馈的案情处理过程，检查是否达到结案标准，并派送监督员检查案情处理情况。

（7）综合评价阶段。监督员将检查的情况报送至监督中心，监督中心对责任部门进行综合评价。

3. 数字城管子系统

数字城管子系统从功能上可以分为业务采集系统、监督指挥系统和接入系统，数字城管子系统如图 6-11 所示。

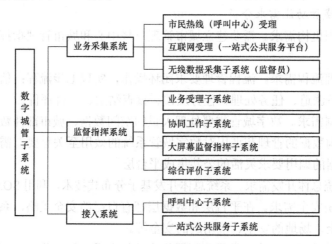

图 6-11　数字城管子系统

业务采集系统主要实现城市管理问题信息的收集和初步处理，根据采集的方式不同，可以分为市民热线采集、互联网采集和监督员无线数据采集。

监督指挥系统主要实现业务的受理、处理和评价考核。根据业务功能的不同，分为业务受理、协同工作、大屏幕监督指挥以及综合评价子系统。

接入系统主要实现市民与系统的互动，有呼叫中心子系统与一站式公共服务子系统两种接入方式。

4. 数字城管数据流设计

数字城管集成应用系统的数据可以分为部件数据、事件数据、空间数据、编码数据、业务数据和元数据。数字城管的数据流分为数据采集和存储、数据加工、数据应用和信息服务。数据城管的数据流如图6-12所示。

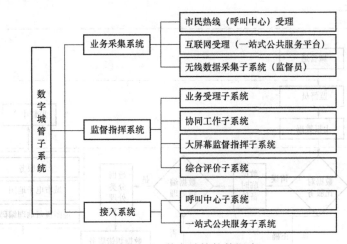

图 6-12 数字城管的数据流

数据采集和存储流程是数据流转的基础。数据经采集后，分为静态数据和动态数据，存入数据库中。需要数据层云计算管理系统的数据容错管理、容量动态规划和数据自动化管理功能支持。

数据整理是数据的初步处理。数据在存储后，运用到数据中心的数据交换和共享，防止信息孤岛；数据管理，完成对数据的检查与清洗和对冗余数据的排查与清除，对于编码和归类有误的数据自动纠错，对冲突的数据进行核实并预报警；数据实时更新，防止数据库镜像滞纳，防止元数据错误；数据镜像可以增强系统的可用性。

数据应用是数据的深度加工、整合。数据的应用主要集中在加工和处理上，集成公共平台对数据处理，封装信息服务，以 Web Service 的形式服务于数字城管子系统。

信息服务运用到集成公共平台的信息服务和云计算数据中心的数据服务，完成数字城管的子系统功能，实现数字城管的业务流程。

（三）数字城管子系统分析

1. 无线数据采集子系统

无线数据采集子系统主要用于监督员发现问题后，利用"城管通"，上报城市管理问题的基本信息，接受监督中心的核查案件指令，反馈案件处理结果。无线数据采集子系统主要实现城市管理问题上报、监督员任务管理和考勤管理、GPS定位功能和地图浏览等功能。

问题上报功能是上报城市管理问题的基本信息，包括问题类型、所属大类小类（城市事件、部件分类管理表）。无线数据采集子系统问题上报数据功能流程如图 6-13 所示。

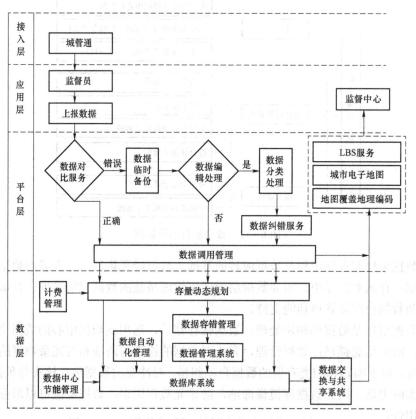

图 6-13　无线数据采集子系统问题上报数据功能流程

监督员上报案件的采集数据后，平台层要对上报的数据进行对比检查，即和原来采集库中的数据对比。如果数据没有出错，将直接由数据调用管理转交数据层，数据层利用容量动态规划来分配相关计算资源、存储资源，然后直接将数据存入数据库系统。如果数据对比检查后出错，即和原来系统采集库中的数据格式、数据类型不一致，在平台层先对数据进行临时备份，随后判断"出错"的数据是否可以编辑处理。如果可以编辑处理，就由平台层的数据分类处理功能分类后，再由数据纠错服务对数据编辑处理，随后直接进入数据层。

如果数据格式或者数据类型不能够编辑处理，也直接转交数据层，数据层将对出错的"数据"先容错，后进行修正（数据管理系统），随后存入数据库中。存入数据库中的数据经过平台层的地图覆盖地理编码服务、城市电子地图和 LBS 服务后，将案情的基本信息、案情在网格地图上的标志地、时间、案情描述、城管员现在的位置等信息服务提交至监督中心。由此，完成了应用层监督员向监督中心的信息采集功能。

2. 业务受理子系统

业务受理子系统主要是受理来自监督员利用"城管通"和无线采集子系统上报的案情、市民拨打的呼叫中心热线和政府指定邮箱等网络途径收到的城市管理问题。其中以前两者为主，最后汇总到监督中心，由监督中心判断是否立案。

业务受理子系统实现城市管理的综合收集，是问题信息的汇总，是数字城管的核心子系统之一。其数据功能流程如图 6-14 所示。

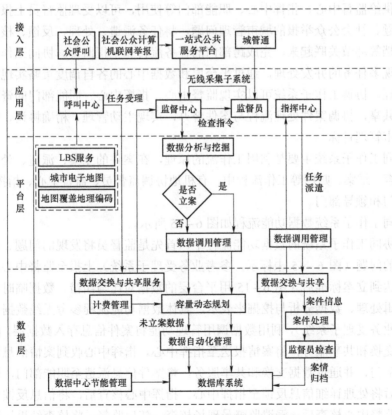

图 6-14　业务受理子系统数据功能流程

业务受理子系统的功能流程如下：公众呼叫，呼叫中心受理，生成任务受理单，平台层应用服务子系统调用 LBS 服务、城市电子地图、地图覆盖地理编码服务，在电子地图上清晰地定位城市管理问题的发生地。通过数据层的数据交换与共享服务，将数据报送至监督中心，监督中心发送指令，通过"城管通"，由监督员核查城市管理问题。监督员利用无线采集子系统，将社会公众发现的问题、监督员发现的城市问题发送至监督中心，监督中心利用平台层的数据分析与挖掘核查信息，结合经验，判断是否达到立案标准，如不能立案，利用数据调用管理，将案件信息存入数据层的数据库中，分析城市管理问题，优化系统相关功能。如达到立案标准，由数据调用管理把案件信息存入数据库中，通过数据交换与共享系统，将案件数据（包括案件地理位置、时间、案情描述等）通过数据交换与共享系统报送至指挥中心。指挥中心判断责任部门，任务派遣，责任部门处理，监督员核实，随后将案件的全部信息存入数据库系统。

3. 协同工作子系统

协同工作子系统运用工作流、Web GIS 等技术，采用 Browser/Server 体系构架，提供给监督中心、指挥中心、职能部门等使用，可以受理监督员上报的城市管理问题、社会公众举报的城市管理问题，将任务派遣、处理、反馈、核查、结案、归档等环节关联起来，完成跨部门的任务流转和全程监督。协同工作子系统可以实现多任务的并发处理，通过平台层和数据中心的各自调度策略实现多任务并发处理。协调工作子系统可以实现监督中心、指挥中心、职能部门的资源共享和信息共享，协调案件处理流程与案件督办，实现主动管理、精确协调、快速响应的城市管理目标。

协同工作子系统主要是利用工作流的原理，在案件的立案、派遣、处理、反馈、核查、结案、归档等工作流程中，有机地协调监督员、监督中心、指挥中心、职能部门和领导部门。

协同工作子系统数据功能流程如图 6－15 所示。

在协同工作子系统的数据功能流程中，首先是监督员将发现的问题、社会公众举报的问题（图 6－15 未标示，参考业务受理子系统）上报至监督中心，监督中心在达到立案标准后（图 6－15 用平台层的数据对比与纠错、数据临时备份、数据编辑处理、数据分析与挖掘来表示，具体数据功能流程参考无线数据采集子系统和业务受理子系统），利用数据调用管理功能将案件信息存入数据层，随后调用数据交换和共享服务，将案情报送至指挥中心。指挥中心收到案情信息后，判断职能部门，并通过数据交换和共享服务，将案件信息派遣至职能部门，职能部门处理后将处理详细信息反馈至指挥中心。指挥中心核查后，将信息反馈至监督中心，监督中心核查后，派遣监督员现场核查。随后监督员将核查结果报送至监督中心，符合结案条件的，结案后，对案件整个流程数据进行处理，随后归档，存入数据库中。如不符合结案条件，将案件返还至指挥中心，再循环上面的协同工作子系统流程，进行再处理。

当服务请求繁忙时，协同工作子系统可以实现多任务的并发处理，在平台层，由运营管理子系统功能中的系统多服务请求管理以及系统调度策略来实现；在数据层，由数据自动化管理和容量动态规划的调度策划来实现。

协同工作子系统还可以实现信息和服务的共享，这主要由数据层的数据交换与共享服务完成。

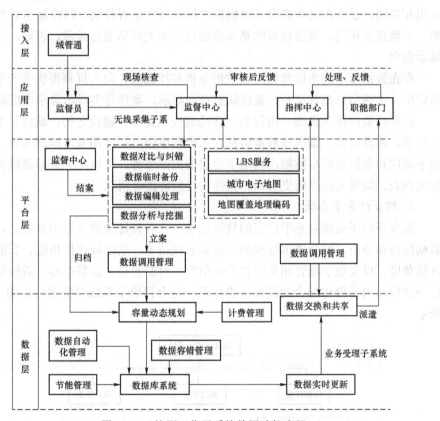

图 6-15　协同工作子系统数据功能流程

4. 大屏幕监督指挥子系统

大屏幕监督指挥子系统可以实现信息的实时监控，实时反映整个城市的管理状况，服务于监督中心、指挥中心和相关领导部门、决策部门，方便相关部门协调行动，快速、有效地处理紧急情况，为实时、准确地掌握城市管理情况提供有力的支撑。该子系统既能够动态地显示城市管理的全貌，又可以快速地调用某一具体问题的处理信息。

大屏幕监督指挥子系统的主要功能是实现对监督员、案件信息和视频实时监控进行查询，其信息是由底层的数据层向接入层的大屏幕方向综合。数据库中的信息需要实时更新，利用数据中心的数据交换和共享系统，通过数据调用管理将信息交由平台层。然后利用地图覆盖地理编码、城市电子地图和 LBS 服务并汇总数据查询与统计的结果，提供给数据分析与挖掘，得到监督员的基本信息查询（包括监督员姓名、所述区域、上下班时间、所处理案件等信息），以及监督员地理位置分布图、监督员巡查轨迹回放。监督员的实时定位可以通过"城管通"来经过 LBS（Location Based Service，基于位置的服务）快速实现。监督员有两种状态，在岗和离岗，是否在岗和离岗可以根据"城管通"是否开机、LBS 服务软件来判断。如监督员在岗，将监督员的基本信息报送至大屏幕进行显示，否则，大屏幕显示为空。

存在数据库中的案情数据经过数据分析与挖掘后，向大屏幕提供关于案件空间定位、案件信息查询显示、案件状态查询显示、案件分类显示等基本信息。

在视频监控接入设施（摄像头、移动监控设备等）建设之初，就将其型号、分辨率、地理位置、编码等基本信息存入数据库中。经地图覆盖地理编码、城市电子地图和数据分析与挖掘，利用平台层的监控服务，可以向大屏幕提供关于摄像头列表、摄像头监控历史查询、摄像头视频链接等信息。

5. 综合评价子系统

综合评价子系统是基于已有的数据记录，在各种评价数学模型基础上，运用数据挖掘和分析，结合城市管理地理信息系统技术，从区域评价角度、职能部门评价角度，以及数字城管相关岗位评价角度，对监督员、监督中心、责任部门进行外评价与内评价相结合的监督评价体系。综合评价子系统评价部门如图 6-16 所示。

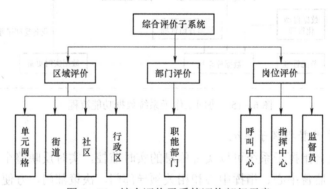

图 6-16 综合评价子系统评价部门示意

内评价是根据信息管理平台自动记录的有关数据资料实时生成的评价结果。内评价是主要的评价手段。外评价是对信息平台记录数据不能反映的指标，在征求百姓和有关方面的意见后，进行主观评价。

部门评价和岗位评价是内评价与外评价综合评定的方式。内评价又可以分为人为内评价和资料统计内评价。

综合评价子系统数据功能流程如图6-17所示。

（1）区域评价。内评价是区域评价的主要评价方式。主要是通过已有的数据记录，利用平台层中的数据调用管理、数据查询与统计、数据分析与挖掘、评价系统综合分析服务，最终输出指定区域内的案件上报量、案件最终结案书目、所属区域案件分布图等评价指标。

（2）职能部门评价。职能部门的综合评价运用到资料统计内评价、人为内评价和外评价相结合的评价方式。多种评价方式相结合有助于对职能部门进行客观、有效的监督。人为内评价是按照职能部门处理案件后，将案件的处理情况反馈到指挥中心，指挥中心对案件核查后，再反馈至监督中心，监督中心派遣监督员现场核查取证，利用"城管通"和无线采集子系统，监督中心收到监督员的案件处理核查结果，对职能部门进行人为内评价。

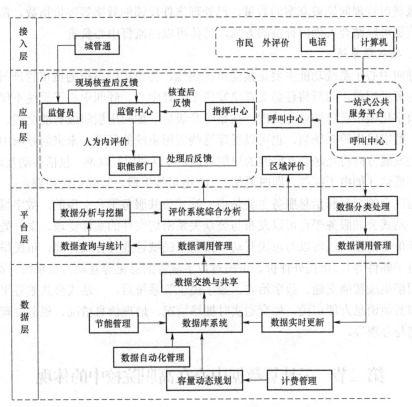

图6-17 综合评价子系统数据功能流程

资料统计内评价的模型和区域评价的相同，可以输出各职能部门收到的案件处理的数量、案件处理的效率等评价指标。职能部门的外评价是依靠市民通过电话、计算机联网等手段实现的，市民对某一案件的处理是否满意，可以通过一站式公共服务平台、呼叫中心来进行评价，评价数据经过平台层的数据分离处理服务后，交由数据层保存。职能部门的人为内评价数据、资料统计内评价数据、外评价数据，经过评价系统综合分析（如可以对每类评价系统赋予一定的权值）后，可以输出职能部门的综合评价表单。

（3）呼叫中心。统计资料评价和外评价相结合的方式是呼叫中心的主要评价方式。评价流程与职能部门的资料统计评价和外评价流程相同。值得注意的是，呼叫中心的外评价流程不能由电话来进行评价，电话评价必然由呼叫中心进行信息记录。呼叫中心评价最终可以输出服务态度、报案电话处理时间、案件报送书目、案件有效率等评价指标。

（4）指挥中心和监督员。统计资料评价是监督员和指挥中心的主要评价手段。监督员的统计资料评价可以输出工作效率、城市管理问题报送的数量、工作时间、所上报城市管理问题被立案的数量、已处理案件反馈的效率等评价指数。监督员的评价还可以结合人为内评价的方式，具体可以由监督中心负责。

6. 接入层系统

呼叫中心子系统功能主要是接受市民热线，将市民所举报的城市管理问题填写成任务受理单，随后将任务受理单发送至监督中心。呼叫中心子系统不仅能够支撑数字化城市管理的业务受理，在系统升级后，如应用层集成智能交通、数字治安、数字民生等系统后，也可以受理这些应用系统的问题。未来的呼叫中心子系统的发展方向将是融合互联网的通信功能，可以利用互联网（包括移动互联网）的文字通信（如电子邮件、即时通信）、IP电话等手段，接受市民问题。

与民众的交互和信息服务主要是由一站式公共服务平台实现的。数字城管系统的一站式公共服务平台可以发布与公众关系密切案件的案件受理、案件处理、综合评价等信息，还可以与市民互动，接受市民城管业务行政办理、市民举报问题（电子邮件等）、市民外评价、市民对数字城管的意见等互动。在系统升级后，如应用层集成智能交通、数字治安、数字民生等系统后，一站式公共服务平台可以发布其他消息方便市民，如交通实时拥堵情况、地理信息情况、税务办理、行政申请与办理等。

第二节　云计算数据中心在高职院校中的体现

随着信息技术在教育行业中的广泛应用，教育信息化以前所未有的速度深入教育的方方面面，利用现代信息技术手段辅助教学活动、教学管理、其他行政管理业务等已经成为教育机构的必然选择。各种基于 B/S 或者 C/S 架构的应用程序已经深入学校工作的方方面面，随之而来的是服务器上运行的系统数量不断增长，规模不断膨胀，数据量也逐年递增。数据中心作为服务器运行的宿主、数据安全的保障机构，如何对迅速增加的服务器、数据进行有效的管理、维护，对意外故障的发生做出及时的检测、响应和补救，以及是否能在有限的投资下，尽可能地提供可靠、灵活、可扩展的高性能运算、存储能力，成为一个值得研究的问题。高职院校近些年逐步成立了信息中心等机构，专门担负校内提供信息化管理职能，并由信息中心承担数据中心的运维责任。因此，在数据中心中引入云计算技术，以满足当前数字校园环境下不断增长的计算、存储需求，并且保障数据中心的灵活性、可扩展性，降低运维成本，成为多数高职院校的信息中心需要着手去落实的一项重要工作。

下文以某省高职院校的经济管理干部学院为例，阐述云计算数据中心在高职院校中的展现。

一、高职院校云计算应用的研究背景

从 20 世纪 80 年代初成立职业大学到现在，我国高职教育已经走过了几十年的发展历程。1996 年，全国人大通过并颁布了《中华人民共和国职业教育法》，在法律上确立了高职教育在我国教育体系中的地位，由此打开了高职院校发展的帷幕；而 1999 年全国教育工作会议的召开，中央提出"大力发展高等职业教育"的工作要求，使我国高职教育进入了蓬勃发展的历史新阶段。

1996 年，我国高等教育的毛入学率仅为 6%，2002 年达到高等教育精英化阶段和大众化阶段的临界点 15%，到 2005 年上升至 21%，10 年间年均递增 1.5 个百分点。这其中，高职教育的快速发展起到了基础性与决定性作用。2012 年全国具有高考招生资格的高职专科院校共有 1 288 所，在校生人数已达 1 000 万。但我国高职院校建设的起步普遍晚于 20 世纪 90 年代，随着过去十年学生规模的快速扩张和社会对技能型人才的认同度不断提高，对于高职院校本身办学条件也提出了更高的要求，其中硬件设施、实验器材的投入，教育信息化的普及与推广成为高职院校改进办学条件的重要抓手之一。

高职院校相较普通本科院校发展较晚，科研、管理水平存在一定的差距。社会上对于高职存在一定的偏见，相对本科来说，进入高职是无奈的选择。很多学生和家长仍然认为只有成绩不好的人，才会无可奈何地选择就读高职。近些年国家大力加强了对职业教育的支持力度，从中央到各省都出台了一系列规范高职教育的政策，从上到下立项，支持建设国家级、省级示范性高职建设，开发国家级、省级精品课程。如何利用社会对于技能型人才需求的增长，利用后发优势尽快提升本身的内涵、提高办学水平，在激烈的生源竞争中脱颖而出成为摆在诸多高职院校面前的一项难题。为了教育信息化水平的提升和管理、工作效率的提高，信息系统的普及应用成为绝大多数学校顺应时代潮流的选择，越来越多的信息系统在日常的教学实践、教学辅助、教学管理、校园行政管理等方面发挥着作用。它们在改良、理顺工作流程的同时，也极大地提高了学校教学、管理、信息沟通的效率。近些年，教育信息化发展呈现以下几个特征。

（一）向更广泛的层次推广

教育信息化建设逐渐从以本科高校为主的金字塔顶端，向下逐步延伸普及到高职、高中、中专、中职、普通义务教育，甚至学前教育。我国教育信息化的发端起步于重点高校，最开始主要作为科研工作的辅助手段，而后逐渐延伸到一线教学和管理的应用，逐渐普及了多媒体教室等教育信息化基础设施，各类管理信息也摆脱了纸质媒体。不仅各个高校建立起了信息中心等教育信息化管理部门，高职、中专乃至县区教育局都成立了相应的机构并配备了专业技术人员，为所辖的学校提供信息化项目的建设、维护与服务。原本只有大学开设的计算机类课程，现在高中、义务教育阶段也有开展。而所涉及的课程内容也从基本 PC 操作的讲解，转以分学科的专业软件的使用学习为核心。这使教育信息化从一种科普性质的点缀、启蒙转变成教工、学生日常生活、学习工作中不可分割的一部分。

（二）地域性扩展

教育信息化是不可阻挡的趋势，但是需要有足够的经费和人员管理架构来支撑这项变革。初始阶段，往往只有经费比较充裕的大型教育机构能承担这笔支出，通常是各省的 211、985 院校，随着行业应用的逐渐增多、市场竞争的加剧、软硬件价格的降低、性能的大幅提升，使建设教育信息化的大环境逐渐完善，成本降低到大多数普通教育机构可以承受，运维人员的技术力量也在很大程度上增强，从仅有少数人掌握的稀缺技术，向一种管理简单化、普及化的一般技术转化。另一方面，也是很重要的一点，随着各个教育机构之间交流的增加，使用者尤其是决策者的意识在逐渐转变，他们也开始逐渐重视起信息化，准备面对变革带给教育行业的机会与挑战。很多人实现了从原来根本不会使用电脑，到每天上班第一件事情就是打开 EMAIL、OA 系统的转变；从非纸质文稿不批阅，向每天以电子文档为主的工作环境的转换。说到底，教育信息化也是整个社会信息化的一部分，作为社会人一旦习惯了信息化的沟通、传递方式，教育信息化的发展条件，在使用者主观意愿这个方面也就水到渠成了。

（三）管理精细化的变迁

传统的教育信息管理系统，基本上以数据的采集、存储和查询为主要目的，辅以报表制作等功能，各种学生信息系统、教工管理系统、教务信息系统、一卡通管理系统、图书管理系统等信息管理系统逐渐取代传统的簿记，为教职工的校内外的日常工作、生活服务提供重要的支撑。如今进入大数据时代，数据内含的价值被日益重视起来。历史数据的分析、趋势预判、决策支持等内容成为未来信息系统发展的重要方向。对于校园内林林总总的系统，以及各种格式的数据，如何将各个信息系统的内容进行整合，并在信息门户统一展示，这对于校园的管理、人员考核、各项运营数据的统计汇总、资源的优化配置等来说十分重要。从教工到学生，从管理层到一线师生员工，每个人、每个层次都是数据的创造者，也是数据的受益者。

（四）教学模式的升级

在我国开展教育信息化的这几十年时间里，教学模式发生了巨大的转变。教育信息化的开展改变了延续几千年的受制于教室的限制，依靠书本、黑板等演示媒介，在有限的时间里、相对固定的人之间发生教学行为的一种单一教学模式。通过教育信息化手段的应用，教育方式打破了传统的束缚，网络教学平台使学习的机会大大地拓展，学生可以在有网络接入的任何地方 7×24 小时地访问到感兴趣的教育资源，并且与教师沟通互动的机会也大大地增加。教师可以更及时地回复，发布新的资源、文档、课件。实验、教学实践的机会也从有限的实验室内，迁移到了云端的实验平台，教师和学生可以快速、灵活地设定实验环境。与此同时，教育资源的社会价值也极大地提升。在提倡终身教育的今天，人们有不断进修学习的需求，但是学习方式需要多样化来适应不同个体的需要，教育信息化技术使走出校园的人们有了更多利用业余时间提升自我的机会。学生的选课、评教等工作通过网上开展，也更加有效地促进了教学内容的不断完善和教学质量的提升。

从上述特征中可以看到，教育信息化的发展已经不是买几台 PC、播放课件这种简单的形式和内容。它具体表现为一种多层次的系统平台，在这个平台上，架设有各种教学、管理相关的应用。通过将传统的教学、管理的过程及内容数字化，将教学流程、管理步骤程序化，来实现对传统教育的升级、优化和创新。随着信息化的不断深入，各种软件系统层出不穷，随之而来的主机、网络、存储等需求也越来越庞大，对于校园信息化系统维护的难度、开销也将不断增大。

二、高职院校数据中心设计

（一）项目现状

某省高职院校经济管理干部学院数据中心目前以 x86 服务器为主，运行着组织人事、OA、教务、门户网站、财务管理、资产管理、一卡通等业务系统。

（二）方案分析及预期效果

学院目前拥有 30 多台服务器运行着不同的业务系统，根据对原有负载的统计和对兄弟院校数据中心改造经验的调研与总结，决定利用原有较高配置的物理服务器。每台物理服务器上都安装 VMware vSphere 企业增强版软件，充分发挥原有硬件的潜能，同时运行多个虚拟服务器。每台虚拟服务器都运行并保存迁移前对应的物理服务器上相同的操作系统、应用及数据，也就是说，本次改造并不对每个单独的虚拟服务器内的系统架构进行改变。原来一台物理服务器的平均 CPU 利用率只有 4%左右，这样的一台物理服务器，即使让它同时运行 4 台类似负载的虚拟服务器，峰值 CPU 利用率也基本不会超过 80%。大多数时候，CPU 利用率也不超过 30%。所以，对于客户端操作的响应速度，不会有明显的降低。当然，在内存的配置上必须增加，毕竟原来一台主机只需要运行一个操作系统，现在要同时运行 4 个虚拟机操作系统，还有 vSphere 本身的内存占用。

经过对现有服务器运行情况的收集、汇总和分析，计划选择以下几台服务器作为云计算改造的硬件平台，它们的配置如表 6-2 所示。

表 6-2　所选服务器的配置

原运行系统	利旧的服务器	配置（参考）
组织人事系统	PowerEdge 2 950	Xeon E 5 410 *2/4 GB
资产管理	PowerEdge 2 950	Xeon E 5 410 *2/2 GB
门户网站系统	PowerEdge 2 950	Xeon E 5 410 *2/2 GB
财务系统	PowerEdge 2 950	Xeon E 5 410 *2/8 GB
新教务系统	PowerEdge 2 950	Xeon E 5 410 *2/4 GB
OA 系统	PowerEdge 2 950	Xeon E 5 410 *2/4 GB
防病毒系统	PowerEdge 2 950	Xeon E 5 410 *2/2 GB

经过对上述 7 台服务器虚拟化改造后，将组合出动态资源池，可以提升资源使用效率，减少开销，提高应用的可用性、灵活性和对于新的需求的响应速度。

从业务层面考虑，需要对应用系统进行虚拟化整合，通过罗列、梳理，确定本次需要整合的业务系统，如表 6-3 所示。

表 6-3　需要整合的业务系统

OA 系统	新教务系统	老教务系统	财务系统	防病毒系统
教学资源库	组织人事系统	门户网站系统	测试服务器	资产管理
网络管理	数据交换	个人门户	身份认证	精品课程
创业教育系统	测试服务器 2	学工系统	迎新	

云计算改造后，服务器、机架、交换机、UPS、空调等设备及线缆可以减少很多，机房将变得简洁清爽。

vCenter 可以满足对于虚拟化架构绝大部分的管理需求，并且提供很好的便利性，使用它可查看、管理及维护复杂的虚拟化数据中心。当然，vSphere 其实也提供了 esxcli 字符界面来对主机进行管理，看起来和普通 Linux 的 shell 操作界面无二。可以想象，通过哪一个来进行管理，是需要认真考虑的。

整个虚拟平台可以说尽在掌握，无论是集群、物理主机、虚拟主机、网络设备，还是一个虚拟 CPU、1 GB 的虚拟内存、1 GB 的虚拟磁盘空间、1 块虚拟网卡、1 个虚拟的交换机端口，都可以自由地管理和调度。对于各个层次的对象的运行状态，例如主机、虚拟机、网卡、磁盘的利用率、高可用状态、路径选择等特性，都可以做到实时监控和报警。

vCenter 是对 VMware 虚拟化架构进行集中管理和监控、作业任务自动化以及资源分配按策略、自动化的管理平台。不仅可以方便地查看和展示服务器集群的配置、参数、状态等内容，还可以管理 VMware 虚拟化平台的高级特性（如 vMotion、Fault Tolerance、DRS、VMware HA 等）。管理范围内如发生单点故障，尤其是硬件的失败，可以很快地转移业务或者启动新的 HA 镜像，减少了对外服务的中断，提高了系统的可用性。

vCenter 除了是一个配置工具，它也可以快速并且广泛地监控虚拟化架构内各级对象的性能和状态，并允许用户自定义触发器，对于指定的事件或者条件给出警告，用于自动化的定位性能瓶颈和系统的不稳定因素。

要访问 vCenter，除了使用 vclient 客户端，也可以使用浏览器直接连接。未来 Web 版将是一个趋势，有传言说，vCenter 即将取消对于 vclient 客户端的支持，全部转向 Web 版管理。

（三）方案拓扑及软硬件需求

数据中心做云计算改造，其实对于内部的网络架构并没有太大的影响。复杂或者简单的高可用系统，都可以从 Oracle RAC 数据库中找到灵感和相似之处。由于服务器效率的提升和应用的叠加，使所需的硬件减少了，包括服务器、交换机、机架、网线、UPS、空调等。原有设备可以部分淘汰，部分回收利用。

显然，整个校园网络结构没有很大改变。不同的是数据中心内部的服务器和接入设备的数量大为减少，数据的共享性、链路的健壮性得到了提升。

由物理 ESXi 主机构成集群，集群上运行多台虚拟服务器，统一进行管理。其他不参与改造的服务器的运行不受任何影响。随着数据中心规模的扩大，可以动态地增加存储和虚拟化的主机设备，在提供更多计算和存储资源的同时，提高整个架构的容错性。

网络方面，虚拟服务器的管理和物理服务器的管理没有很大区别，可以说更简单明了。因为原来机器多，端口多，得一个一个匹配过来；而现在采用 ESXi 主机，大多数时候使用 trunk 口即可，交换机上划分 VLAN、防火墙上映射正和端口，设置 ACL 或者策略路由等操作都和以前一样。服务器上的网络操作由于 vCenter 的存在，也变得井井有条。

（四）软件配置

1. VMware vSphere 部署

（1）在 ESXi 主机上创建完虚拟机，安装完虚拟机的操作系统，如 Windows 2008、Redhat 后，还要在每台虚拟机上运行 VMware Tools。只要是 VMware ESXi 正式支持的操作系统，都会有相应的 VMware Tools，使用它主要可以优化虚拟机的显示，提升相应用户操作的速度，提高 ESXi 主机内部的虚拟网络效率；同步 ESXi 物理机和虚拟服务器的时间等。

（2）在虚拟服务器的配置中，多 CPU 和单 CPU 只需要点击鼠标。但是具体到每台虚拟机，应该怎么配置，还应该考虑到具体所运行的应用。虚拟机的操作系统基本上都是支持多 CPU 的，但是很多老版本的应用程序，并不一定对多 CPU 进行了优化，所以并不是分配越多的 CPU 资源就越好。

（3）硬盘控制器选择 LSI Logic。

（4）物理服务器的网卡配置最少要 4 块，即双数配置。使用 Nic Teaming 模式，两两一组，组成冗余和负载均衡的链路接入同一个 Virtual Switch 中。将对外服务的流量和访问后端存储、管理的流量分散在不同的 Virtual Switch 上。不同的 Virtual Switch 使用不同的网卡组。

ESXi 是 VMware 服务器虚拟化的基础，只有配置了才能实现物理服务器内部的动态管理。多套 ESXi 主机组合起来，成为一个虚拟化的集群，才能够实现整体 IT 架构的灵活、动态管理以及高可用性。ESXi 5 本身是一个经过大量生产环境验证的、可以信赖的虚拟层，它相当于一个底层的 Linux 操作系统，管理物理服务器的全部资源，并逐一分配给运行在它上面的虚拟机。

2. 配置 vCenter

要对整个虚拟化架构进行管理，就需要 vCenter 来管理多台 ESXi 服务器，vCenter 本身支持 Linux 和 Windows 两种环境运行。Linux 下，它叫作 VMware vCenter Appliance，本身已经被打成了一个类似压缩包的东西，可以直接展开部署，经过简单的配置即可使用。展开以后将得到一台完整的虚拟机，已经安装好了 Linux 操作系统和 vCenter 应用程序，以及 vCenter 所需的中间件、数据库环境。如果不是管理特别大规模的虚拟化架构，直接使用这种配置方式是很方便的，内置的数据库足够应付。如果你要管理上百台 ESXi 物理主机的虚拟化环境，建议使用 Windows 平台来安装 vGenter。安装本身和其他的 Windows 系统下的应用程序没什么区别，毫无难度。所不同的是它使用了 SQL Server 2008 R2 独立数据库来作为整个 vCenter 的运行支持。

三、系统优化及数据迁移

（一）云计算数据中心的优化

1. 物理层面的优化

1）能耗

经济管理干部学院数据中心原同时在用服务器有 22 台，经过云计算改造后，实际使用的服务器仅 7 台。以每台服务器 500 W 功率为例，减少 15 台服务器每小时可省电 7.5 kW，按 0.6 元/kW 计算，光服务器电费一项，每年可以减少学院开支超过 37 000 元。相应的，设备减少后，散热开销的减少，可以减少原有一半的空调运行费用。关停一台柜机，每小时可省电 4 kW，一年节省约 20 000 元电费。

2）布线优化

原有网络由于各种服务器密集分部，22 台服务器通常配有 2~4 块网卡，另加 1~2 个 BMC 控制口。总共需要占据 3 个标准机柜，3 个 24 口交换机，才能满足基本的接入需求。现精简到 7 台 ESXi 服务器，仅用 1 个 24 口的交换机、1 个标准机柜即可容纳。从而为机房节省了空间，规范和美化了布线，减少了网络配置的复杂程度。

2. 数据中心内部的网络配置

对于数据中心来说，通常会将服务器分布在不同的 VLAN 上，为不同的应用、部门提供服务。这样的安排是考虑到减少服务器之间病毒的传播及网络广播的干扰。另外，数据中心内部网络通常还用于 NAS 的访问。

1）冗余的物理网络连接

传统数据中心内，为了预防单点故障，每台物理服务器通常通过交换机上 2 个端口对外提供服务。江西经济管理干部学院数据中心原有 22 台服务器，使用了 2 个 24 口的交换机。

经过云计算改造后，现数据中心内，总共仅 7 台服务器，物理网卡接口仅需 14 个。通过 VMware ESXi 本身自带的网络故障冗余切换，每 2 块 NIC 相互冗余，并同时实现了负载均衡。任一端口损坏或者网线拔出都不影响该服务器上的所有服务。

2）虚拟接口的配置及 VLAN 的设置

数据中心服务器内所运行的应用基本可以分为办公类、教学类、信息发布类、管理类等。其中以教学类的应用服务器最难管理，因为其与教学用计算机机房归属在同一个 VLAN 下，导致学生和教师使用的 U 盘经常感染木马和病毒等，同一网段下的服务器，也经常受到攻击。所以校园网络通常对于各系所在的实训机房，应分配单独的 VLAN，并将各系的实训应用服务器，划入各自的 VLAN。这样可以尽量减少交叉感染，以及蠕虫和木马程序对于管理、办公应用服务器和办公区 PC 的攻击。

3. 新数据中心的特殊网络配置

要在 ESXi 主机之间实现 emotion，需要对于源和目标主机的网络进行相应配置：使源和目标 ESXi 主机上都拥有用于 emotion 的虚拟网络接口。当 ESXi 程序安装完毕，默认是没有这个网络接口的，需要手工修改给现有接口增加 vMotion 用途，或者增加新的网络接口，使之用于 vMotion 流量。

（二）服务器的数据迁移

1. 服务器迁移工具介绍

VMware vCenter Converter Standalone 是一种将虚拟机和物理机转换为 VMware 虚拟机的解决方案。它的主要用途包括将 Windows 和 Linux 操作系统作为源系统，并把原系统整体一步到位迁移到在 ESXi 主机的虚拟服务器上，而不需要重新安装操作系统或应用程序软件等。

Converter Standalone 作为 Windows 平台的一个应用程序，由下列组件构成。

（1）Converter Standalone Server：转移的服务器端，相当于转移任务的数据中转核心站点和任务管理的大脑。

（2）Converter Standalone agent：有了上面接受转发数据的 server 端，那么就需要从被操作的物理服务器端主动发送数据和接收控制信号的代理端。

（3）Converter Standalone client：整个软件的人机界面。

（4）VMware vCenter Converter 引导 CD：一张可以启动机器的光盘，类似 WINPE 之类的功能。可以在不启动机器本身操作系统的情况下开机读取文件系统里的文件，将其传输出去成为冷克隆。

热克隆就是源主机本身系统在运行的过程中进行克隆操作，因为源机器的操作系统和应用程序都处于活动的状态，所以整个克隆期间，由于源计算机发生的变化，导致克隆出来的目标机，并不与源计算机最新的、全部的状态和数据保持一致。所以默认热克隆到 90% 的阶段，会对源机器做一次拍照，然后同步一次数据。这是常用的克隆方法。

冷克隆指源机器本身操作系统在没有运行的情况下来克隆整个源机器，要用到我们前面说过的 vCenter Converter CD。冷克隆发生时源机器的系统状态和业务数据都保持不动，所以克隆出来的目标机是在与源计算完全一致的。由于要关机停业务，所以这种克隆方法使用的情形相对较少。

源系统是在 Windows 平台运行的情况下，要执行远程热克隆操作，必须先安装在 Converter Standalone agent 源主机上。源主机是在 Linux 平台运行的情况下，不用在源主机上运行 agent 程序，而是在目标 ESXi 主机上新建一个空白的虚拟服务器，再将源主机的数据从 source 机复制到新虚拟服务器内。全部数据复制完后，重启新虚拟服务器，即 P2V 操作完成，源主机在 ESXi 主机上产生了一套对应的克隆虚拟机。稍加配置后可以接替原有 source 机的服务，迁移的过程就完成了。

2. 迁移主要过程及关注点

无论是 Windows 的迁移，还是 Linux 的迁移，基本步骤都是差不多的。

（1）选择源主机是物理机还是虚拟的服务器。

（2）提供源主机登录信息。如果要转化的是 Windows 的本机，则用户账户已经在本机登录，运行 Converter Standalone，可以直接访问本地的数据，不需要提供额外信息。如果是通过网络迁移其他的服务器，那么无论是什么操作系统，都要提供 IP、用户名和密码。如果源机器是虚拟机格式，则需要提供所在 ESXi 主机的 IP、ESXi 管理用户名、密码，或者所属 vCenter 的 IP、管理账号、密码，从而进入虚拟机列表。最后再选择源主机。

（3）选择迁移到哪里，vCenter 即 Destination System。如果是迁往 ESXi 主机或者 vCenter 控制的 ESXi 主机集群上，那么要输入相应的主机或 vCenter 的 IP、用户名、密码。以获取访问、管理权限，才能建立 Destination System，分配 CPU 和存储资源，接受迁移过来的数据。

（4）指定目的主机，包括虚拟服务器名、宿主服务器、存储、虚拟机版本、虚拟机硬件配置。此时默认的系统和硬件，网络配置会取跟源主机一致。但是在这一步是可以给 Destination System 定制的。

（5）设置 Destination System，下一步，任务提交，开始迁移。

（6）迁移完成，目标机 POWER ON，源服务器 POWER OFF 或者断开网络，避免 IP 地址和主机名重复。

第三节　云计算数据中心在电力企业中的使用

一、电力企业数据中心对云计算的需求分析

电力企业的信息化建设不仅是一种技术革命，更重要的是管理变革、提高综合竞争力，为电力企业的可持续发展奠定基础。企业的数据能够反映企业大量的生产经营管理信息，因此现代企业逐渐加大对企业数据的保护力度。狭义的企业"数据中心"是指企业一系列电子化数据的集合，其基本表现形式是结构化数据、非结构化数据、地理空间数据以及实时数据的文本或数据库，包括各应用系统数据库、企业全局数据字典以及数据仓库等文件。而广义的企业"数据中心"是指企业所有经过处理的电子化数据的集合以及存储和应用这些数据的计算机和网络环境，其表现形式除了信息网络、服务器、存储设备以及相关的机房环境外，还包括企业专用或通用数据库和对数据实施收集、加工分析处理、管理、存储保护

以及查询检索服务的企业信息应用系统。

随着我国电力企业体制深入改革和电力市场体系的竞争日益激烈，提高核心竞争力是电力企业可持续发展的必由之路。因此建设数据集中、应用分布、容灾备份的数据中心是电力企业发展的必然之路。而只有建立一个流量大、可靠性高、扩展性强、技术先进及安全性高的数据中心网络，才能更好地适应各级电力公司内部业务种类多、信息量大且交换频繁的需求。

（一）传统电力数据中心的研究

1. 传统数据中心的网络结构

传统数据中心的拓扑构建采用树形分层结构，如图 6-18 所示。树形末端的机架上通常放置十几台服务器，利用接入层里面的交换机来使这部分服务器能够实现和网络的连接。汇聚层以及核心层则应用的是造价比较昂贵的交换机，这样就使数据中心能提供尽可能高的性能，形成高连通网络拓扑。

可是，以往树形的网络构建模式已经很难吻合目前网络服务给数据帧中心所提出的要求。由于这种结构不能够予以很高的拓展，同时也不能对剖带宽、吞吐量以及实时通信等方面的要求予以满足。除此之外，如果树形结构的上面一层出现单点故障，将会对整体的运行造成障碍。最后，因为传统形式的分层结构里面的核心层以及汇聚层均采用的是价格比较高昂的高端交换机，所以这种网络结构的性价比不高。

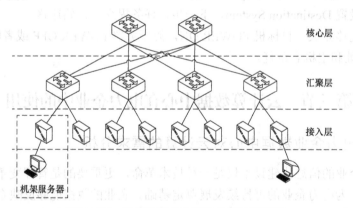

图 6-18　传统数据中心树形分层结构示意

2. 现有电力企业数据中心的逻辑层次

通常来讲，按照电力企业所具有的规模以及管理上所采用的具体模式，能够构建起层次不一的数据中心。在全国范围内构建数据中心会在很大程度上依靠信息网络，因而会使数据安全面临着非常大的风险。确保数据的统一性、实时性、精准性以及全面性，可以保障企业级信息系统在数据方面的应用以及共享。

企业数据中心（Data Center，DC）所具有的内涵逐渐清晰。初期的数据中心会受到计算机机房环境和有关网络与服务器的制约。数据中心要予以极佳的机房环境、良好的网络环境、性能极高的主机系统、充足的数据存储空间、能够吻合软件所需的具体环境以及机制。因此，在这种情况下数据中心所注重的就不是数据，而是运行所需的物理环境。

数据中心的构建应该取决于数据本地化的性质、在某地的数据量以及数据更新的具体频率等。以央企为例，能够依据具体的需要构建起三级数据中心：第三级电力企业数据中心，区域级/省级电力公司（分公司）数据中心，公司级（公司总部）数据中心。三级数据中心利用电力信息网来实现有效连接，进行数据方面的有效交换以及更新，进而确保数据方面的统一性、及时性、精准性以及全面性，确保企业级信息系统实现有效的应用以及数据资源的共享。

3. 现有电力企业数据中心的逻辑结构

1）数据抽取

数据中心的获取层就是用来对数据进行提取、转换以及加载的，提取的主要是业务系统方面的相关数据，然后把提取的数据转换成标准化的数据，最后加载至主题数据库之中。ETL 的主要任务就是把异构的分布式数据源里面的数据抽取至临时中间层，然后将之加载至数据仓库或是数据集里面，让它成为公司级（公司总部）数据中心和联机分析处理的基础。它是 BI/DW 的核心以及灵魂，可以依据统一的标准来对数据的价值进行集成并且使之提高，作为实现数据由数据源转化为目标数据仓库的一个具体过程，同时也作为实施数据仓库的关键性步骤。

2）数据存储与管理

数据的存储和管理层能够对主题数据库更深层次地进行 ETL，进而形成多维度的数据并存储到数据仓库里面，并且对数据编码以及元数据展开有效的管理。

数据的存储和管理层作为整体数据仓库系统的核心，数据仓库中重要数据的存储以及管理均靠其来实现。数据仓库在管理方面的具体方式造成它和其他别的数据库存在着区别，而且也对数据在外部的表现形式起到决定性作用。要想通过何种产品或者是技术来构建数据仓库里面的核心，就要通过数据仓库在技术方面的特点来进行分析。对于当前各个业务系统里面的数据，实施抽取、清理，并且展开相应的集成，依据主题来展开有效的组织。

3）数据访问

数据访问层予以有效的数据来对界面进行展示，使查询、统计、联机分析处理（OLAP）、数据挖掘以及决策辅助等相关的功能得以有效地实现。

生产报表系统集中显示了各种生产数据的日报、月报、年报，一目了然的信息非常方便领导者查看。该报表系统不仅方便部署，任何基层站点只需要登录系统即可填写报表，而且报表系统具有自动统计、分析功能，能够直接以图表的形式生成各种形象的趋势图，从而直观地为生产决策提供直接的数据依据。此外，该报表系统还可根据生产季节变化、新业务开展、各个基层单位业务不同的情况，灵活地进行业务添加/删除、工作内容添加/删除等操作，方便基层单位的使用。数据仓库的应用是基于数据仓库之上来展开的，重点囊括：对于决策应用进行分析，比如联机分析处理（OLAP）以及数据挖掘（DM）等；统一平台的建立与应用。数据展示主要负责展示应用的结果，也可称为数据前端处理。数据展示可以通过联机方式表示，也可以通过 Web 方式表示。

所有的网省公司以及直属数据中心按照国家电网所进行的相关设计，在基本功能以及重要指标得以有效满足的前提下，按照安全生产以及设备管理等相关的特征来展开建设。因为各省在业务系统方面有着很大的差别，因此在构建数据中心的时候，其在服务器、网络、存储、电力、监控以及环境调节等相关的信息设备、数据库以及数据仓库等方面也就存在着很大的差别。而且，软硬件、数据资源和安全管理与维护方面所使用的工具和技术以及设计方面存在的缺陷造成管理繁杂，导致数据中心在开展管理以及维护的时候需要花费大量的成本。

目前电力数据中心不能有效地对今后智能化电网在大量的信息储存、信息资源的共享以及处理方面的需求进行满足。因此，需要数据中心予以更多的服务，并且给数据挖掘以及决策辅助创设良好的分布式计算环境。

（二）云计算数据中心及产业升级规划

1. 产业转型的背景

1）云计算是技术和商业模式的双重创新

商业模式发生巨变，消费者和企业将从"购买软硬件产品"向"购买信息服务"转变。

2）经济方面

全球经济一体化，日益复杂的世界和不可确定的黑天鹅现象；需求多样性和个性化是云计算发展的动力。

3）社会方面

数字时代的崛起，消费行为的改变，现实世界中人与人、人与物的互联已经开始复制到虚拟世界中。

4）政治方面

社会转型，如何满足大众日益增长并不断个性化的需求；产业升级，制造型向服务型、创新型转变；

5）技术方面

实现"按需即用、随机应变"的各项技术已经成熟，企业 IT 的成熟和计算能力的过剩。

2. 传统 IDC 发展中遇到的瓶颈

为满足需求的多样化、个性化以及 IT 行业业务模式转变，IDC 正面临着技术发展滞后、设备无序扩张、缺乏统一规划和管理、业务结构单一、能耗成本越来越高等诸多问题。

技术发展滞后业务需求。全业务运营新时代的到来，重点突破虚拟化技术，将有效实现低成本、高效率和节能环保等需求。

设备无序扩张，但依然不能满足需求。IDC 内设备以专用方式分配，产生资源孤岛，机器利用率低下，一般情况下只有 20%。即便是最繁忙的业务系统，利用率也不到 50%，并且在信息安全和灾备建设方面较为薄弱。

各地方、各运营商各自为政，缺乏统一规划。整体网络缺乏合理的布局规划，人力物力的利用率偏低。一些小的机房为增加客户和收入，不计成本降价，给 IDC 业务健康发展带来极大的负面影响。

业务发展受到挑战，还表现在业务模式不灵活、架构单一。目前，IDC 业务以自建机房、租赁机架为核心。业务结构不够丰富，光凭投资来提升业务量，增值业务少之又少；业务多为主机托管，很少涉及租赁主机的业务。

耗能成本居高不下。IDC 机房内各种硬件以及相关的配套电器设施日复一日地运作，使总体成本居高不下，随着配套设备的完善，机房将面临空间紧缺、耗能增高等问题。IDC 机房节能减排是当务之急，刻不容缓。

3. 经营模式转变的必然性

为进一步落实创建"国家电子商务示范城市"公共基础平台建设和营造互联网产业发展良好的开放环境，为互联网和电子商务企业提供创新的运营模式和服务模式，云计算经营模式的转变已成必然。

云计算作为第三次 IT 浪潮的产物之一正促使 IT 行业以产品运营为核心的业务模式向以服务为核心的业务模式转变。IT 行业的生态系统将以具有垄断地位的 IT 运营商为核心进行重建和重新洗牌，旧的 IT 产业链分工模式将完全被打破。IT 新时代的到来，意味着网络的融合、业务的融合、运维支撑系统的融合以及海量数据的管理和分析。云计算带来的规模经济效应加速 IT 基础设施集中化。基于云计算的 IDC 建设成为重点突破方向，将实现低成本、高效益、高可靠性和绿色 IT。

在传统模式下，购买信息服务的过程为：试举企业为例，首先必须要购买齐全硬件设施，比如服务器、存储器、网络等；其次，还要开通宽带，并妥善处理数据中心的选址、土建、装修、供电、空调等相关建设问题；再次，为服务器购买操作系统、中间件等有关的基础软件和使用权等；最后，在替上层应用布置好了运行环境后，企业还要根据自己的需求购买部分系统软件，若市面上没有，企业还要组织专门的人员或是基于第三方软件平台进行研发。当数据中心建成之后，企业还要委任专员定期维护和修护系统。随着企业的不断发展壮大，企业对系统的要求也会越来越高，在这一条件下，企业还需不断购进相应的配套软件以及硬件基础设施，由于系统有时要进行对接与融合，因此系统每次新增功能模块或是进行扩容后，就必须重复上述购买过程。事实上，用户并不会过多地关注企业是如何购置和规划 IT 系统的，他们只期望能获得优质的信息服务。由此可以得知，在传统模式中，用户要投入大量的时间、金钱去构建和维护一个 IT 系统，以获得该系统的信息服务。

云计算时代已悄然而至，传统模式也发生了天翻地覆的变化。用户的关注重心将全部集中在信息服务上，IT 构架已不再是他们的关注范畴，系统可针对用户需求提供个性化服务，同时结合实际需求罗列出所需要购买的资源与服务，以此实现控制成本的目的。

总的来说，云计算技术是由商业模式的内在需求才催生的，然而我们也要意识到，云计算的发展离不开成熟技术的支撑，比如硬件技术（包含万兆网卡、40 GB核心交换）、先进存储技术、虚拟化技术（包含计算、存储、网络、应用、桌面等）、智能管理与部署、多租户构架、分布式并行计算；其次，云计算的发展得益于互联网的成熟，通过互联网技术，IT 资源（如存储、计算、网络等）能有效降低其与底层物力设备的耦合程度。在云计算条件下，用户只需通过云计算 IaaS 服务商便能购买或租用到自己所需的资源，并可获得 Pass 与 SaaS 提供的个性化服务。

4. 基于云计算的下一代数据中心

基于云计算的数据中心是以云机柜为基础单元，以梅林数据中心为核心节点，逐步向外部拓展。其优点如下。

1）技术先进性

采用以色列 Mellanox 的核心交换机、主备方式，为服务器与服务器之间、服务器与存储之间提供 40 GB 的高速、低延迟通信网络；采用美国 WMwere 企业版和管理软件优化资源，超级管理、智能、监控软件 UFM；采用高性能的服务器、存储、万兆网卡、网关和专用的连接线缆，集成为我们的云机架。

2）性能优势

高密度服务器，配置高速互联网络；高效的全交换网络架构，更快速存储资源的访问能力，确保虚拟服务器能获得足够的 I/O 带宽；智能的网络部署与诊断。

3）云机柜优势

体积小，集成化高，功能强大，一个云机柜可以虚拟出 8~16 个传统机柜；成本低的同时又大大降低了能耗；搬迁方便，布点灵活，拓展便捷，针对特殊客户，云机柜可以前移到客户端；维护方便，使复杂的云平台变得直观和简单化，容易理解和接受。

二、云计算在电力企业数据中心的研究

对于电力企业而言，云计算将能够改变电力企业信息化建设的模式。过去都是由单个企业架设自己的电力数据中心，企业间的沟通交流少，云计算的利用将

会使整个电力企业数据中心整合到一起，构成一个庞大的数据中心电子云。能够在共有云中存储公开安全信息的数据，这样便能基于云计算获得各种各样的信息服务。

众所周知，电力企业在运营过程中积累下来的数据是庞大的，目前的信息处理情况是只有一部分的信息得到了利用，还有相当一部分数据未被利用。所以目前的研究主要是要实现数据中心对海量数据的有效管理，并能够从中挖掘出隐藏的信息价值。这对目前数据信息中心的计算能力是一个重大挑战，云计算的出现为处理海量数据带来了曙光，因为云计算能够迅速扩展计算能力，处理大规模、高强度的计算负荷。

（一）云计算研究的可行性分析

云计算的规模非常大，主要体现在两个方面：一方面云计算对技术的要求高、集中维护量大，从而花费的成本也高，对于规模小、信息量低、管理模式简单的企业来说，云计算并不适用于他们，因为总体上不能降低成本；另一方面，要想实现云计算的各种服务优势，需要大规模的云计算，尤其是对服务的经济和服务的规模来说。此外，对于国家电网公司来说，具有企业业务多、规模大、组织机构以及系统庞杂的特性，因此信息安全对企业极为重要，云计算的硬件也得到了保证。

据调查，电力公司企业的服务器都存在大量的浪费现象：

（1）大部分内存利用率在 30% 以下，CPU 利用率在 25% 以下；

（2）由于地域分散原因，信息系统维护人员分散，导致了维护成本较高；

（3）每台办公计算机都为客户机配置，硬件资源浪费严重；

（4）所有的分支企业均要逐一配套完善相关的设备与软件，成本极高。

电力公司内部员工移动存储介质的混乱使用、信息管理人员较少、公司缺乏可行的监管手段，此类信息安全防护不足的问题常常导致信息安全事故的发生。

鉴于云计算依靠规模经济带来的是低成本优势，电力公司引入云计算技术将具有良好的经济性，大大减少资源的浪费，可对企业的可持续发展做出巨大贡献。

云计算已经应用于电力企业中，例如对智能电网来说，私有云将在电网智能化的进程中发挥积极的作用，在个人办公海量计算、网络存储等方面，私有云均有广阔的应用前景。

1）桌面云

桌面云的构建目的是企业为满足办公需要为职员配置个人计算机。一般情况的模式在终端维护方面还有缺陷并且对资源的利用率低，但是桌面云对信息的管理与优化非常有帮助，能简化用户的客户端，使信息网络的安全性大大提高。

2）存储云

对于信息时代来说，企业运作中产生的各种数据以及个人的管理信息都相当重要，因此企业云的建立显得至关重要。在建立的过程中应考虑以下几个问题：企业设备对数据的存储能力、存储设备的安全性、数据的可再生性、数据存储与提取的时效性等，从而方便企业更好地存储管理重要的信息数据。

3）计算云

相比用来管理数据的存储云，计算云的作用就是对数据加以处理计算，得到对企业生产有用的目标数据。当今，大量的计算被使用到智能电网里去。如何处理海量的数据成为问题的关键，为此计算云应运而生，计算云的构建可以使短时间处理海量数据成为可能。

（二）电力企业云计算数据中心

1. 基础架构

通过云计算技术能有效改进现有的电力数据中心，构建一个系统的、智能的新型电力数据中心。

在基础设施层中，首先要将服务器、网络设备以及存储设备等硬件资源基于虚拟机监视器或是虚拟化平台进行虚拟化，继而将不同单位的不同硬件资源进行屏蔽，并通过虚拟机对资源抽象、资源部署、负载管理、资源控制以及安全管理进行自动化管理。如此一来，不但能最大限度地利用资源，同时还能减轻维护人员的工作量，比如分配服务器硬件资源、操作系统等，集中精力专攻虚拟机与业务系统服务，以落实维护与管理数据中心的工作。在云计算平台层中，首先要基于虚拟机形成若干个集群，比如 Web 服务器集群、数据库服务器集群、应用服务器集群，这些集群便是数据中心的运行环境。为了安全、可靠地存储大量数据，可通过云计算的分布式文件系统、数据仓库与数据分析工具、分布式数据处理系统、分布式数据管理系统来实现，这样便能提供一个良好的分布式计算环境给高级应用程序（辅助决策、挖掘决策）。另外，还可通过企业现有的空间地理、安全生产、状态检测、营销管理、新能源等电网业务系统来集成与共享数据。

由于云计算是一个崭新的领域，因此只有先解决这些问题才能将其应用于电力数据中心。

2. 服务器虚拟化与虚拟机的实时迁移

电力数据中心里最关键的硬件资源便是服务器，能否有效利用服务器资源，是决定电力数据中心的重中之重。Gartner 的研究表示，现阶段企业数据中心大部分 x86 服务器仅存在一个应用，服务器的 CPU 利用率偏低，仅有 5%～20%。加之为了保护数据安全，维护系统性能，当前电力数据中心的业务系统过半数都是分散于各种物理服务器上运行，比如：综合管理系统以及项目管理系统就分散在两个物理服务器上，这样一来无法最大限度地利用服务器资源。在新型电力数据中心，为了解决这一问题，可通过虚拟化服务器的方式将其分解为几个虚拟机。

一般情况下，虚拟化抽象层是基于物力服务器上构建的。虚拟化方式有两种，一是虚拟机监视，二是虚拟化平台，这两种方式都起到了抽象服务器、管理与调度资源的作用。简单来说，就是分别在两个完全独立的虚拟机上运行项目管理与综合管理，以此最大限度利用服务器资源。当虚拟机运作时，将基于实时迁移技术把虚拟机目前的运行状态原封不动地转移到另一个服务器上，以起到维护故障服务器的作用。再采用虚拟机动态调度法，不断整合资源，从而调动与分配动态资源，最终改善服务器资源的利用率。值得注意的是，在不断改善服务器资源利用率时，还应当考虑到其性能开销以及可靠性问题。一般情况下，通过隔离机制便能有效解决可靠性问题。简单来说，在服务器中存在若干个虚拟机时，要隔离开每个虚拟机，这么做是为了防止其中一个虚拟机崩溃后影响其他虚拟机。现阶段，企业级 J2EE 应用服务器已广泛应用于电力数据中心的业务系统中，经过国际商用机器公司（IBM）以及 VMware 对 Web Sphere 和 VMware ESX 的性能研究不难发现，虚拟化服务器会随之产生一定的系统开销，但总的来说低程度的性能下降还是可以接受的。

（三）面向云计算的数据中心网络拓扑研究

1. 云计算的原理

所谓云计算，即基于远程服务或是非本地服务集群为互联网用户提供计算、软硬件、存储等服务，方便用户能及时使用所需的资源，从而对计算机以及存储系统进行访问，是并行计算、分布式计算和网格计算的发展。

云计算能依靠信息网络的高效传输效率，把个人计算机（服务器）对数据的处理顺利地迁移到信息网络中的服务集群里。企业内部的云计算把数据中心从传统的、单一的数据存储的中心发展到了一个崭新的阶段。一般情况下，数据处理中心负责统一管理服务器，并根据客户需求对计算资源进行分配，分配效果与超级计算机相差无几。这样可以推动信息资源整合和优化，进一步优化资源配置、减低信息化成本。企业内部基于传统数据中心建立的私有云，可以利用企业内部高速的信息网络、高性能的服务器集群，为企业员工提供廉价的软件服务、安全的信息存储、强大的数据处理能力。

云计算是基于数据运行任务，并将计算任务调度到数据存储节点进行运算，以集群来储存和管理数据节点运行。网格运行任务则以计算为中心，不要求调度计算任务和存储资源同处一地，计算资源和存储资源可以分布在因特网的各个角落。

2. 低成本高连通性的网络拓扑结构

众所周知，目前的服务器与 PC 机一般都有两个网络端口。若两个端口都得以利用，那么拓扑内节点的连通性便会得到改善，从而优化网络的吞吐量，顺利实现构建方案。在构建数据服务中心时可以使用商业级数据服务器和低造价的交换机，从而降低成本。

网络拓扑结构由三个层次构成，分别是汇聚层、核心层以及接入层，这样就能确保所有服务器每个端口都能与网络硬件接口的最大宽带频繁通信，最重要的是，不用担心因频繁的网络通信而出现带宽瓶颈的问题。

（四）电力系统云计算资源管理平台

电力系统云计算资源管理平台通过服务器及存储虚拟化、资源整合建模、资源调度引擎等技术，实现了异构资源整合、资源按需分配、在线动态调配、应用动态迁移以及流程管理，并结合虚拟机镜像技术，验证环境进行备份以便后期的快速部署与数据验证。目前，云计算资源管理平台已经在电力系统灾备中心进行实际应用，解决了灾备中心面临的问题，并使灾备业务由原来的手工操作模式转变为具备 IT 支撑的流程化、自动化模式。

1. 功能目标

云计算资源管理平台能够对电力系统灾备中心的各类资源（主机、存储、网络等）进行有效的管理、监控和调度，并将资源作为一种服务，通过网络提供给用户。它的最终目标是：利用虚拟化技术实现对异构物理机和存储的统一管理，把基础设施资源以服务的形式进行封装，以面向服务的方式对外提供；实现对异构资源的有效整合、资源能力的按需分配和动态智能调度；为各类应用系统的运行提供稳定、可动态伸缩、安全的环境；为业务系统提供可快速部署的开发测试环境和运行环境；为云资源建设安全统一的防护体系。概括地说，云资源管理平台能够提供统一运维管理、异构资源整合、资源动态调配、智能扩容、资产管理、资源监控、服务级别管理、弹性扩充、应用迁移、服务计费计量、流程管理和自动交付等功能，并能够统一资源接入规范，提高资源利用率，为应用提供高可用和高可靠的支持。

2. 总体架构

云计算资源管理平台的总体架构平台分为信息展现、系统管理、资源服务、资源整合、基础资源、安全、接口七大层次。各层次总体思路如下。

（1）IT 资源层。利用厂商的小型机管理系统管理小型机虚拟化；利用 VMware 管理 x86 虚拟化；利用存储网络管理工具管理网络和存储，构建主机和存储的资源池。

（2）资源整合层。整合各厂商的资源管理系统，形成自主知识产权的资源总线，能够统一管理资源池中的各种设备。

（3）资源服务层。以服务的方式提供资源，供申请者使用，并能够提供不同等级的服务，达到自动化和智能化。

（4）系统管理、信息展现层。使用 Flex 技术保证易用性，并使用 Swiz 技术框架来实现模型—视图—控制器（model-view-controller，MVC）设计，并充分利用现有平台中的系统管理功能。

（5）安全层。与现有目录认证相结合，并结合厂商系统安全机制。

（6）接口层。提供对外系统接口。与信息运维综合监管系统紧密整合，提供服务接口，从 IMS 获取性能数据和资产数据，向 IMS 提供虚拟资源性能数据和资产数据。

3. 具体应用

云计算资源管理平台对电力系统灾备业务能够起到重要的支撑作用。在电力系统灾备中心，云计算资源管理平台可以纳管管控区和验证区的所有设备，向各网省和运维系统提供统一的虚拟化数据验证环境和管理软件运行环境，从而提高灾备中心的管理水平和数据验证工作效率。

电力系统灾备中心验证区的主要工作内容是为各灾备网省公司验证灾备数据是否正确，使用云计算资源管理平台纳管灾备中心验证区的设备，并使用基于云计算资源管理平台的数据验证（简称云平台验证）方案，以加快验证周期，增加同时进行数据验证的网省数量，在方便管理的同时提高资源利用率和验证工作效率。

目前，灾备中心没有数据验证支撑系统，验证工作缺乏 IT 支持和流程管理，资源分配和回收环节完全依赖手工操作，耗时较长，效率较低，人工介入多且管理难度大，资源独占导致使用利用率有限。而基于云计算资源管理平台的数据验证方式使申请、分配、验证、回收四大步骤形成闭环，极大地提升了灾备中心的数据验证能力。

4. 经济效益和管理效益

云计算资源管理平台将灾备中心的 IT 基础设施能力进行聚合，实现异构资源的整合管理，使 IT 基础设施资源可以按需分配和动态调度；在云计算环境中，通过对业务应用负载峰谷的计算，得出错峰利用资源的方式，使资源在不同应用之间来回流动，将资源利用率保持在一个较高的水平，提升 IT 基础设施的整体承载能力；通过对现有应用和资源的优化整合，可以空余出许多资源，大大节省未来的设备投资；使用统一的界面和流程提供自动化的资源安装、部署、运维能力，减少运维人员的手工操作，降低资源运维和管理成本。

云计算资源管理平台在灾备中心的定制应用可以说是云计算基础设施（即服务层）在电力系统业务中的真正落地，切实将云计算技术与电力系统灾备业务紧密相连，使灾备业务由原来的手工操作模式转变为具备 IT 支撑的流程化、自动化模式，极大地提高了电力系统灾备业务的信息化水平。

第七章

信息安全

第一节　安全体系总体架构

　　我国政府一直重视信息安全的防护，围绕着信息安全，颁布了一系列的安全条例，并在 2014 年 2 月 27 日成立了中央网络安全和信息化领导小组（2018 年 3 月将其改为中央网络安全和信息化委员会）。在技术手段上，落实国家信息安全等级保护的各项技术规范，已经成为我国政府在各行各业强化信息安全的最重要手段。

　　传统的信息安全等级保护解决方案，依照 IT 资源的属性（如服务器区、终端区、管理区等）划分安全域，并在安全域边界上，按照相关规范的各项安全要求，部署安全元素，落实各项安全措施。在云计算时代，信息系统因为其规模性和服务时效性的要求，其在信息安全上面临更大的安全挑战，主要体现在：云计算数据中心自身的重要程度在提升；云计算数据中心被破坏后的安全危害更大；云计算数据中心更开放，被攻击的目标更加明显；新的技术和应用模式（如虚拟化技术）带来了新的安全风险。

　　我国颁布的信息安全等级保护技术规范诞生的时间早于云计算技术的时间。也因此，原有的安全体系架构并不能完全适用于云计算环境。为确保信息安全，必须要深入分析传统信息安全和云计算环境信息安全的差异点，提出系统的解决方案，满足应用和安全的双重需求，而不能仅仅是在原有的安全体系和产品技术上进行简单的升级和改造。

一、云计算主要安全风险特点

　　云计算下面临的安全风险，分为传统的信息化建设面临的安全风险，以及云计算应用模式和技术面临的安全风险。这两者之间的差异，主要体现在以下两个方面。

（一）应用模式的差异

　　（1）安全风险集中。云计算模式下，对信息资源进行有效的集中整合，往往会形成"所有鸡蛋放在一个或数个篮子里"的局面，从而为无处不在的用户，按需提供服务。因此，在云计算应用模式下，被攻击的目标更加明显，类似于 APT（Advanced Persistent Threat，高级持续性威胁）的有目的性攻击的危害更加明显。

（2）被动性。传统的安全防御手段，无论是基于特征库，还是基于行为判断，在云计算模式下，都无法及时应对新出现的安全攻击行为。这种在被攻击目标集中化的情况下，危险将会更大。

（3）多租户的差异性。云端资源有不同类型的用户，其安全防护要求不一样，传统的边界统一防护无法适用于此种需求。

（二）技术变迁的差异

（1）安全边界消失。云计算模式下，以分布式计算和虚拟化为代表的技术得到广泛应用。分布式计算，带来的是信息资源的"多虚一"，是一种"化零为整"的资源整合模式；虚拟化，带来的是信息资源的"一虚多"，是一种"化整为零"的资源整合模式。因为技术应用的需求，例如虚拟机的迁移技术，导致传统的安全边界已经消失，数据在数据中心内部之间的交互增加。

（2）动态性。云计算的资源池化，在按需匹配用户需求时，面临着内部 IT 资源不断动态调整的情况。因此，传统的安全设备及安全策略固定部署的方式，无法适应这种情况；此外，大量的内部数据交互，导致对安全设备的性能需求也在增加，需要满足海量数据交互下的安全检测需求。

（3）内部安全性。云计算模式下，用户可以按需租用云端资源。然而，合法用户可能会利用云端资源进行非法的操作，例如攻击和窃取同一物理机下的其他虚拟机资源，或者是租用资源发起 DDoS 攻击。

在 2010 年 Defcon 大会上，就有与会者演示利用 Amazon 的 EC2 云计算服务平台，以 6 美元的成本对目标网站发起致命的拒绝服务攻击。整个云计算环境的内部安全面临着重大挑战。

二、云计算主要安全风险应对思路

如何应对上述云计算信息安全挑战，结合信息安全的一些方法论，可按照下面的思路来进行。

（一）安全风险集中

安全风险集中，最突出的表现就是针对云端目标的大规模安全攻击。其中最有代表性的攻击行为，就是 DDoS 攻击。相比于传统模式，云计算对于 DDoS 攻击有天然的应对优势。云计算提供了具有弹性可扩展的优点，当服务需求变大时，云计算服务提供商可以自动增加相应的资源，并且在很短的时间内提供使用。因此，用户几乎不用担心攻击者企图大量耗用基础设施资源的攻击。然而，DDoS攻击会对云端资源出口的带宽造成大量占用。据统计，2005 年，受害者遭受攻击时遇到的峰值流量是 3.5 Gbit/s；2006 年，这一数字已经超过 10 Gbit/s；2009 年，Arbor Networks 探测到 2 700 多次超过 10 Gbit/s 的攻击。

针对上述情况，云计算服务提供商有必要和电信运营商进行合作，由其在最靠近云端的骨干网出口部署流量清洗的设备，防止非法攻击对带宽的占用。当然，除去针对特定目标的攻击之外，由于信息资源的集中，在云端的边界出口还会面临大量的通用性安全风险。这些安全风险和传统模式下相比，并没有什么不同，但对于边界的安全设备来说，其性能要求就非常高，而且需要支持 IPv6。

（二）被动性

许多的安全漏洞，在发现问题到打上补丁，往往会存在数天到数十天的滞后期。这一滞后期往往会成为黑客攻击的最佳时期，带来很多的安全问题。另外，随着长效僵尸网络的不断出现，以及这些僵尸网络被大量出租给攻击者，未来的网络攻击将会存在更加隐蔽、更加持久的特点。

基于上述的两个原因，导致传统的基于特征库升级和行为判断的两种安全防御手段，必须要进行升级。目前，比较通用的做法是，结合"云安全"的理念，采用分布式部署的方式，安全防御体系能够通过分布在各地的、网状的大量客户端（安全防御设备）对网络中的软件行为进行异常监测，获取互联网中木马、恶意程序的最新信息，发送到 Server 端进行自动分析和处理，再将解决方案发送到每个客户端。这样，既实现了特征库或类特征库在云端的储存与共享，又可以作为一个最新的恶意行为（代码、垃圾邮件或钓鱼等）的快速收集、汇总和响应处理的系统。

（三）多租户的差异性

不同的用户，在将信息资源存放在云端时，有着不同的安全防护需求，并且也希望和其他的用户进行安全的隔离。要解决这一诉求，有以下两个方面的思路。

（1）对不同的用户，其数据在进行传输和存储时，要进行有效隔离。在物理服务器内部，需要建立虚拟服务器之间的隔离；在数据中心内部进行网络传输时，可通过 MPLS VPN 技术来实现隔离。存储隔离可通过区分资源池并进行加密的方式来实现。

（2）在云端的边界，可部署支持虚拟化的安全防御设备（防火墙）。这样，就可以为不同的租户提供不同的安全策略。这同时意味着安全防御设备要能获悉用户的分组信息。

（四）安全边界消失

在传统安全防护中，很重要的一个原则就是基于边界的安全隔离和访问控制，并且强调针对不同的安全区域设置有差异化的安全防护策略，在很大程度上依赖各区域之间明显清晰的区域边界。这一措施，在云端的边界依然可以部署。

然而在云计算环境下，以分布式计算和虚拟化为代表的技术应用，使存储和计算资源高度整合，基础网络架构统一化，导致内部的数据信息交换边界消失。这样导致了两个问题：一是任何一个虚拟节点遭到入侵，将会给整个物理节点乃至云端资源带来很大的安全威胁；二是安全设备的部署方式将无法依照于传统的安全建设模型。

云计算环境下的安全部署需要寻找新的模式。目前的解决方案有三种：一是利用虚拟服务器的管理平台，使虚拟机在跨物理服务器中可以实现边界的划分，构建虚拟数据中心；二是要将基于虚拟机之间的流量"软交换"回归到网络硬件，实现流量的可视和可控，例如 IEEE 802.1 工作组制定的标准 802.1Qbg，可以将虚拟机发送的所有报文全部交给交换机进行转发；三是将网络与安全充分融合，在交换机上集成防火墙模块，使数据交换平台也可以作为安全部署平台。

（五）动态性

传统数据中心按照模块化分区的方式设计，安全边界清晰、安全域固定，网络层安全的部署一般在安全边界在线或旁挂 FW、IPS 等安全设备来实现，安全设备和策略比较固定，调整和更改的需求较少。

在云计算数据中心内，由于计算、网络和存储资源的虚拟化构成了资源池，安全边界模糊。而且这些资源会随着租户的需求随时进行调度与调整，最普遍发生的就是虚拟机的动态迁移，这就导致安全域和安全策略要随着资源的变化进行动态调整。解决这一问题的思路，就要求安全资源能够感知到 IT 资源的变迁，使安全资源的部署与租户的虚拟 IT 资源进行绑定，并根据租户的要求进行灵活动态调整。

（六）内部安全性

云计算环境下对于内部租户的非法行为，要能够及时检测、及时制止和定位到人。数据安全格外重要。重点需要实现对于数据库读写操作的权限控制和审计。在技术实现的基础上，同时要引入对租户的"可信额度"机制，并辅助于相应的法律法规措施。

三、云计算数据中心安全体系架构设计

大多数云计算数据中心基础架构没有深层次地考虑应用和服务的需求和特点。这种情况下，应该说，整个云计算基础架构的可靠性、可用性都存在一些问题，当然也包括安全性。这样的系统更容易遭受到攻击，不仅仅包括一切现有网络应用中存在的攻击行为和方式，而且由于整个基础架构上的不完善，更多的漏洞和缺陷将被利用，其所带来的损失和危害也更大。

我国发布的《信息安全产业"十二五"规划》提出，要"研究建立支撑云计算、物联网、移动互联网等新一代信息技术应用保障的信息安全技术体系架构"。应对这些云计算安全隐患，需要更加重视云计算基础架构的全面、系统的设计，

在必要的数据中心基础服务设施及内部网络上引入有针对性的技术和产品。

（一）整体结构设计

将整个数据中心的网络设计分为两部分：后端是采用云计算相关技术、支持多架构融合的业务资源网，网络、计算、存储资源构建成虚拟的资源池；前端是基于传统的 Server Farm 模块化数据中心的结构。对于后端的业务资源网和前端的管理网，分别部署不同的安全措施，区分的重点如下。

（1）业务资源网。需要构建大二层的网络环境，以满足虚拟化和资源的动态迁移需求。在安全上，可考虑在核心交换机上集成防火墙安全模块，同时将服务器内部的数据传输牵引出来，这样就能将安全策略部署在网络端口，确保安全策略得到落实；集成的安全防火墙模块，还需要支持虚拟化技术，这样可为不同安全等级（不同租户）提供针对性的安全策略。

（2）前端管理网。可采纳传统的信息安全等级保护的安全要求，在不同的区域边界部署安全策略。同时，针对数据中心的大出口，安全风险集中，要采取针对性的安全防御措施。

（二）资源分域分级

针对不同的服务方式、应用系统、安全级别、用户主体，可将后台统一的资源池划分成若干个小的资源池，在跨池的边界上采取必要的安全防护措施。一方面可以降低安全风险，另一方面则符合国家等级保护的安全要求。

另外，针对服务器/存储虚拟化技术来说，本身对于构建同一资源池也有相应的技术要求，比如服务器虚拟化资源池要求与物理服务器的 CPU 型号接近。这样，在划分若干小资源池时，就可以充分利用旧有信息资源的特点进行整合。

在安全实现上，确保同一安全等级（或同一租户）所需虚拟资源的调度，只能在同一级别的安全资源池之间进行。

（三）边界安全防护

在边界区，针对不同的应用应部署不同的安全防御措施。例如，对于网站服务器的应用，就需要部署网页防篡改设备。在出口处要区分数据的流入流出，并做好数据的安全策略控制，基于 CDN 和流量清洗的需求，可要求运营商给予支持。

（四）云安全矩阵平台

云计算数据中心因为其集中性和重要性，必然要求高规格的安全策略，需要将安全计算能力当作一种服务，既为数据中心自身提供安全服务，又可以提供公共安全服务。云计算数据中心安全体系需要在顶层设计时，不能只关注自身安全，更应考虑兼容对外公共服务。以此获得显著经济和社会效益，方能适应科学发展，建立云计算数据中心服务安全的长效机制。

云计算数据中心安全体系建设，需要同时满足自身安全需求和对外公共服务。

顶层设计需要考虑以下因素：满足各类安全需求，安全体系首先能满足自身各类安全需求，包括网络安全、应用安全、数据安全等；兼容对外公共服务，安全体系在设计时需要数据中心系统松耦合，定义出标准化接口。数据中心自身和公共云安全服务使用者调用统一的界面享受云安全服务。

建设"云计算安全平台"，统一为数据中心自身和公众提供高质量云安全服务。"云计算安全平台"内部由一个个安全单元矩阵构成，主要包括云计算门户安全矩阵、云计算流量清洗矩阵、云计算防病毒矩阵等，可按需扩容。"云计算安全平台"对外提供统一的服务界面。这样，公共服务流和数据中心内部跨越安全域边界的数据流，即可通过统一的界面享受同等级的安全服务。

（五）信息数据安全防护

数据安全是数据中心的核心安全问题。数据量大、数据集中带来业务管理便利的同时，也给数据安全带来更大的挑战。云计算数据中心的数据安全存在以下主要挑战：来自互联网的攻击；云计算数据中心通过互联网对外提供服务；SQL注入等针对数据库的修改、窃取给数据泄露带来极大风险；内部信息泄露；内部人员的无意、有意泄密，U盘、光盘、软盘拷贝等扩散手段；甚至近年来通过图像、照片的泄露层出不穷。

云计算数据中心，具有数据量大、访问方式多样、新技术层出不穷等特点。一般需要考虑以下三个问题。

（1）数据的事前授权。需要对数据进行分级授权，保证正确的人访问正确的数据。同时对U盘拷贝等操作进行授权和记录。

（2）事中应用数据防御。采用多种网络安全技术，对各种应用服务进行针对性防御。防止攻击者利用应用服务器为跳板对数据库进行非法操作。

（3）事后审计到人。部署专业数据库审计系统。对直接数据库操作、通过应用服务器对数据库的操作统一进行审计。审计日志与身份认证系统关联，实现定位到人。便于对重大数据泄密事件进行追溯和问责。在安全实现上，可以部署数据库审计系统，对于数据的所有使用进行审计，并能定位到人。

（六）终端安全防护

云计算数据中心是云计算时代的产物，开展的业务具有明显的云计算时代特征。云计算时代，人们在网络中的活动，明显突破了传统的物理边界，呈现"无边界"特征，并存在以下两种业务类型：一是服务场所固定，人突破边界。其中有两种典型应用：一种是内部人员外出办公，通过VPN远程接入数据中心；另一种是公众通过网站远程访问数据中心。二是人固定，服务场所突破边界。本地访问云服务提供商的服务、远程视频会议系统、QQ等远程服务均为此类典型服务。但这种突破又存在一种若隐若现的边界：人即边界。在这种应用模式下，即使云端的安全防护措施再严密，只要在终端上存在安全隐患，也会导致信息安全风险。

利用虚拟桌面技术，使终端用户使用的终端在和云端服务器交互时，两者传输的仅仅是屏幕动态图片和键盘鼠标指令，用户终端本地没有数据，网络传输中也没有真正的数据；同时通过内置策略，用户无法将文件和信息保存在本地的各种设备上，防止机密数据被拷贝或打印造成泄露，保障数据安全。对于一些不考虑使用虚拟桌面的使用情况，在基于 Web 的应用下，可考虑采用 SSL VPN 的加密方式。这样，也可以保障一定的数据传输安全性。

第二节　安全管理组织

数据中心安全建设是一个涉及法规、管理和技术等多方面的综合工程。信息系统安全管理的总体目标是物理安全、网络安全、数据安全、内容安全、主机安全与公共信息安全的总和。信息系统安全的最终目的是确保信息的机密性、完整性和可用性，以及信息系统主体（包括用户、组织、社会和国家）对于信息资源的控制。需要确定安全工作的宗旨、远期安全工作目标和当年目标、关键和重点的工作，并做出所需的建设资源和投资预算。

一、数据中心信息安全架构规划思想

（一）安全体系架构可借鉴国际 IATF 安全保障体系

在设计数据中心的信息安全架构时，可借鉴信息安全保障技术框架（IATF）来进行。为了实现对信息系统的多层保护，真正达到信息安全保障的目标，国外安全保障理论也在不断的发展之中。美国国家安全局从 1998 年以来开展了信息安全保障技术框架（IATF）的研究工作，在 IATF 中提出信息安全保障的深度防御战略模型，将防御体系分为策略、组织、技术和操作四个要素，强调在安全体系中进行多层保护。

安全机制的实现应具有以下相对固定的模式，即"组织（人），借助技术的支持，实施一系列的操作过程，最终实现信息安全保障目标"。

一个完整的信息安全体系应该是安全管理、安全技术、安全运维的结合，三者缺一不可。

（二）数据中心安全体系内容应遵循国内信息安全等级保护要求

经过我国信息安全领域有关部门和专家学者的多年研究，在借鉴国外先进经验和结合我国国情的基础上，有关部门提出了分等级保护的策略来解决我国信息网络安全问题。

信息系统的安全保护等级分为五级：

第一级，信息系统受到破坏后，会对公民、法人和其他组织的合法权益造成损害，但不损害国家安全、社会秩序和公共利益；

第二级，信息系统受到破坏后，会对公民、法人和其他组织的合法权益产生严重损害，或者对社会秩序和公共利益造成损害，但不损害国家安全；

第三级，信息系统受到破坏后，会对社会秩序和公共利益造成严重损害，或者对国家安全造成损害；

第四级，信息系统受到破坏后，会对社会秩序和公共利益造成特别严重损害，或者对国家安全造成严重损害；

第五级，信息系统受到破坏后，会对国家安全造成特别严重损害。

信息系统安全等级保护应依据信息系统的安全保护等级情况，保证它们具有相应等级的基本安全保护能力，不同安全保护等级的信息系统要求具有不同的安全保护能力。

我们在设计数据中心安全架构时，各方面应遵循 GB/T 22239—2008《信息安全技术 信息系统安全等级保护基本要求》来进行。

（三）数据中心信息安全建设方法

数据中心的信息安全问题不仅仅会给 IT 设备及系统带来麻烦，更会直接影响到今后数据中心核心业务的正常连续运行。信息安全问题所带来的损失，不仅仅是直接的账面上的经济损失，也会给数据中心运营带来很多间接的、更大的影响，例如声誉的降低、客户群的丢失，甚至会带来严重的法律、法规的符合性问题，关系到今后数据中心运营的生死存亡。

一种常见的信息安全建设方式如下：发现问题→进行安全项目投资→寻找相应的产品→制定方案→产品实施。这种被动的、"头痛医头脚痛医脚"的方式有其根本弊端，随着业务系统的发展和多样性安全需求的提出，产品兼容问题、集成问题、扩展问题和管理运营问题等会相继浮出水面，IT 系统将难以支持业务的发展，安全状况也不会得到明显的改善。

数据中心的信息安全建设必须要依据严谨的、经过大量实践验证的、科学的安全建设规划的方法，确保信息安全的建设能够围绕企业的核心安全目标，建立持续改进完善的、主动的信息安全管理体系和安全技术防御体系。

数据中心的信息安全建设也是一个需要不断重复改进的循环过程，包含业务需求和安全目标、安全策略、风险分析、安全体系架构、安全体系方案设计、安全基础架构实施、安全运维管理、审核和测试、回顾和审计等内容。

数据中心信息安全的建设需要及时进行审核和测试，建立安全考核指标体系，对安全体系的运行质量和信息系统的安全性进行考核，发现信息系统的脆弱性以及符合性的差距，不断改进和完善信息安全建设。

（四）形成稳固的信息安全三角体系框架

在数据中心信息系统建设要求总体目标的指导下，以安全等级保护为主线，借鉴 IATF 的信息安全保障体系模型构建数据中心信息安全框架，实现对目标区域的深度防护。根据安全域选择所有可行的安全控制，然后进行纵向梳理，产生技术体系、管理体系和运作体系，这些体系构成所需的完整的数据中心安全体系。

三角体系之间互为补充、互相支撑，形成整体的安全控制体系。

二、数据中心信息安全建设要点

（一）安全管理体系建设

1. 建立安全策略体系

为建设完善、规范的数据中心网络与信息安全策略体系，保证网络与信息安全工作有序开展，数据中心将依据《信息安全规范框架》制定网络与信息安全策略工作。

第一层：为管理办法和通用技术规范两大类。

管理办法由一系列的管理规定组成，根据总纲中的内容，分为组织规划、信息资产、运营安全、访问控制、系统开发、业务保障、安全审计等几类。

通用技术规范是由通用的、不针对具体业务系统或设备的技术规范或要求组成，与安全防护体系相对应，分为安全域、网元、安全基础手段、信息安全管理平台等几类。

第二层：为管理支撑规范和具体系统或设备相关规范两大类。

管理支撑规范用来支撑管理办法的执行，是管理办法具体落地的指导性方法或细化的要求。

具体系统或设备相关规范是针对上一层通用规范的具体化。

第三层：为具体系统管理或技术规范和具体系统或设备配置规范、操作指南两大类。

具体系统管理或技术规范是针对具体系统的管理规定或技术规范，是所有上层管理办法或技术规范与具体系统结合后的具体要求。

具体系统或设备的配置规范、操作指南是针对具体系统或设备的可操作性很强的操作规范，需要满足所有上层规范中对本系统或设备适用的要求，完全面向系统维护人员。

2. 建立安全组织管理

安全组织的建立是实现信息安全的基本保证，主要工作包括管理组织内部的信息安全、维护第三方访问的组织信息处理设施和信息资产的安全性，以及在将信息处理责任外包给另一组织时保障信息安全等。

（二）安全技术保障体系建设

安全技术方面，贯穿物理安全、网络安全、系统安全、应用安全、数据安全和终端安全，可以分为三个层次来实现。第一层是安全基础设施防护体系，完成安全域划分，采取包括身份管理、认证和授权、访问控制、审计发现、内容安全、响应恢复等具体的技术手段和措施，建立一个坚实的安全基础；第二层在安全基础设施之上建立集中的专业安全管理平台，包括集中身份管理、集中审计和监控、集中的终端安全管理和容灾以及恢复管理，重点确保各个安全管理制度和流程能够落实到技术平台；第三层是建立信息安全管理平台，通过信息安全管理平台软件系统的部署，建立信息资产、漏洞管理、威胁管理、风险管理、响应管理和安全考核的枢纽中心，确保信息安全的动态风险管理、运维和持续完善目标的实现。

（三）安全运维体系建设

1. 建立安全管理中心，实现安全威胁和风险的统一监控和处理

在数据中心建立统一的安全管理中心平台SOC，将各种管理信息集中统一地收集、展现、关联，并实现监测和报警记录，从而进行分析、评审，发现可疑行为，形成分析报告，并采取必要的应对措施。

2. 建立集中的身份管理平台，实现统一的用户身份管理、认证和授权

在用户身份管理方面实现用户身份和账号的全生命周期的管理，包括用户人员的新增、岗位变更、离职，以及这种系统、应用账号的新建、修改、删除。

在认证和授权方面，建立统一的登录接入平台作为接入的集中控制点，整合多种接入方式，提供集中接入控制，在完成对接入用户的身份认证后，根据事先确定的授权信息，控制接入用户能够访问的设备，以及能够使用的应用和服务，必要的情况下，提供单点登录功能；提供统一的密码管理策略，自动实现对不同系统的密码复杂度要求不同的策略，密码更改周期、密码到期提醒和密码自动重置等，确保信息系统的密码符合安全管理制度的规定。

3. 建立安全审计和检测平台

集中的审计平台为不同的设备及系统提供了统一的运行日志管理分析和管理平台，同时也可以对操作人员的具体操作行为进行记录，包括基于图形客户端的操作、基于Web的操作以及基于字符的操作。集中审计平台提供了强大监控能力、关联分析以及合规性审计能力，实现了从网络行为到用户操作行为，从设备到应用系统的监控。在对运行日志信息和操作日志的集中、关联分析的基础上，有效地实现了全网的安全预警，实时发现入侵行为和内部的误操作和滥用，从而能够更好地发现安全问题并更快地解决问题。

4. 理顺IT连续性、风险预警和运维管理流程

IT连续性、风险预警和运维管理主要都是通过预防事件的发生或解决发生的事件，来保持业务系统的平稳运行。解决事件的流程可统一采用运维管理中的事件管理流程恢复和解决故障。

参 考 文 献

[1] 宋文文，龚文涛. 高校云计算中心网络架构设计与实现 [J]. 微型电脑应用，2013，29（1）：15-17.

[2] 张帆. 基于云计算的大规模呼叫中心平台设计与实现 [J]. 甘肃科技，2012，28（12）：12-13.

[3] 张丹丹. 云计算背景下数据中心网络架构设计 [J]. 数字通信世界，2018（2）.

[4] 郑直，张云帆，朱涛. 软件定义数据中心技术体系研究 [J]. 电信快报，2014（10）：26-28.

[5] 童兴，周海涛，杜安亮. 某大型云计算中心结构设计及关键技术 [J]. 江苏建筑，2015（3）：30-33.

[6] 吴志强，刘云朋，沈记全. 基于云计算的企业级网络数据中心的研究与设计 [J]. 实验室研究与探索，2015，34（6）：142-145.

[7] 赵以爽，肖伟. IaaS 云计算数据中心设计探讨 [J]. 邮电设计技术，2012（7）：20-24.

[8] 曹鲁. 云计算数据中心建设运营分析 [J]. 电信网技术，2012（2）：16-21.

[9] 王新鹏，赵剑冬，赵玉. 基于云计算的智能资源中心设计研究 [J]. 智能计算机与应用，2014，4（6）：83-86.

[10] 钟全德. 浅析企业云计算架构规划 [J]. 电脑知识与技术，2018，14（1）.

[11] 楼珍珍. 云计算数据中心安全框架设计方案 [J]. 信息与电脑（理论版），2014（6）：80-81.

[12] 林珠，陈树敏，罗俊博. 基于云计算的科技资源数据中心架构设计 [J]. 中国科技资源导刊，2015，47（4）：40-44.

[13] 林庆新. 基于云计算模式数据中心设计与实现 [J]. 宁德师范学院学报（自然科学版），2013，25（3）：309-312.

[14] 高亚楠，毕然. 云计算数据中心建设项目进度管理 [J]. 项目管理技术，2013（8）：108-112.

[15] 马磊. 云计算在数据中心建设中的应用研究 [J]. 广东通信技术，2012（8）：11-14.

[16] 潘维勇，袁聿卿. 云计算数据中心的租户独享 VPN 的设计与研究 [J]. 科技资讯，2015，13（34）：35-36.

[17] 郎海. 云计算数据中心网络设计与关键技术分析 [J]. 工业技术创新，2016，

3（4）：679－681.

[18] 王斌锋，苏金树，陈琳. 云计算数据中心网络设计综述 [J]. 计算机研究与发展，2016，53（9）：2085－2106.

[19] 鲁晓波，姜申. 使命与转型——云计算时代与信息设计 [J]. 设计艺术研究，2011（5）：14－18.

[20] 刘光金. 云计算时代背景下的数据中心建设与发展[J]. 科技致富向导，2014（36）：105.

[21] 欧有乐. 浅谈数据中心的工艺规划与装饰设计[J]. 建材与装饰，2016（40）.

[22] 毛燕翎，李静，王树魁，等. 规划大数据中心设计与思考 [J]. 城市建筑，2016（33）：348－348.

[23] 武玉坤. 基于云计算的移动学习平台设计与实现 [J]. 软件导刊，2016，15（11）：101－102.

[24] 武允文，管锡文. 数据中心规划设计方法论[J]. 中外建筑，2017（5）：87－89.

[25] 熊锦华，虎嵩林，刘晖. 云计算中的按需服务 [J]. 中兴通讯技术，2010，16（4）：13－17.

[26] 王涛，杨喆. 数据中心中云计算资源调度算法的浅入分析 [J]. 自动化技术与应用，2018（1）：47－48.

[27] 邵海军. 基于容器技术的云计算资源合理调度方法研究[J]. 现代电子技术，2017，40（22）：33－35.

[28] 王德文，刘杨. 一种电力云数据中心的任务调度策略 [J]. 电力系统自动化，2014（8）：61－66.

[29] 程东，吴华仪. 云数据中心虚拟资源调度的研究与设计[J]. 福建电脑，2017，33（2）：140－141.

[30] 刘迷. 云计算下虚拟信息资源大数据特征集成调度 [J]. 科技通报，2015，31（10）：199－201.

[31] 徐小龙，杨庚，李玲娟，等. 面向绿色云计算数据中心的动态数据聚集算法 [J]. 系统工程与电子技术，2012，34（9）：1923－1929.

[32] 陈言虎. 云计算数据中心与传统数据中心的区别 [J]. 智能建筑，2013（4）：32－33.

[33] 沐连顺，崔立忠，安宁. 电力系统云计算中心的研究与实践 [J]. 电网技术，2011，35（6）：171－175.

[34] 马文，黄祖源. 云计算数据中心网络建设研究 [J]. 云南电力技术，2015（2）：75－78.

[35] 李春飞. 云计算数据中心资源管理系统研究 [J]. 计算机光盘软件与应用，2014（17）：22－23.

[36] 闫龙川，陈亮，赵子岩．支撑电力大数据的云计算数据中心体系架构研究 [J]．供用电，2014（8）：37－40．

[37] 金磐石．建设银行云计算数据中心及运维体系建设实践探讨 [J]．中国金融电脑，2014（7）：18－22．

[38] 张亚娟．云计算数据中心资源管理软件设计 [J]．无线互联科技，2014（4）：90－90．

[39] 杨彬．云计算数据中心资源的节能管理 [J]．电脑编程技巧与维护，2015（22）：61－63．

[40] 金誉华．云计算数据中心电源管理分析 [J]．河北能源职业技术学院学报，2014，14（1）：61－63．

[41] 肖永钦．浅谈云计算环境下数据中心的网络安全 [J]．福建交通科技，2012（5）：92－95．

[42] 卞晓光．基于云计算的网络安全的探析 [J]．网络安全技术与应用，2013（12）：49－49．

[43] 刘强．云计算环境下的可信平台的设计分析 [J]．中国科技纵横，2014（4）：47－47．

[44] 黄瑞锋．基于云计算政务网络安全集中管理 [J]．云南大学学报（自然科学版），2011，33（S2）：260－263．

[45] 贾宁，李文军，贾蕾．浅析云计算及其网络安全应对策略 [J]．电子世界，2014（20）：7－8．

[46] 白秀杰，李汝鑫，刘新春，等．云安全防护体系架构研究 [J]．网络空间安全，2013，4（5）：46－48．

[47] 赖松茂．云计算的网络安全问题研究 [J]．信息化建设，2016（7）．

[48] 余红珍．浅谈云计算的网络安全威胁与应对策略[J]．数字技术与应用，2016（12）：211－212．